地理学实践创新指导与案例分析

周秋文　罗　娅　周　旭　翁应芳　王　磊　编

贵州省本科教学工程建设项目:地理与环境生态大学生创新训练中心(2016DC03)

贵州省研究生教育教学改革重点课题:基于就业导向的地理类硕士研究生人才需求分析与培养模式改革(JGKT2017007)

贵州省国内一流学科建设项目:贵州师范大学地理学(黔教科研发〔2017〕85号)

贵州师范大学一流专业建设项目:地理学

联合资助

黄 河 水 利 出 版 社

·郑 州·

内 容 提 要

本书在简要介绍地理学相关领域理论方法的基础上,分析了自然地理学、人文地理学、地理信息科学与遥感科学研究的热点领域,并列举了一些常用的公共数据获取平台,介绍了地理学实习与实践常用的方法、方式,详细阐述了地理学相关领域本科生学科竞赛与项目申报的知识,进而分享了创新与科研成果整理、凝练的基本规范与经验,并引入了一定篇幅的案例分析内容。

本书适用于高等院校地理学、环境科学、生态学、水文学、土地资源管理等相关专业的本科生学习,也可供大学生创新创业研究与管理人员参考。

图书在版编目(CIP)数据

地理学实践创新指导与案例分析/周秋文等编.—郑州:黄河水利出版社,2019.1

ISBN 978-7-5509-2246-4

Ⅰ.①地… Ⅱ.①周… Ⅲ.①地理学-高等学校-教材 Ⅳ.①K90

中国版本图书馆 CIP 数据核字(2019)第 006556 号

出 版 社:黄河水利出版社　　网址:www.yrcp.com

地址:河南省郑州市顺河路黄委会综合楼 14 层　　邮政编码:450003

发行单位:黄河水利出版社

发行部电话:0371-66026940、66020550、66028024、66022620(传真)

E-mail:hhslcbs@126.com

承印单位:河南瑞之光印刷股份有限公司

开本:787 mm×1 092 mm　1/16

印张:12.25

字数:282 千字　　印数:1—1 000

版次:2019 年 1 月第 1 版　　印次:2019 年 1 月第 1 次印刷

定价:45.00 元

前　言

深化高等学校创新创业教育改革，是国家实施创新驱动发展战略、推进高等教育综合改革的重要举措。《国家中长期教育改革和发展规划纲要（2010—2020 年）》提出要支持学生参与科学研究，强化实践教学环节。《国务院办公厅关于深化高等学校创新创业教育改革的实施意见》（国办发〔2015〕36 号）也指出要坚持问题导向，补齐培养短板，把解决高校创新创业教育存在的突出问题作为深化高校创新创业教育改革的着力点，推进教学、科研、实践紧密结合，突破人才培养薄弱环节，增强学生的创新精神。可以看出，培养学生的实践能力与创新精神，是高等学校责无旁贷的任务，也是高等教育教学改革的重点。

地理学综合了自然科学、人文社会科学和工程技术科学，是一门实践性很强的学科，在全球变化、国际关系、资源开发、环境保护、民生改善等方面发挥着重要的作用。积极开展地理实践，有效推动地学创新，是提高地理学专业人才培养质量、增强地理学人才科学素养的有效途径。

当前，大学生在开展地理实践和创新的过程中，还面临两方面困难：一是基础理论不扎实、实践能力不足；二是对创新训练项目的准备与申报、研究设计与实施、成果整理与提炼等基本常识缺乏。为此，本书在总结自然地理学、人文地理学、地理信息系统与遥感的基本理论和实践方法的基础上，介绍了地学大学生科研与实践创新项目申报、科研论文撰写、发明专利申请等案例，为大学生开展地理实践和地学创新提供参考。

全书共分 10 章。前三章是地理学的基础理论方法概述，第四章是地理学实习与实践，第五、六、七章是竞赛与项目申报，第八、九、十章是创新与科研成果整理、凝练。需要说明的是，为明示案例的优点和不足，本书引用案例时，并未对案例中尚存的语言表达、科学规范等问题进行修改，请读者注意甄别。

全书由周秋文、罗娅、周旭、翁应芳、王磊拟订提纲并组织各章编写，由周秋文、王磊、彭正、林丽统稿。具体各章的编写人员分别为：游媛、周秋文、王磊编写第一章，彭正、周秋文、王磊编写第二章，韦小茶、周秋文、王磊编写第三章，彭正、蔡雄飞、王志瑞编写第四章，游媛、罗娅编写第五章，罗雅雪、周旭编写第六章，张思琪、范宝祥、王岩、任红玉、周旭编写第七章，张思琪、岳彩雯、翁应芳编写第八章，石春茂、郭兴房、翁应芳编写第九章，孙智妍编写第十章。颜红、马龙生、臧纡、舒忠海、梁建方、崔兴芬、刘思珍、王容容、吴遵婷、朱红、蒋翼、李璇、龙阳阳、杨发英、李芳、刘宽梅、龙小梅、罗旭玲、莫跃爽、彭菊、王润、吴健等本科生为书稿涉及的实验观测、野外调查、论文撰写等做了大量基础工作。

本书的编写工作得到了编者所在单位贵州师范大学相关领导、老师的大力支持与帮助，贵州师范大学地理与环境科学学院 2013 级、2014 级、2015 级本科生的科研实践活动为书稿提供了大量素材，在此一并致谢。

在本书编写和统稿过程中，大家认真负责，团结协作，保证了稿件的如期完成。殷切希望本书的出版能引起社会各界对地理学实践教学及创新训练的更大关注和支持。虽然编者做出了很多努力，但限于知识水平和时间，仍有许多工作有待深化，书中定有不妥之处，敬请各位读者不吝赐教。

编　者

2018 年 10 月

目 录

前 言

第一章 自然地理学实习与实践 …… (1)

第一节 自然地理学理论基础 …… (1)

第二节 自然地理学野外实习内容 …… (3)

第三节 自然地理学实践创新 …… (5)

参考文献 …… (7)

第二章 人文地理学实习与实践 …… (9)

第一节 人文地理学的理论基础 …… (9)

第二节 人文地理学野外实习 …… (12)

第三节 人文地理学实践热点 …… (16)

参考文献 …… (19)

第三章 地理信息系统、遥感实习与实践 …… (21)

第一节 地理信息系统、遥感的基本概念和应用 …… (21)

第二节 地理信息系统、遥感实习与实践常用软件 …… (25)

第三节 地理学公共数据获取常用平台 …… (27)

参考文献 …… (38)

第四章 野外实习与校内实践 …… (40)

第一节 地理学大学生野外实习 …… (40)

第二节 地理学大学生校内实践基地建设 …… (57)

参考文献 …… (69)

第五章 大学生科研与实践创新竞赛 …… (70)

第一节 科研与实践创新竞赛概述 …… (70)

第二节 科研创新项目竞赛推选 …… (72)

第三节 科研创新项目竞赛优秀作品展示 …… (77)

参考文献 …… (86)

第六章 大学生科研与实践创新项目申报 …… (87)

第一节 科研与实践创新项目 …… (87)

第二节 科研与实践创新项目申报书撰写 …… (88)

第三节 科研与实践创新项目实施 …… (93)

参考文献 …… (94)

第七章 大学生科研与实践创新项目申报案例 …… (95)

第一节 自然地理学类项目申报案例分析 …… (95)

第二节 人文地理学类项目申报案例分析 …… (100)

第三节　地理信息科学类项目申报案例分析 …………………………………（105）
第四节　遥感类项目申报案例分析 ………………………………………………（108）
第五节　环境类项目申报案例分析 ………………………………………………（114）
第八章　大学生科研论文与报告撰写 ………………………………………………（123）
第一节　科研论文撰写基础知识 …………………………………………………（123）
第二节　研究报告撰写基础知识 …………………………………………………（138）
第三节　地理学大学生研究报告中常见的问题 …………………………………（140）
参考文献 ……………………………………………………………………………（141）
第九章　大学生创新发明与专利申请 ………………………………………………（142）
第一节　地理学大学生创新发明 …………………………………………………（142）
第二节　地理学大学生专利申请 …………………………………………………（147）
参考文献 ……………………………………………………………………………（159）
第十章　大学生科研论文案例分析 …………………………………………………（160）
第一节　摘要的案例分析 …………………………………………………………（160）
第二节　引言的案例分析 …………………………………………………………（163）
第三节　结果分析的案例分析 ……………………………………………………（167）
第四节　讨论的案例分析 …………………………………………………………（176）
第五节　结论的案例分析 …………………………………………………………（180）
第六节　参考文献的案例分析 ……………………………………………………（183）
第七节　图表的案例分析 …………………………………………………………（188）
参考文献 ……………………………………………………………………………（190）

第一章 自然地理学实习与实践

由于研究对象是自然环境,所以自然地理学是一门重实践的学科,需要在实践中探索自然环境中各要素的特征与联系。自然地理学是一门古老而传统的科学,从经验主义到实证主义再到结构主义,自然地理学一直在实践中不断突破创新。自然地理学的创新是在坚实的理论基础知识、丰富的野外实践经验基础上对地理学领域前沿的不断探索。本章简要阐述了自然地理学理论基础知识组成,总结了自然地理学野外实习内容,指出当前自然地理学实习存在的问题,并提出了相应的对策。在阐述自然地理学理论基础知识和野外实习内容的基础上指出进行地理学实践创新研究的必要性。

第一节 自然地理学理论基础

一、自然地理学概述

地理学是研究“地”的“理”,更具体地说,就是研究地球表层系统规律和法则的学科(白光润,1998)。所谓地球表层,实际上是指海陆表面上下具有一定厚度范围,而不包括地球高空和内部的地球表层(伍光和,2000)。地球表层系统划分为自然环境、经济环境、社会文化环境,根据研究对象的不同可将地理学划分为自然地理学、经济地理学、人文地理学。自然地理学是地理学的一个重要分支学科,它是以地球表层系统为对象,研究人类赖以生存和发展的自然环境(林爱文,2008)。除三分法外,现代地理学还从三层次、三重性和三时段这三个方面进行划分。从三层次来说,地理学可划分为部门地理学、综合地理学和统一地理学。自然地理学主要涉及两个层次的分科,因此自然地理学主要划分为部门自然地理学和综合自然地理学。人类所在的生物圈包括水圈、大气圈底部和岩石圈的表层,人类生活所依存的生物圈由岩石、土壤、水、大气、阳光和生物等自然地理环境要素相互作用、相互渗透,以这些自然地理要素为研究对象的地理学为部门自然地理学,因此部门自然地理学包括地貌学、土壤地理学、水文学、气候学、植物地理学等。综合自然地理学的研究对象是自然地理环境的整体性、分异性、结构和功能,包括自然地理环境各要素的相互联系、相互依存和相互制约,自然地理环境的地域分异规律,制定等级系统划分各级自然地理综合体并研究其动态、发展史(伍光和、蔡运龙,2004)。部门自然地理学和综合自然地理学共同构成了自然地理学的知识体系。综合自然地理学以各部门自然地理学为基础(伍光和,2000)。自然地理学基础理论知识应包括先行专业基础知识和专业基础知识。

自然地理学的先行专业基础知识是关于地球整体基础知识,这部分先行基础知识的研究对象不是地球表层系统,而是关于地球整体的基础知识。虽然不属于地理学学科范畴内,但却是学习自然地理学重要的基础知识。地球的位置、形状、地球运动与太阳辐射相结合的影响与自然地理环境密不可分,所以这部分基础知识是考察自然地理环境或某个局部、成分所需的,因而也是学习自然地理其他专业基础课的一部分(刘南,1987)。此外,地质学基础也属于自然地理学的先行专业基础知识,地质学是研究地球的物质组成、内部结构、外部特征、各圈层之间的相互作用和演变历史的知识体系。地质学的研究对象主要是岩石圈,即地表以下十几千米到几十千米,主要由固体岩石组成的圈层(杨坤光,袁晏明,2009)。但是在空间上,地质现象涉及地表的任何部分,地质与水文、土壤、气候、植物、地貌都有着直接的关系,因此地质学基础也是自然地理学重要的基础理论知识。

二、部门自然地理学

部门自然地理学理论基础知识主要包括气候学、水文学、地貌学、土壤地理学、植物地理学。气候学是研究气候的形成过程、分布和变化规律的科学,在研究气候变化规律时,要着重解决气候发展史、气候变化的规律性、气候预报和气候变化与人类的关系等主要问题,从而达到改造气候、改造自然的目的(周淑贞,1979)。水文学研究地球上各种水体数量的形成、运动、分布规律及相互之间的联系和转化,同时也研究各种水体的物理性质和化学性质(缪韧,2007)。地貌学是研究地表形态特征、内部结构(物质组成)、成因、空间分布规律和演化规律的科学(王锡魁,王德,2009)。土壤地理学探讨土壤的生成过程、发生分类和地理分布规律,并进行土壤调查和制图,以达到合理利用和保护土壤资源的目的(朱鹤健,何宜庚,1992)。植物地理学是植物学与地理学紧密相关的一门科学,旨在阐明地球表面的植物和植被的分布规律及其与环境间相互关系的科学,它包括植物种的分布及其个体对不同环境的适应过程,以及环境对植物的塑造作用;植被的分布及其在不同环境中的形成与发展过程,以及植被对环境的改造(张金泉,1989)。在地球表层系统中,各自然地理要素相互影响、相互依存、相互渗透,各部门自然地理学虽然是以组成地理环境的某一要素为主要对象进行研究,但是地球表层系统具有整体性。虽然部门自然地理学各有分工,但是每一个研究对象的存在和发展变化,都是以整体的自然地理环境为背景,而且不同程度地以其他组成要素为因素或条件(伍光和,2000)。

三、综合自然地理学

部门自然地理学体现了自然地理学的相对独立性,综合自然地理学体现了自然地理学的整体性。综合自然地理学是关于自然地理环境总特征的研究,研究内容主要包括地域分异规律、土地科学、自然区划理论三部分。地域分异规律是支配地理环境整体及各组成成分的特征,按照确定的方向发生分化,形成多级自然区域现象的一种规律。自然地理各组成成分的分异,若非作为整体分异的主导因素,便是作为整体分异的派生现象而与之保持密切的关系,因此自然地理环境地域分异的研究,乃是地理环境综合研究的一个十分重要的方面(伍光和,蔡运龙,1993)。土地是自然综合体,受气候、水文、土壤、地貌、动植物等影响控制,因此土地的性质取决于这些自然地理要素的综合特点,土地与人类生产生活息息相关,因此需要从地理学的角度,以综合性的研究思维对组成土地的自然地理要素的综合特征进行系统的研究,所以土地科学是综合自然地理学的重要组成部分。由于人类生产活动的需求,自然区划应运而生。地球表层系统受到地域分异规律的影响,因此地球表面各部分的自然特征就会出现差异。在明显的差异中存在着过渡性,在过渡中仍然也可以出现自然条件差异性较小、相似性较大的区域,这就是自然界中存在的各个自然地理区划单位。这样,人们就可以按照自然地理区域的相似性和差异性进行区域划分或合并的研究(毛明海,2000)。自然区划是综合自然地理学联合实际生产活动的重要领域。

自然地理学理论基础知识与人类生存的自然地理环境息息相关,来源于实践,应用于实践,又在实践中不断发展。自然地理学作为地理学的一大分支,与地理学的其他分支学科紧密联系,经济活动和社会文化活动都是存在于自然地理环境之中的,自然地理学是地理学研究的基础,地理学的发展需要地理学各分支学科紧密结合、协作共进。

第二节　自然地理学野外实习内容

一、自然地理学传统实习内容

根据自然地理学的学科特点,目前我国的自然地理教学基本上包括三个环节:一是课堂教学,二是室内实验实习,三是野外实习(陈波涔,1992)。野外实习是学习、实践自然地理学理论基础知识的重要路径,是高等学校地理专业课堂教学的深化。根据课堂教学内容及各高校实际情况,自然地理学野外实习内容也不尽相同,目前多数高等师范院校在野外实践能力培养上仍以传统的巩固和验证理论知识为目的,实习方式仍以部门自然地理课程在不同时间实习为主(许振文等,2011)。

不同地理学科的野外实习有不同的要求,但多数学科的野外实习都涉及下列内容:对区域文献资料包括图件的收集与分析;野外的观察、测量与测试,包括沿途观察、路线考察、观测点上的观察与测量、野外填图、样品的采集与测试、摄影与素描等;调查访问,包括拟订调查访问的提纲和表格;进行区域的综合分析,明确对调查区总体认识的结论;提交野外调查报告,包括必要的附图和附表等(尚荣寰,吕金福,1988)。部门自然地理学的野外科目主要包括地貌学、水文学、气候学、土壤地理学、生物地理学等。

地貌学野外实习是将课堂抽象内容具体化,在实习过程中通过对野外地貌形态、物质组成的观察掌握不同地貌的特点,并观察不同地貌对人类的影响,分析地貌与人类生产活动的关系。同时,地貌的发生与发展深受岩性和构造运动的影响,所以地貌学通常会与地质学联合实习,在此过程中,学生需通过对地貌的观察从侧面分析地质构造演化的特征。此外,在地貌学实习过程中还应注意培养学生野外调查的基本技能,包括地质罗盘的使用、地质图和地形图的判读、地貌平面图和地质剖面图的绘制,以及地质地貌野外实习报告的撰写等。

水文学野外实习多选择陆地水文系统为实习对象,主要目的是让学生掌握水文野外调查的方法和培养学生水文资料分析的能力。水文野外调查实习包括水文测验实习、洪水调查实习和地下水实习。水文测验实习主要包括水文测量、流量、流速测验、泥沙测验、水文测量;水文资料分析实习包括水系水情分析、流域特征分析、水系特征分析。此外,地下水发育多与地质背景有莫大联系,因此在地下水水文实习的过程中还应注意观察岩性与构造。

气象气候学野外实习主要包括以下三个方面：各气候要素综合观测、局地气候观测、气候调查与访问。各气候要素综合观测野外实习，主要实习内容有了解气候观测场的建立、掌握主要气象要素的测量方法，包括气温、湿度、气压、风、降水、蒸发等气象要素的观测，一般以小区域气象要素综合实习为主，需掌握简易气象图的分析方法。局地气候观测主要通过参观气候观测场以及搭建观测山地小气候的观测场以达成目标，并通过数据分析山地小气候形成的原因。气候调查与访问是学生参与实践的一种形式，主要通过调查与访问了解区域内气象灾害的基本情况、环境状况，以及作物生长、分布和物候情况。

土壤地理学野外实习主要内容包括土壤剖面的观测以及土壤草图的绘制。具体包括：土壤剖面的选址和挖掘、观测土壤剖面形态、划分土层、采集土壤标本、绘制土壤剖面图等，此外，还需掌握土壤理化性质测定的方法，例如：主要造岩矿物和母岩的观察鉴定、土壤水分的测定、土壤有机质及腐殖质组成测定、土壤酸碱度的测定、土壤结构形状的观察及微团聚体分析等。

生物地理学野外实习多以植物地理学实习为主，分为种类鉴别和数量调查两个部分。具体包括：观察了解实习地植被和主要植物群落类型，通过观察了解实习地植物分布特点，在条件允许的情况下选择海拔落差足够大的山体了解该地区植物垂直分布的特点。在实习过程中掌握植物野外调查和采集鉴别植物标本的方法。

二、自然地理学实习创新改革

自然地理野外实践教学是地理教学的关键环节。在培养高素质具有创新精神的地理学人才中发挥着极其重要的作用，自然地理实践教学改革是当前地理学改革的核心内容之一（刘世彪，2008）。野外实习的素质教育功能是显著的，主要可以概括为如下几个方面：观察能力的培养、独立操作能力的培养、科研能力的培养和创新能力的培养。传统的自然地理学野外实习多是教师为主、学生为辅的“游览式”实习模式，在一定程度上束缚学生思维的积极性，不利于学生野外实践能力的提高（刘目兴等，2014）。当前我国地理野外实习主要存在以下几个方面的问题：实习时间零散，缺乏系统性；实习形式单一，缺乏主动性；实习内容孤立，缺乏综合性；实习平台简陋，缺乏创新性；实习考核片面，缺乏科学性（李瑜琴等，2016）。野外地理实习的创新途径就是通过优化其素质教育的功能，改变原有的实习模式，激发学生思维的积极性。因此，自然地理学实践应从改革实习模式，搭建实习平台，构建综合实习评价体系、完善野外实习管理体系三个方面进行创新。

实习平台的搭建是自然地理学课程改革创新的支撑。传统的自然地理野外实习以沿路线见习或流动实习为主，往往没有固定的实习地点和实习线路，不利于实习过程的延续和实习资料的积累（衣华鹏，张宴鹏，2009）。没有稳定的实习基地支撑也使野外实习过于随意，学生的学习热情随之降低。地理学的野外实习多是分阶段、分课程的模式进行的，实习实践零散，在路途上花费时间过长，在学校周围或近郊搭建实践基地有助于课堂理论知识教学与野外实践学习的结合。此外，建立实习的信息化平台系统，对实习数据进行有效管理，在此基础上，变革传统实习模式，积极开展探究式实习，是培养学生创新能力和综合素质的可行方法（李恒凯等，2012）。

实习模式变革是自然地理学课程改革创新的根本。传统自然地理野外实习多是分课程的实习模式,使得实习内容孤立,缺乏综合性,且多为老师讲授,学生旁听,学生思考的机会不多,自主思维能力几乎没有提升。而优化素质教育功能的实习模式变革则会更侧重于学生能力的培养而非知识点的验证。以任务驱动的方式促使学生由被动转化为主动,在野外实习过程中应进行分组并安排学习任务调动学生的学习主动性。将实习的时间留给学生自己,可采用探究式学习,学生通过了解实习区概况,选择与课堂内容有关的课题开展野外实习,在此过程中将专业实习与科学研究相结合。

构建综合实习评价体系是自然地理学课程改革创新的活力。当前地理学野外实习的成绩标准模糊,随意性和主观性较大,多以总结性评价为主,但是野外实习不同于课堂教学以传授知识为主,更多是在实践过程中掌握一定技能,因此野外实习的教学评价应以形成性评价为主。需要通过建立合理的成绩评价体系来督促学生更好地实现野外实习的目的。评价指标体系的建立,不但要考虑知识、技能方面的能力,还要关注学生的实习态度、思想品质、专业能力、身体心理素质和实习效果等(王小雷,曾华,2013)。

第三节 自然地理学实践创新

一、自然地理学研究前沿

地理学是一门需要通过不断实践获得新生的学科,创新推动地理学发展。地理学创新不仅是方法技术上的创新,也是地理视角的创新,是拓宽有关地球空间中某种秩序的概念上的创新,也是地理思维方法论的创新。当前地理学大学生实践基础理论知识的机会较少,应着眼于自然地理学研究前沿,在实践中巩固基础理论知识、初步掌握创新方法、培养创新意识、树立地理学科思维,为将来推动地理学学科发展打牢基础。

地理学是一门与人类息息相关的学科,其研究主题总是与人类社会发展密不可分的,学科前沿总是彰显着地理学的应用性。自然地理学的若干前沿领域包括了土地利用/土地覆被变化、景观(土地)生态、全球变化的区域响应、全新世环境演变、自然地理界面过程等领域。

土地利用/土地覆被变化是人文与自然科学的综合研究,地理学最核心的问题是人地关系,该领域正是人地关系具体的体现。土地利用是人类活动作用于自然环境的主要途径之一,土地覆被变化又是气候变化对人类生存与发展发生影响的主要表现形式,因此国际地圈生物圈计划(IGBP)和全球变化的人文计划(IHDP)将土地利用/土地覆被变化列为全球变化研究的核心项目之一(李秀彬,郑度,2001)。

景观生态学是地理学与生态学之间的交叉学科,其研究的核心内容主要是景观格局与动态的生态分析,最具实践意义的是探讨脆弱生态区景观格局的人类扰动对土地退化的作用。

全球变化是当前地理学研究的一大主题。温室气体增加可能造成全球气候变化因区域而异,陆地生态系统和环境对此的效应,也因地表各种过程在不同时空尺度上表现的差异及其自身的抗干扰能力和恢复能力的高低而变化。此外,人类活动的影响与气候变化作用的叠加,将使全球环境变化问题更加复杂。因此,无论是衡量气候变化的影响,还是评估生态系统、环境及经济社会的响应，着眼于区域差异的综合分析都显得非常重要（李秀彬，郑度，2001）。

全新世地理环境是人类与自然相互作用的舞台，需要从多角度、多层次分析环境动态，总结其演变规律，区分自然界的作用和人类活动的影响。目前，我国的研究内容主要为：不同类型代用资料的校准分析，重建我国2000年来高分辨率的环境变化序列，分析我国全新世环境演变的基本规律，建立我国全新世环境变化的过程模式（李秀彬，郑度，2001）。

地理系统中界面过程的综合研究，能有效探讨子系统间物质、能量与信息的转换与传输过程，促进理论的深入研究；界面过程涉及子系统间的接口，必然促进跨学科、跨部门的相互渗透，从而发展地理科学的综合方法（李秀彬，郑度，2001）。

在2017年"全国自然地理学大会"上，中国地理学会理事长、中国科学院院士傅伯杰提出了"中国自然地理学发展六问"：地貌学学科发展的新生长点是什么？生物地理学研究是否就是研究生物的地理空间分布？对水文学的研究还停留在物理过程研究方面吗？自然地理学研究如何全方位介入气候变化研究？综合自然地理研究还停留在土地类型划分和自然区划方面吗？自然地理学如何深化自然要素和人文要素作用机制，如何建立模型预测其未来变化？这些问题具有深刻的思考和丰富的内涵，将是我国自然地理学发展的新引擎。地貌学除更深入地理解地表物质和形态变化的规律和机制外，加强地貌过程的定量表达，把地貌过程研究与热点科学问题诸如碳循环、长期气候变化和人类行为等联系，为认识地球表层环境和发展地貌学提供有力帮助。生物地理学在揭示生物空间分布的基础上，研究生物对气候变化的响应和适应速率、生物与气候变化的相互作用机制、生物与极端环境关系等。水文学已经深深地引入了生物地球化学过程和生物过程，并需要与气候变化等密切联系。气候变化，特别是长期气候变化及其影响，是自然地理学家义不容辞的研究内容。综合自然地理学除更精确的自然区划外，以科学问题为导向，联系岩石圈、大气圈、水圈、生物圈、土壤圈甚至冰冻圈的过程，揭示这条链条不同阶段的特征和机制，可能是综合自然地理学的生长点。自然地理学除揭示自然要素的过程和规律外，联系与人类密切相关的资源和环境问题，建立系统的统计和物理模型，是自然地理学重要的出口。正如傅伯杰院士所说，自然地理学是地理科学的基石，自然地理学在科学理论认识方面、在技术创新方面、在服务国家方面的深化和综合研究，将会推动地理学全面创新和发展。自然地理学的未来发展需要强调深化格局与过程的研究、加强分支要素之间相互作用以及模型和模拟的应用等方面的研究，为国土优化、灾害防治和生态文明建设提供坚实的科学基础。傅伯杰院士的自然地理学"六问"，是自然地理学学科未来发展的指向，值得深入研究和积极实践（徐志伟，鹿化煜，2018）。

二、大学生自然地理学创新思维养成的问题与途径

无论是过去10年间地理学研究主流，还是2017年"全国自然地理大会"上对当前自然地理学热点话题的讨论，都可以发现实践仍是地理学科发展的重要途径，学科交叉将是自然地理学发展的未来，应用性依然是自然地理学发展的指向，着重发展计量地理学是自然地理学的重要出口。自然地理学将继续在不断实践摸索中完成学科转身。

马克思主义认为,实践活动是人类一切活动的前提和基础,是人类社会最基本的生存方式。人类从事的任何创新,不管是物质创新还是精神创新,是具体器物创新还是知识理论创新,都是通过实践来实现的,是在实践探索的过程中形成、检验和发展的(高道才,2013)。

人具有未完成性,大学生具有实践创新的无限潜能,但是同时也存在着当前难以突破的难点。学科基础理论知识薄弱是当前大学生普遍存在的共性,主要原因是当前实践课程偏少。地理学是一门需要实践的学科,需要在实践中去熟悉书本抽象的知识。然而当前大学的教育模式给予大学生实践的机会过少,我国的大学教育仍是以课堂讲授为主,地理科学相关专业的自然地理实习由于课时限制、经费限制导致留于浅表,虽然自然地理野外实习在一定程度上会促进学生实践能力的形成,但这并不足以让绝大多数的大学生在实践过程中形成创新能力。因此,进行自然地理实习改革势在必行。此外,传统的课程设置不利于培养地理学创新人才,地理学的根基不仅包括基础的理论知识更应包括地理学科思想,当前高校中的思想类课程仅以政治类课程为主,但事实上学科思想是地理学素养的养料,地理学学科素养是地理学创新的基石。地理学虽然是一门传统学科,但是有太多的地理学大学生不知地理学的前世今生,没有地理学学科思想的浸润,地理学学科的进步将是没有灵魂的机械进步。因此,改革教学环境是培养地理学大学生实践创新的首要条件。

地理技术基础薄弱,新的观测、试验和分析技术的出现与发展为地理学的发展提供了巨大的机遇。随着这些定量研究方法的不断发展,自然地理学也逐渐向“范型科学”靠拢(杨胜天等,2012)。当前,计量地理学已是地理学中发展较快的新学科,是应用数学方法研究地理学方法论的学科,它运用统计推理、数学分析、数学程序和数学模拟等数学工具,凭计算机技术分析自然地理和人文地理的各种要素,以获得有关地理现象的科学结论。计量地理学将地理理论研究与方法论研究相结合,用系统理论观点建立了地理学理论体系(李龙等,2010)。但是当前地理专业课程设置中多将计量地理学设置为专业选修课,若要培养地理学创新人才应足够重视这门将地理理论与方法论集于一身的学科。此外,“3S”技术已广泛应用于地理学研究中,但是当前地理科学专业学生对于该门技术掌握不牢,课程设置中理论课时多于上机实际操作课时,在课程设置过程中应增加上机实际操作的课时。

实践平台的狭窄是当前大学生难以走创新之路的限制条件。经费缺乏、专业指导老师的缺失、实践平台数量太少都浇灭了大学生科研实践创新的热情。以自然地理野外实习为切入点,建立健全的实习机制,转变实习教学模式,搭建地理实习基地助力大学生创新成长。以大学生创新科研项目、大学生创新创业项目为契机,鼓励学生自主加入到科研创新的时代潮流中去。培养地理学大学生创新实践能力是顺应当前社会发展的需求,在社会发展的需求下促进地理学新发展。

参考文献

[1] 白光润.地理学导论[M].北京:高等教育出版社,1998:17-19.

[2] 伍光和.自然地理学[M].北京:高等教育出版社,2000.
[3] 林爱文.自然地理学[M].武汉:武汉出版社,2008:1-3.
[4] 伍光和,蔡运龙.综合自然地理学[M].北京:高等教育出版社,2004:1-5.
[5] 刘南.地球概论[M].北京:高等教育出版社,1987:2-4.
[6] 杨坤光,袁晏明.地质学基础[M].武汉:中国地质大学出版社,2009: 1-9.
[7] 周淑贞.气象学与气候学 [M].2 版.北京:高等教育出版社,1979:2-8.
[8] 缪韧.水文学原理[M].北京:中国水利水电出版社,2007:2-9.
[9] 王锡魁,王德.现代地貌学[M].吉林:吉林大学出版社,2009:1-8.
[10] 朱鹤健,何宜庚.土壤地理学[M].北京:高等教育出版社,1992:2-6.
[11] 张金泉.植物地理学[M].重庆:重庆出版社,1989:8-13.
[12] 伍光和,蔡运龙.综合自然地理学 [M].2 版.北京:高等教育出版社,1993:40-45.
[13] 毛明海.综合自然地理学教程:土地与自然区划[M].杭州:浙江大学出版社,2000:149-151.
[14] 陈波涔.自然地理野外实习[M].开封:河南大学出版社,1992:1-9.
[15] 许振文,王桂君,王鹏,等.新时期自然地理实践教学改革探讨[J].实验室研究与探索,2011,30(1):117-119.
[16] 尚荣寰,吕金福.地理野外实习指导[M].长春:东北师范大学出版社,1988:5-8.
[17] 王建,张茂恒,王围祥,等.现代地理学实践教学改革和实习体系创新[J].中国大学教学,2010(4):70-72.
[18] 刘世彪.生物学野外实习教程:实践与创新[M].北京:中国农业科学技术出版社,2008:3-8.
[19] 刘目兴,韩慧敏,揭毅,等.自然地理野外综合实习的改革[J].实验室研究与探索,2014(1):220-229.
[20] 李瑜琴,卢玉洁,张东宁.大数据背景下高校自然地理学野外实习模式探索与实践[J].地理教育,2016(10):17-22.
[21] 衣华鹏,张宴鹏.自然地理学实习基地建设与实践教学模式改革初探[J].实验室研究与探索,2009,28(2):135-138.
[22] 李恒凯,刘小生,潘颖龙.基于 GIS 的探究式自然地理学野外实习平台系统[J].地理科学,2012,32(8):1026-1031.
[23] 王小雷,曾华.自然地理野外实习模式、实习成绩评价标准及方法研究[J].南京晓庄学院学报,2013,5(3):114-119.
[24] 李秀彬,郑度.自然地理学的发展趋势及若干前沿领域 [C]//中国地理学会.地理学的理论与实践——纪念中国地理学会成立九十周年学术会议文集.北京:科学出版社,2001:7-11.
[25] 徐志伟,鹿化煜.自然地理学发展迎来新时代 ——从"2017 年全国自然地理学大会"看自然地理学新发展与新挑战[J].地理学报,2018,73(1):192-196.
[26] 高道才.广义创新学[M].北京:中国书籍出版社,2013:186-190.
[27] 杨胜天,黄大全,罗娅,等.地理综合实践教程[M].北京:科学出版社,2012:5-8.
[28] 李龙,陈龙乾,赵建林,等.数量地理学及其在地理信息时代的发展[J].和田师范专科学校学报(汉文版),2010,29(6):1-2.

第二章　人文地理学实习与实践

人文地理学是地理学的重要分支学科，其发展大致经历了从最初的经验上升到一门学科的过程，知识的积累也历经了古代、近代和现代三个大的时期，才逐步形成了系统性的人文地理学。由此不难看出，人文地理学涵盖的内容复杂，大学生要在有限的时间内完成人文地理学的学习，系统而全面地掌握人文地理学的知识，难度较大。基于这一问题，高等学校人文地理学教学通过实习与实践，让学生把理论知识与实际情况结合起来，在实习与实践中认识人文地理过程，把握人文地理的总体规律。

第一节　人文地理学的理论基础

一、人文地理学概述

人文地理学是以人地关系理论为基础，探讨各种人文现象的分布、变化和扩散以及人类社会活动的空间结构的一门科学（李旭旦，1985）。人类生活于地球表层，与地理环境发生着紧密的联系，地理环境为人类的形成、发展和进步提供了重要的舞台，随着人类认识的不断加强和实践的进一步加深，各种人文现象不断形成、变化，这些人文现象包括政治、经济、文化、行为等方面，都是人类活动创造的产物，可以说人文地理学就是研究人类社会现象的地理学。人类通过对人类社会现象的研究，达到揭示人地关系总规律，更好地实现个人、社会、学科和国家发展需要的目的。然而，人文地理学是一门地域性、社会性、综合性和复杂性的学科，仅仅依靠传统的归纳、对比和解释难以揭示出人地关系的总规律，因此利用现代技术和新方法突破传统研究方法的限制具有重要意义。

二、人地关系——人文地理学的理论基础

人地关系是指人与地理环境之间的相互作用，相互联系（况光贤，1987）。人类生活于地球表面，与地理环境发生着各种各样的联系，随着社会的发展变化，人类对于人地关系的认识也在发生着变化。在人地这个系统中，人类社会和地理环境谁是主、谁是次，人和地之间通过何种方式进行相互作用，是人们需要思考和回答的问题。因此，基于地理学视角，深刻认识人地关系理论的历史演变过程，是指导人文地理学的实践与研究的第一步。

（一）地理环境决定论

该理论认为自然环境是社会发展的决定性因素。德国地理学者 F．拉采尔在他的《人类地理学》一书中，把人说成是环境的产物，认为人和生物一样，他的活动、发展和分布受环境的严格限制，环境“以盲目的残酷性统治着人类的命运”。因其过分强调自然环境的作用，并是第一个系统地把该理论引入地理学，因而被认为是“地理环境决定论的创

始人和领导人”。法国哲学家孟德斯鸠在他的《论法的精神》一书中,论述了地理要素与政治的关系,强调了地区特征尤其是气候对法律制定的影响(陈慧琳,2013)。这些具有唯物主义色彩的思想主张表明了地理环境对人类心理、性格、气质、分布和发展的制约与控制,是那个时代学者们对于“天命论”“神创论”的突破,具有一定的进步意义,但是人具有主动性,对地理环境的限制和变化都能够通过自身需要做出主动适应,这些思想主张过度夸大地理环境的决定力量,无视生产力与生产关系的矛盾是社会发展的根本动力,具有一定的局限性。

(二)或然论

或然论,又称可能论。该理论的核心思想是人和地理环境之间是一种相互作用的关系。法国地理学先驱P. 维达尔认为地理学的目的是研究地面相关现象的因果;在人与环境的关系中,除环境的直接影响外,还有其他因素在起作用。人是其中一个积极的因素,不能用环境控制来解释一切人生事实(陈慧琳,2013)。他的学生J. 白吕纳在其著作《人地学原理》一书中,把人地关系分为“三纲”“六目”,即地面上建设事业的非生产者——房屋与道路,对植物的利用事业——耕种与畜牧,经济上的破坏事业——对动植物的滥杀滥伐和矿产的开掘(李旭旦,1985)。可能论的观点认为环境只提供可能,而对环境的适应和利用需要人的主动的选择。虽然该理论过度强调了“人”的选择能力,认为“地”只提供可能,仍然没有摆脱把人地关系看成因果链的思想怪圈,但该理论承认环境对人的影响,同时反对环境决定人类社会的观点,具有朴素的辩证主义色彩。

(三)适应论与生态论

1. 适应论

适应论又称调整论。该理论由英国地理学家罗士培提出。该理论认为地理学的研究包括两个方面的内容:一是人群对周围环境的适应;二是居住在一定区域内的人群及其他地理区域之间的关系(赫维人,潘玉君,2002)。其中,“适应”表明环境在一定程度上对人的限制,但也反映了这种限制是人类能够通过适应加以利用的。在地理环境中,各种各样的地理事物对于人类来说,人类对它们的认识并不是全面的、细致的,因此人类在适应、改造和利用地理环境的过程中受到地理环境这样和那样的限制,人类只有不断地加强对地理环境的认识,通过不断积累和发展人类文化的指导,主观能动地去适应地理环境的限制。该理论已经初步具有“协调”人地关系的思想,当然,“适应”带有一定的被动性。

2. 生态论

该理论由美国地理学者巴 H. H. 罗斯提出,他认为人文地理是研究人类的生态的观点。在他的文章《人类生态学》一文中,主张地理学的目的不在于考察环境本身的特征与客观存在的自然现象,而是研究人类对自然环境的反应。认识中心论,一切其他现象只是当它们涉及人和他们的反应时才予以说明(陈慧琳,2013)。该理论直到20世纪50年代因生态环境问题的严重才被加以重视,在对人类与环境作用机制和全球生态效应的研究中,形成了以经济活动为中心,以协调人口、资源、环境和社会发展为目标的现代生态论。

(四)文化景观论

美国地理学家C. O. 索尔认为地理学是研究地球表面按地区联系的各种事物,人文地理的研究核心是解释文化景观。在地球的表面,按照不同的划分标准或依据,可以把地球表层划分出许多不同的区域，在不同的区域内生活着特定的人群，这些人群能够在适应、改造环境中创造维持生计的经验，经验的代代传承，不断累积形成特有的文化。由于人群、文化等在区际之间的联系与互动，这些人类在地球表层的印记相互影响、相互渗透，形成了不仅具有自己文化特征的文化景观，而且还形成了具有其他文化特征的文化景观。人类正是基于自身的审美观，通过创造和吸收有利于自身适应自然环境的因素，对自然景观加以塑造，从而在人类生存的大地上留下了人类的文化烙印。

（五）生产关系决定论与唯意志论

1. 生产关系决定论

该理论代表人物是培根。该理论认为生产关系的改变可超越对自然环境的考虑，甚至认为生产关系决定生产力的发展。该理论把生产关系的作用估计得过高，不利于和谐的人地关系的发展，甚至造成人类对自然残酷的掠夺和破坏。

2. 唯意志论

唯意志论又称征服自然论。该理论的代表人物有叔本华和尼采。该理论基于人的意志，过分强调人的主观能动性，似乎人类能够战胜自然一样。通过人的意志主观能动地改造、利用自然，在一定程度上，还是对人类社会发展起到了一定积极作用。但任凭人的意志主观能动地改造、利用自然，使得有限的资源不断减少和环境的破坏，尤其是在人类掌握改造和利用自然的先进技术的条件下，“征服”自然的能力大大加强，带来的地理环境问题更加难以扭转和克服。

（六）环境感知论

环境感知，简单地说，就是人们对所处环境的印象。不同的人对环境感知的差异，由此导致具有相似感知的人们形成了不同的文化集团，而这些不同的文化集团，尤其是文化集团的决策者对相同环境的利用做出的决策不同，决定着地理环境在具有某一环境感知特征的人的支配下，将被塑造成何种文化景观，这也是一种重要的人地关系。

（七）文化决定论

文化决定论认为，人类对于地理环境的影响取决于人类的文化。人类在漫长的发展过程中，逐步形成了自身特有的改造和利用自然的经验，出于世代繁衍的需要，把这些艰苦探索得出的经验上升为文化，加以传承和发展，成为指导人类更深层次的开发、利用自然，使人类生活得更好的思想。由于各种优质的文化不断传承浓缩，文化的发展程度大大加强，人类文化对自然地理环境的改造也随之加强。

（八）“天人合一”观

“天人合一”观，是中国古代学者关于人地关系的认识影响较为深远的一种。这里的“天”就是大自然，“人”就是人类，天人关系就是人与自然的关系，主张“天人合一”，强调天与人的和谐一致是中国古代哲学的主基调。“天人合一”的人地关系认为，人与自然处于一个整体中，天人关系是由自然规律联系的，人与自然环境之间不是对立而是统一的。要求人们遵循自然，合理利用自然，不能违背天，要能与天融合为一体。“天人合一”观不但有了“人地协调”的意思，而且认为“和”是协调人地关系的关键（陈慧琳，2013）。这一思想，是中国古代综合思维的最高、最完整的体现，是中国古代学者对世界文明的重大贡献。

（九）协调论

21 世纪的今天，人类科学技术和经济社会的发展取得了巨大的进步，但这并不意味着人类获得了真正的幸福。科学技术的大大改进，使得人类对自然环境的改造能力大大加强，各种自然资源消耗、环境的破坏力度进一步加大；经济社会的发展，使得人类对于各种资源、空间的利用需求不断加大，造成资源短缺、空间争夺等系列问题。因此，如何才能实现人与地理环境之间和谐的局面，越来越广泛地受到人们的关注，地理学家认为构建一种协调的人地关系对于打破人地之间长期尖锐的对抗具有重要作用。由此，协调论应运而生，这里所谓的协调，强调的是人与地之间动态的、全球的和综合的协调，并不否认人对地的依赖性，而是更加注重人在客观规律的基础上，主观能动地实践，合理利用地理环境，建立一种协调的人地关系。

第二节　人文地理学野外实习

一、人文地理学野外实习的目的与意义

人文地理学作为地理学的一个重要分支，需要将野外实习融入课程教学，通过实地调查研究，学生学会收集资料的方法，发现地理学科学性问题，在此基础上通过问题的分析，从而提出问题的解决措施。这一系列的环节，有助于学生将课程理论知识与实践相结合，在实践中检验真理，并提出自我关于地理学科学问题的看法，培养学生发现问题、提出问题、解决问题的能力，不断增进学生对地理学的学习兴趣，形成正确的人生观、世界观、价值观。

二、人文地理学野外实习的一般流程

（一）实习准备阶段

在实习准备阶段，专业老师需要明确实习目的与任务；确定实习的地点与时间，并进行野外预查；收集相关资料，编写出实习相关指导手册以及所要用到的图表；制订出翔实的野外实习计划，并做好充分的实习工具的准备。

（二）野外实习阶段

野外实习阶段，即实习的实施阶段，是在教师带领下，学生按照实习计划的指导，积极、稳步地完成计划内各项学习任务的过程。在教师的指导下，就某些人文地理现象进行观察、发现、思考和启迪；学会相关仪器的使用方法、数据的获取办法和地理事物的分析方法，从而完成实习各项目标任务。

（三）整理阶段

整理阶段，将实习获取的部分数据进行归类、整理、综合分析，从而得出结论并就实习做出总结和汇报。

三、人文地理学野外实习的方法

（一）调查法

调查法是人文地理学实习、研究常用的方法。为了全面、翔实地了解某一人文地理现象、事物或其过程与成因，通常会通过问卷调查、实地调查等手段获取相关数据，并做出分析、综合，直到能够正确揭示所需要探究的人文地理规律。该方法在地理实习中的运用，主要通过教师带领学生到实地进行问卷发放、回收、分析和取样等实际的调查来实现。

（二）观察法

观察法是指研究者根据所要达成的目标，按照事先拟定的观察指标，借助自身的感觉器官和地理工具，对地理现象、事物和过程等进行观察，从而获得资料的一种方法。在人文地理学的实习中，该方法是最为直接的方法，教师通过带领学生就某个地理要素或现象进行直接的观察，培养学生观察事物的能力。

（三）访谈法

调查法、观察法能够在一定程度上获得人们关于某一地理现象、事物和过程的基本看法，但人们的经历、意见、愿望和感觉等难以通过调查和观察得到，因此把由访员与受访者之间通过直接对话以获知受访者关于某一地理现象、事物和过程等的意见、感觉、愿望、经历的方法叫访谈法。该方法在人文地理学实习中的运用，主要是通过与接受访谈的对象进行约定，就某个地理要素或现象展开面对面的交流，从而获得对方就这一要素或现象的基本看法，如想要了解某个城市未来的发展规划走向，可以就此对规划局相关人员进行访谈。

（四）统计分析法

统计分析法是研究者通过对地理现象、事物和过程等某些特征的数量统计和分析，从而达到正确反映、解释地理现象、事物和过程等的规律，甚至预测其未来发展变化的一种方法。该方法在人文地理学的研究中有较多的运用，例如就某个旅游景点季节性游客数量变化特征进行分析，可以通过对各个季度游客数量进行统计来加以判别，在统计的基础上分析什么因素会对游客旅游需求的影响。

（五）案例分析法

案例分析法是指以具体的地理要素或现象作为案例，并就具体的地理要素或现象的某些方面要求学生进行相关分析，培养学生分析能力、判断能力、解决问题能力的方法。这一方法在人文地理学的野外实习中较为常用，例如分析某个城市的区位、选址问题等。

四、人文地理学野外实习的内容

（一）经济活动与地理环境

农业经济活动与地理环境。农业是人类最古老的物质生产部门和最早的经济活动，从人类的诞生到今天，农业经济活动在人类经济活动中一直占有重要的地位，在一些国家和地区，农业经济活动成为经济活动的主体，例如种植业在多数发展中国家是农业经济的主体，而以畜牧业为主的农业经济在多数发达国家或草场条件较好的国家有较好的发展。由此，我们可以看出，农业经济活动与地理环境之间具有较为深刻的关系，一方面发展农业经济,需要满足一定条件的土地、地形、气候、水利、劳动力、生产力水平、市场需求、交通运输和政策等因素;另一方面农业经济活动也反过来对地理环境产生了有利和不利的影响,其中有利的影响是推动了社会生产力的快速发展,创造了丰富的物质财富,大大改善了人类生活水平,提高了人类生活质量,为工业文明和信息文明奠定了雄厚的物质、技术和文化基础;而不利的影响主要体现在自然环境破坏、资源的浪费与枯竭、人类未来发展备受威胁等。

工业经济活动与地理环境。工业经济活动是工业经济时代经济活动的主体。自工业革命以来,工业技术的发展推动了人类工业文明的快速进步,是一种无明显季节性、专业化和协作程度高、技术性强和分布集中的工业经济活动,极大提高了人类的物质和文化生活水平。随着人类智力水平的提高,水资源、土地、科学技术、交通运输等自然和人文要素对工业发展的限制正在减弱;相反,人类工业经济活动给自然环境带来的破坏、资源的浪费、人类未来发展的不确定性影响正在加深。如何正确处理好工业经济活动与地理环境之间的关系,应当成为人类共同关注的问题。

第三产业活动与地理环境。随着人类社会物质财富的极大发展,第三产业也悄然兴起。作为一类与时俱进,生产与消费同步,与第一、二产业密切联系的新型产业,第三产业的发展同样受到自然和人文环境的影响,例如第三产业的布局、商业网点的密度等都无法逃脱自然地理环境的影响;同时,在受到地理环境影响的前提下,第三产业的发展也对地理环境产生了积极的和消极的影响,第三产业的发展既能使自然环境更加美好,也能使自然环境趋向恶化,如商业经济活动既能促进聚落的形成与发展,也能致使历史文化的消亡。

在人文地理学的野外实习中,认识人类经济活动与地理环境的关系是重要的组成部分,我们既可以就影响某个地区农业发展的因素展开调查,也可以就某个商业网点群布局变化展开深层次的原因分析。在调查、分析的过程中认识人地关系的规律,提升自我发现问题、探究问题和决策的能力。

(二)人口与地理环境

人口似乎就是人类自身,但人口生活在一定的地域,受到一定的社会制度约束,具有一定的结构、数量和质量特征,因此我们把人口定义为生活在一定的地域系统内,受到一定社会制度约束的具有一定的结构、数量和质量特征的社会群体。人口具有自然和社会二重属性。人口与地理环境相互影响,一方面人口数量、质量和分布深受经济、政治、科技、文化等因素的影响,另一方面人口的增长、人口的不平衡性分布等都会给地理环境带来这样或那样的问题,例如人口增长使得资源紧张、生态压力增大,对可持续发展带来消极影响。此外,由于地区发展上的差异,引起的人口的迁移,对人口迁出区和迁入区带来了不同的影响。例如迁出区劳动力的流失,人口老龄化现象突出;迁入区环境承载力有限,人口数量的增多造成资源和空间的紧张,治安的混乱等问题。因此,人文地理学的野外实习,可以就某一地区人口分布的影响因素、人口迁移的主要方向及其驱动力等进行探讨,从而深刻认识人口与地理环境之间的关系,就一定的人口与地理环境问题提出解决方案。

（三）人类活动的中心——聚落

聚落，是地表上重要的人文景观，其建筑材料、所占的位置发生发展的原因以及其形态等，反映了人类活动和自然环境之间的综合关系（张文奎，1993）。通常情况下，我们理解的聚落就是人类集聚生活和居住的场所，包括城市和农村，在地图上显示为一个个居民点。其含义有广义和狭义之分，广义的聚落包括城市和农村，狭义的聚落仅指农村。其中，城市是以非农业人口为主，从事非农产业活动的聚落类型，往往是一定区域的政治、经济、文化活动中心；而农村是以农业人口为主，从事农业生产活动为主的居民点，是相对于城市的另一种聚落类型。作为人类活动的中心，城市和农村的发展深受自然环境、经济环境、交通环境和人文环境的影响，反过来，城市和农村的发展也影响到地理环境。近10年来，我国大力推进城市化和城镇化建设，城市化和城镇化进程明显加快，城市地域和规模不断扩大，农村人口素质明显提高，生活水平得到了较大改善，城乡二元结构带来的差距正逐步减小，城市与农村一体化发展成为未来发展趋势。

（四）文化活动与地理环境

在一定地域空间、时间上，人们在适应、利用和改造自然环境的过程中形成了精神、行为、物质文化，这些文化在不同的地域空间、时间和生态基础上具有差异性，这些各具特色的文化之间、文化与环境之间、文化与其他各种过程之间的相互作用，促进了文化的发展和繁荣。在文化的指导下，人类对所处的自然环境进行改造，形成了一定的文化景观，这种地域文化系统综合反映了人们对衣食住行以及改造和利用自然环境的不同态度。例如，在贵州省黔东南苗族自治州，有一个充满神奇色彩的苗族村寨——岜沙苗寨，在这个苗寨中，当一个人出生时，其父母为其种下一棵树，当其死亡时，后人再为其种下一棵树，他们认为一个人的生命就在这两棵树之间轮回，这种“天人合一”的思想是岜沙人的一种人地和谐观的表现。

（五）旅游活动与地理环境

旅游是在一定的经济条件下，人们出于休息、消遣和文化的需要，离开居住地非定居地旅行和暂时居留引起的一系列的现象。随着我国经济的迅猛发展，交通、通信等基础设施不断完善，旅游越发成为人们融入自然、社会的最佳选择。每逢节假日，各大景区游客爆满，旅游业迎来了快速发展的时期。具有不同地理环境差异的地区，为了赢得游客的关注，通过优化地貌、水、气象气候、生物等环境要素，开发出具有区域特色的旅游资源，推动区域旅游业的发展，促进了旅游活动资源和环境的保护，然而旅游活动也造成了环境的污染与破坏，例如空气和噪声污染、对生物资源的破坏。

（六）政治活动与地理环境

政治活动是一定阶级或社会集团围绕着一定的国家政权为实现自己的利益而展开的各种活动。人类社会的政治活动及其过程与地理环境相互作用形成的空间利益实体，在很大程度上影响着人类一切组织的发生、发展和兴衰演变，它对一个国家、一个民族的现实及其战略意义如此之大，以至于自古以来对政治与地理环境之间的相互作用十分重视（赵荣等，2006）。第二次世界大战结束后，随着以美国和苏联为首的两大集团的瓦解，世界总体格局基本确定，当今世界，各国家和地区共处于一个开放的世界体系，两极格局后出现的一超多强格局也正在发生新的变化。但各国家和地区为了获得更加有利的发展空间、更多的发展资源、更高的话语权,更加有力地捍卫自身安全,在和平与发展的主基调中实施一系列有利于自身的国际和地区战略,不断加强国际合作与地区联系,应对来自各方面的对抗与冲突,从而维护自身政权长期、有效、持久的治理。

第三节 人文地理学实践热点

一、"一带一路"战略与区域开发开放

"一带一路"是"丝绸之路经济带"和"21世纪海上丝绸之路"的合称。当今世界正发生着深刻而复杂的变化,世界经济危机的阴影仍然没有散去,世界经济仍然处于低迷状态,各国家和地区也面临着发展的难题。中国政府本着"共商、共建、共享"的原则,凭借有利的地缘经济和地缘政治优势,积极与丝路有关国家就探寻经济增长之道、实现全球化再平衡和开创地区新型合作在既有的双边和多边机制内展开磋商,力争通过区域有关各国的共同努力,实现道路连通、贸易畅通、货币流通、政策沟通、人心相通的美好愿景。自"一带一路"战略构想提出以来,已经得到了国际社会的广泛认同和有关国家的积极参与,在"一带一路"战略框架下,我国各省(自治区、直辖市)将迎来新的发展机遇,这对推动我国经济、政治、文化、科技等领域与地区和国际社会的深度合作具有重要意义。人文地理学作为一门综合性、社会性、地域性的学科,对于服务"十三五"期间国家"一带一路"建设、长江经济带建设、京津冀协同发展等重大区域发展战略,满足国家及地方经济社会发展的需求,助力国家政治、经济、科技、文化等大发展及大繁荣具有重要推动作用。因此,人文地理学研究可以切合自身所处的区位,就本地区可以参与"一带一路"开发、利用的特色进行充分的了解,提出适合本地区发展的方向,使本地区在新的地缘经济中获得实实在在的收入,这也是人文地理学创新研究的重要方面。

二、全球化下的地缘格局与区域治理

全球化是自20世纪80年代以来形成的一种人类社会发展过程中的新现象,已经成为当今世界的基本特征。曾经有人把地球比作一个村落,人类在这个村落里面生存和延续,不可避免地发生着这样或那样的联系,"地球村"这一形象的描述是人类全球联系不断增强的表现,也是为了获得更高的发展平台而不断增强自身全球意识的表征。当今世界之变化一日千里,假设不在这个开放的体系中运筹战略,实现自身和整体的利益最大最优,将成为别的战略的施承对象,这样的局面是任何一个主权国家所不愿意看到的。因此,在当今纷繁复杂的国际和地区环境中,认识自身国家所处的世界政治格局、经济格局,对于制定和实施自身国家的地缘战略具有重要意义。

冷战结束后,国际政治形势在东欧剧变和苏联解体的影响下进行了新的组合,形成了以多极化为主要特征的新的世界地缘政治格局,各种文明之间的交流、合作与冲突不断加强,各种政治集团和力量深刻地影响着世界政治格局,一些国家和地区甚至仍然战火纷飞,世界政治格局深深地影响着一个国家和地区的命运。当今世界,经济领域已经成为国际关系重心,世界经济一体化、经济区域集团化、经济关系政治化、经济体制市场化和经济

力量多元化不断发展，经济安全与增长已经成为一个国家和地区政治力量实现政权巩固、稳定和话语权的重要抓手，因此深刻把握全球化下地缘格局对于自身长足发展至关重要。作为世界大国的中国，周边地区是世界大国最集中的地区，存在着各种不确定性因素，为维护国家主权、安全，实现自身发展，深刻认识和分析当前中国所处世界地缘格局，依据自身实际需要制定21世纪中国地缘政治与地缘经济战略，应对各方面挑战，实现国家稳步发展和持久繁荣。

关心国家安全，发展利益是每一个中国人的重要使命。作为地理学相关专业的大学生，需要明白地缘战略和区域治理对于一个主权国家的意义。因此，人文地理学的研究要高度重视国家地缘战略和区域治理，一是要通过地缘战略的研究，深刻认识国家周边的安全局势，提出合理应对来自各方面潜在威胁的措施；二是要探究区域治理新的方式方法，继续改进区域治理过程中的不利方面，提高区域治理效率和质量，从而实现区域良好发展，区域间协同发展，确保国家治理能力现代化和全面发展。

三、区域全面协调可持续发展

区域是一个空间概念。区域作为人类聚居的场所，人类在这个有限的范围内进行着一系列的经济活动，包括资源开发、产业组织和结构优化，成了人类为实现自身发展和社会进步而进行开发、利用、改造的对象。然而人文地理学的区域这一概念，是政治、经济、社会、文化等要素的综合体现，区域的发展要求全面、协调、可持续，更进一步地说就是要"坚持以人为本，坚持全面、协调、可持续的发展"。进入20世纪以来，包括生态环境问题、资源争端、生存空间的争夺等区域性问题层出不穷，这些人类的区域性问题在很大程度上对区域的发展产生了影响。中共十六大指出，要统筹城乡发展，统筹区域发展，统筹经济社会发展，统筹人与自然和谐发展，统筹国内发展与对外开放，区域发展被放在突出位置。

区域全面协调可持续发展，包括区域发展的方方面面。人文地理学的创新研究要准确把握制约区域全面协调可持续发展的因素，就不利于区域全面协调可持续发展的现象提出建议，在此基础上提出更加有利于区域全面协调可持续发展的措施，实现区域更好发展。

四、新型城镇化与资源环境的影响

城镇化是人类进入工业社会时代，社会经济的发展，农业比重的下降，非农业活动的比重逐步上升的过程，简单地说，就是乡村转变为城镇、农业人口转变为非农业人口的过程（周一星，2007）。而新型城镇化是以城乡统筹、城乡一体、产城互动、节约集约、生态宜居、和谐发展为基本特征的城镇化，是大中小城市、小城镇、新型农村社区协调发展、互促共进的城镇化。与以往的城镇化相比，新型城镇化更加注重农业和粮食的发展、生态与环境的保护，更加关心农民和农村，更加体现发展成果是由城乡人民一起创造的，发展成果由全体人民共享。城镇化的出现和进一步发展，是人类文明进步和经济发展的反映，也是人类社会由农业文明朝着现代工业文明转变的过程。当前我国的城镇化水平已经取得了较快发展，但在我国城镇化发展的道路中，依然苦难重重，挑战不断。在我国人口多、底子薄、耕地相对不足、人口素质偏低的国情下,城镇化要充分认识到我国的国情,避免盲目城镇化,造成资源浪费和环境破坏,因此国家要坚持以人为本、因地制宜、城乡统筹、可持续发展的原则,深入推进新型城镇化,实现国家更好的发展。

城市与每个人的生活具有密切的联系,在人文地理学的实践创新中,我们要仔细观察城市发展变化,深刻分析城市发展的动力机制,充分探讨城镇发展的利弊,就资源的节约和环境的保护采取何种措施,进行有效的研究,从而为城镇化始终朝着正确的方向发展把好关。

五、产业发展与经济转型

一个产业的发展通常包括产业的产生、成长和进化三个过程,既有单个产业的进化,也有整个国民经济的进化,不仅有产业中企业数量、产品或服务产量等数量的变化,也有产业结构的调整、优化和变化等质量的变化,而其中产业结构的优化是发展的方向,产业结构的变化是产业发展的核心。在政治、社会、文化和自然环境等因素的共同驱动下,产业经历形成、成长、成熟和衰退四个时期,因此为了盘活产业发展的活力,在政府的宏观调控下,通过权衡影响产业发展的各项因素对产业加以技术改造,经济转型升级,从而实现产业更持久发展。

产业,包括第一产业、第二产业和第三产业。产业的发展,是一个地区经济社会发展水平的重要保证,因此人文地理学的创新研究应着重把握如何实现产业发展的最优,尤其在当前科学技术高速发展,经济社会持续繁荣的背景下,产业结构是否还能够支持这样的发展环境,如何实现产业转型升级,助推经济社会朝更高水平发展,也是人文地理学需要回答的内容。

六、城市转型与城市群建设

城市的兴起,通常是工业化文明带来的产物,在我国城市发展中,有许多城市的形成和发展依赖资源的开发和利用,例如大庆石油的开采,带来了大庆城市的繁荣。然而资源的有限性决定了城市的持续发展不能依靠一味地开采资源,因此城市建设到一定阶段就要进行城市转型,通常是对支撑城市发展的产业进行转型升级。要构建城市群,采取区域协同共生、联动发展、创新驱动、可持续发展的战略,告别完全依靠资源发展城市的不可持续的做法,在各城市的发展中相互促进现代化城市建设。

在城市建设的过程中,人们逐渐意识到资源不是取之不尽、用之不竭的,而人类世代繁衍对资源的需求是无穷无尽的,完全依赖资源的消耗并不能支撑城市持久建设和发展,转变城市发展依赖资源的模式是必然的趋势。21 世纪的今天,城市快速兴起,各城市间为了实现资源更好的互动,因此建立城市群成为大的趋势,大城市群的建设一方面提高了资源利用效率,另一方面也促进了城市转型升级。人文地理学的创新研究要探寻城市转型的方向,探究如何实现城市群建设和发展中资源、空间的最优化利用。

七、旅游业发展转型与旅游地理创新

经过 30 多年的发展,中国旅游业的发展已经取得了重要成绩,地方政府对旅游业发展给予高度重视、支撑旅游业转型升级的有利条件增加、旅游业发展转型的潜力进一步释放。旅游业的发展转型升级正在从经济、产业和企业自身三个方面得以发展,以观光旅游为主要市场、休闲度假旅游和康体旅游等为辅助方式的多种旅游产品正逐步推出。入境和出境旅游市场进一步扩大,散客游成为旅游的主要方式,团体游继续增长,各种旅游设施进一步完善,旅游服务进一步优化,旅游业的发展已经成为我国经济发展不可或缺的重要组成部分。作为联系游客与旅游资源的桥梁,旅游业以旅游资源为依托,通过一定的旅游条件,为游客提供接待、旅行、翻译等综合性服务,要进一步推进旅游业的发展转型升级,旅游地理学要发挥创新性作用。为满足市场对旅游发展转型的需求,具体要做到以下几个方面:一是要严格以客源、交通、旅游目的地的研究为基础;二是要重视增加旅游消费时,可能带来的地理环境问题;三是要主动切合国家发展战略,通过旅游活动的空间分布特征的分析,开发适合本地区的旅游资源,促进落后地区经济社会的发展;四是要重点关注乡村旅游和小城镇旅游,兼顾城市旅游。在经济高速发展、生活明显改善和科技取得进步的当今时代,旅游活动广受人们喜爱,旅游业的发展必然助推人类生活向更高水平迈进,加快旅游地理创新研究,助推旅游业发展转型升级,更好满足社会发展的需求。

旅游业的兴起到今天的快速发展,旅游业的区域特征发生了新的变化;旅游者的动机与决策也和以往的旅游者不同,各种旅游活动广受游客的喜爱,各地区则为了实现经济社会的较好发展,大力开发自身的旅游资源,对地区产生了较为深刻的影响,因此人文地理学的创新研究应当就新的条件下影响旅游业发展的因素、旅游资源的开发对地区的影响等进行深层次的分析,指导一个地区如何能够获得旅游者的青睐,又不会造成地理环境的重大破坏。

八、社会转型与文化地理

社会转型包括社会经济结构、文化形态、价值观念的转型。通常,人们认为社会转型就是加强社会管理、民生改善等方面的内容,但事实上社会转型强调的是从一种形态向另一种新形态的变迁。纵观人类社会发展的历程,社会的发展就是在这样的变迁中缓慢地进行着。目前,我国的经济发展已经取得了重大成就,但社会问题也积累得越来越多。城乡差距、文教差距等社会矛盾尖锐突出,因此在发展经济的同时,兼顾社会尖锐矛盾不可懈怠。英国社会学家吉登斯认为文化因素是社会转型要考虑的因素之一,文化地理的研究作为人文地理学的重要组成部分,对于人类更加明确地了解文化活动与地理环境的关系,人类文化对社会发展的重大影响,合理推动社会发展的转型,是十分必要的。

当前我国的经济社会已经取得了较好的发展,但各种尖锐的社会矛盾依然存在,因此加快我国社会转型时不可待,文化地理作为人文地理学的重要组成部分,通过一定的文化形态,改变人们的价值观念,从而推动社会转型。由此,文化地理学的创新研究应密切关注人类政治、经济等层面的联系,探究如何通过人类文化促进社会转型升级。

参考文献

[1] 李旭旦. 人文地理学概说[M]. 北京:科学出版社,1985:4-16.

[2] 况光贤.人文地理学导论[M].重庆:西南大学出版社,1987:14-22.
[3] 陈慧琳.人文地理学[M].北京:科学出版社,2013:1-196.
[4] 赫维人,潘玉君.新人文地理学[M].北京:中国社会科学出版社,2002:46-47.
[5] 张文奎.人文地理学概论[M].长春:东北师范大学出版社,1993:210-211.
[6] 赵荣,王恩涌,张小林,等.人文地理学[M].北京:高等教育出版社,2006:322-323.
[7] 周一星.城市地理学[M].北京:商务印书馆出版,2007:60-64.

第三章　地理信息系统、遥感实习与实践

随着科学技术的进步,地理学的理论和应用领域不断拓宽,地理过程的微观研究日益深入,研究手段不断革新。地理学的研究逐渐由原来的定性描述转向定量研究和建立模型模拟分析,地理信息系统、遥感等地理手段对于地理学的研究日趋重要。本章介绍了地理信息系统、遥感的概念、任务、应用,并在此基础上列举了一些常用软件和处理方法。

第一节　地理信息系统、遥感的基本概念和应用

一、地理信息系统的基本概念和应用

(一)地理信息系统的基本概念

地理信息系统(Geographic Information Systems, GIS)是20世纪80年代在北美开始发展起来的一门集信息系统、地球科学、空间科学于一身的综合学科。地理信息分析与研究的新技术,是一种管理和分析空间地理数据,使空间信息可视化的计算机软件系统。它是以地理信息数据库(包括空间数据和属性数据)为基础,在计算机硬、软件环境支持下,对地理空间信息进行采集、管理、操作、分析、模拟和显示,并采用地理模型分析方法,适时提供多种空间分辨率和动态的地理信息,科学管理和综合分析空间地理数据,为地理研究和地理决策服务而建立起来的计算机技术系统。它的研究对象是具有空间特征的目标或实体,该实体既具有空间特征,又具有统计特征(杨胜天等,2015;熊康宁等,2002)。随着计算机技术、信息技术、空间技术、网络技术的发展,GIS广泛应用于测绘、资源管理、城乡规划、灾害监测、交通运输、水利水电、环境保护和国防建设等各个领域,并深入涉及地理信息的社会生产、生活各个方面(汤国安等,2012)。

(二)GIS的应用

20世纪后半叶,GIS作为一门新兴的科学和技术,迅速成长起来。目前,它在多个学科领域被广泛应用,包括军事、农业、工业、环境监测、找矿、交通、作物估产和土地利用变化等方面(曾春芬,2013)。

GIS作为一种重要的地学分析工具,它可以与许多数学分析模型,通过一定的中间环节建立起联系,从而快速有效地分析、预测自然地理环境的变化规律及其发展变化趋势,目前在许多方面得到广泛的应用。例如,信息的查询与检索、空间数据的统计分析、区域地理综合研究与评价、环境动态监测与预报,以及区域的开发、管理、规划与决策等。尤其是近些年以来,GIS牵涉到了资源、环境、社会、区域、灾害、政治、军事等各个领域,也就是说涵盖了几乎所有的领域。

地理信息系统的社会化问题也已日益明显,地理信息系统已经广泛应用于资源环境分析与管理城市、区域规划和可持续发展研究、国际与军事、科研与教育;也可用于农、林、

水、牧、养殖、矿产、能源、交通及各行各业；可用于家庭小区、社区、乡（镇）、区域、地区和国家管理，以及学校、医院、企业和事业单位的管理。目前，具有经纬网坐标的地球数据，已占到信息总量（整个社会信息总量）的80%（林联盛，2000）。

二、遥感的基本概念、任务与应用

（一）遥感的基本概念

遥感（Remote Sensing，RS）是20世纪60年代兴起并迅速发展起来的一门综合性探测技术，它是在航空摄影测量的基础上，随着空间技术、信息技术、电子计算机技术等当代高新技术迅速发展，以及地学、环境等学科发展的需要，逐步形成发展的一门新兴交叉科学技术（陈述彭等，1999；杜培军等，2006）。遥感的发展为人类提供了从多维和宏观角度去认识宇宙世界的新方法与新手段（赵英时等，2013）。

遥感，即遥远的感知。其概念的理解，有广义和狭义之分。从广义上说，泛指从远处探测、感知物体或事物的技术。从狭义上说，遥感是指对地观测，即从空中和地面的不同工作平台上（如高塔、气球、飞机、火箭、人造地球卫星、宇宙飞船、航天飞机等）通过传感器，对地球表面地物的电磁波反射或发射信息进行探测，并经传输、处理和判读分析，对地球的资源与环境进行探测和监测的综合性技术。与广义遥感相比，狭义遥感概念强调对地物反射、发射和散射电磁波特性的记录、表达和应用。当前，遥感形成了一个从地面到空中乃至外层空间，从数据收集、信息处理到判读分析和应用的综合体系，能够对全球进行多层次、多视角、多领域的观测，成为获取地球资源和环境信息的重要手段（常庆瑞等，2004）。

（二）遥感的过程与任务

1. 遥感传感器与信息获取

遥感传感器是收集、探测、记录地物电磁波辐射信息的工具。传感器的性能决定遥感的能力，即传感器对电磁波波段的响应能力（如探测灵敏度和波谱分辨率）、传感器的空间分辨率及图像的几何特性、传感器获取地物电磁波信息量的大小和可靠程度等。传感器的种类很多，但基本上都由收集器、探测器、处理器、输出器等四部分组成（华瑞林，1990）。

遥感信息是可以通过各种传感器来获取的。摄影型传感器是通过成像设备获取物体影像，扫描型传感器是逐点逐行地以时序方式获取二维图像，例如专题制图仪（Thematic Mapper TM）、增强型专题制图仪（Enhance Thematic Mapper ETM，）。微波遥感是指通过微波传感器获取从目标地物发射或反射的微波辐射，经过判读处理来识别地物的技术。雷达成像是接收机接收由天线收集后的地物发射的微波脉冲，一般分为真实性孔径侧视雷达（Side-Looking Airborne Radar，SLAR）和合成孔径雷达（Synthetic Aperture Radar，SAR）。

2. 遥感图像处理基础

从遥感图像提供机构获得需要的信息后，如何对图像进行处理、识别与分析以提取用户感兴趣的、能够为特定目标和决策服务的信息就成为至关重要的问题。遥感图像处理是广大用户从遥感图像中提取信息最为重要的环节，遥感图像处理有时也称为遥感图像解译,其目的是从遥感图像上获取目标地物信息。遥感图像的处理主要包括光学处理和目视解译,特别是目视解译。该方法是遥感影像处理沿用多年的技术方法(陈述彭,赵英时,1990)。

目视解译又称目视判读或目视判译,它指专业人员通过直接观察或借助辅助判读仪器在遥感图像上获取特定目标地物信息的过程。目视判读是一种人工提取信息的方法,根据地面目标所具有的影像特征建立相应的解译标志,使用眼睛目视观察,借助一些光学仪器或在计算机显示屏幕上,凭借丰富的判读经验、扎实的专业知识和手头的相关资料,通过人脑的分析、推理和判断,提取有用的信息。由于它能充分应用解译人员的专业知识和个人经验,因此到现在仍在许多领域得到应用(戴昌达等,2004)。

遥感图像计算机处理又称遥感图像数字处理,它以计算机系统为支撑环境,利用模式识别技术与人工智能技术相结合,根据遥感图像中目标地物的各种影像特征(颜色、形状、纹理与空间位置等),结合专家知识库中目标地物的解译经验和成像规律等知识进行分析和整理,实现对遥感图像的理解,完成对遥感图像的解译。遥感图像数字处理是随着计算机图像处理的发展而发展起来的,目前已成为遥感图像处理的主流,特别是数字化的遥感影像获取、传输到处理、分析与应用的流程,更是促进了遥感图像数字处理的发展(杜兰风等,2004)。

(三)遥感的应用

在遥感应用方面,遥感技术已经广泛渗透到国民经济的各个领域,对于推动经济建设、社会进步、环境改善和国防建设起到巨大作用。空间遥感对地球观测得到的全球变化信息,已被证实具有不可替代性。由遥感观测得到的全球气候变化、全球沙漠化、植被推移、海洋冰山漂流等的动态变化现象已经引起人们广泛的重视;在海洋渔业、海上交通、海洋生态等方面的研究中,遥感都已成为重要的角色。矿产资源、土地资源、森林资源、草产资源、野生动物资源、水资源的调查和农作物的估产都不能缺少遥感手段;遥感在解决各种环境变化,如城市化、沙漠化、土地退化、盐碱化、环境污染等问题均有其独特的作用。此外,在灾害监测,如水灾、火灾、地震灾害及气象和农作物灾害的预测、预报与灾情评估等方面,遥感都发挥了巨大的作用。在各种工程建设中,不同尺度、不同类型的遥感都不同程度发挥了作用。尤其是近10多年来国际上的重大军事行动也都从遥感图像取得了重要的数据信息(汤国安等,2004)。

(四)遥感应用的若干新领域和发展趋势

遥感考古是一门体现遥感技术与传统考古学相互渗透、交叉和融合的新技术,能够快速、准确、全面地探明地上以及地下遗址的分布状况,因此遥感考古越来越受到考古工作者的重视,并逐渐成为进行考古研究的重要手段。

遥感岩石力学(Remote Sensing Rock Mechanics,RSRM)是一门基于遥感科学、岩石力学、地球物理学、物理学、化学和信息科学的新兴交叉学科,它研究岩石类材料在应力作用下电磁辐射变化的物理化学机制,研究岩石类材料及其结构屈服与破裂过程的电磁辐射特征与规律,并应用于地质力学、地震预报、采矿工程、土木结构工程等地学与工程领域。

从当前遥感技术一些主要的应用领域可以看出,应用领域中实体、现象和过程的地学特征、遥感机制是首先需要解决的问题。遥感通过直接或间接分析与应用目标相关的地理环境因子等实现对该领域的研究；在具备一定的机制、特征的基础上，有效的遥感信息源选择将是非常重要的环节；遥感信息处理技术是遥感应用的关键，既包括常规遥感分类、信息处理技术的应用，也包括一些新的遥感分类与信息处理技术，同时还应重视面向应用领域的遥感信息处置模型建立与遥感应用系统建立；最后，还应注重遥感应用的精度评价、遥感与其他技术（特别是 GIS 技术）结合，以及遥感数据驱动的专题模型的研究工作（周成虎等，1999；朱述龙，张占睦，2000）。

随着可用遥感信息源的不断增加、遥感信息处理方法的改进和精度的提高、遥感应用优越性得到广泛认可、更多领域对遥感需求的增加，今后遥感应用无论在深度方面还是广度方面都将得到进一步的改进和提高。具体来讲，遥感应用一些主要的发展趋势包括：

（1）高分辨率遥感图像将得到广泛应用，形成多尺度、多平台的遥感信息源，商业化运行全色、多光谱、高光谱、微波遥感系统将为不同领域应用提供充足的遥感信息源组合方案，航空遥感、地面遥感、航天遥感将形成全方位、多层次的遥感信息获取系统。

（2）对应用领域的需求分析，遥感机制、遥感信息特征挖掘将成为提升遥感应用水平的重要方面，即不同领域应用的遥感信息机制、遥感物理基础研究将得到重视。

（3）遥感信息处理的智能化水平和自动化程度将不断提高，人工智能与专家系统、计算智能（人工神经网络、遗传算法等）。基于知识的遥感图像处理等将在不同领域得到广泛应用，新的遥感信息处理方法将不断得到应用。

（4）基于统计分析、物理机制分析等方法建立面向专题应用的遥感模型（遥感信息模型参数反演模型、遥感动态模型）将成为提高应用水平重要的手段，遥感数据将与各种模型结合，成为地学现象与过程机制、动态、模拟和调控的基础。

（5）遥感应用将实现定性（类别）、定量（面积或范围）、定谱（参数反演）、定时（时相）、定形（地形起伏或地形图生成，主要是应用遥感手段获取数字地面模型）的有效结合，提供不同需求的多主题信息，特别是基于多光谱、高光谱和强波感的地表参数遥感定量反演将成为今后遥感应用的重要内容。

（6）遥感应用将从以往的“是否可用”向“应用精度如何”发展，即重视不同领域遥感应用的精度问题。

（7）多源多尺度遥感信息融合以提高分类和应用精度，多时相遥感信息融合进行遥感动态监测将成为遥感应用的重要方向。

在当前一些通用遥感软件系统的基础上，建立面向专业领域应用的遥感业务化运行系统（如作物估产系统、作物生长遥感监测系统，土地利用动态监测系统等）将直接推动遥感在不同领域的应用。

（8）遥感应用范围的拓展和应用水平的提高将直接促进遥感科学技术相关产业的快速形成与规模化发展，实现科学、技术、服务与产业的相互促进。

（9）遥感与地理信息系统、全球定位系统等技术将不断集成，实现优势互补，共同解决不同领域的应用问题，遥感将成为空间数据基础设施、4D 产品重要的基础支持。

第二节　地理信息系统、遥感实习与实践常用软件

一、ENVI

ENVI(The Environment for Visualizing Images)是一个完整的遥感图像处理平台,应用汇集的软件处理技术覆盖了图像数据的输入/输出、图像定标、图像增强、纠正、正射校正、镶嵌、数据融合,以及各种变换、信息提取、图像分类、基于知识的决策树分类、与 GIS 的整合、DEM 及地形信息提取、雷达数据处理、三维立体显示分析(邓书斌等,2014)。

ENVI 是美国 Exelis Visual Information Solutions 公司的旗舰产品。它是由遥感领域的科学家采用交互式数据语言 IDL(Interactive Data Language,IDL)开发的一套功能强大的遥感图像处理软件。它是快速、便捷、准确地从影像中提取信息的首屈一指的软件解决方案。当前,众多的影像分析师和科学家选择 ENVI 来从遥感影像中提取信息。ENVI 已经广泛应用于科研、环境保护、气象、石油矿产勘探、农业、林业、医学、国防和安全、地球科学、公用设施管理、遥感工程、水利、海洋、测绘勘察和城市与区域规划等领域(杨胜天等,2015)。

ENVI 创建于 1977 年的 RSI(现为 Exelis Visual Information Solutions 公司)已经成功地为其用户提供了超过 30 年的科学可视化软件服务。目前,ITT Visual Information Solutions 的用户数超过 200 000,遍布于 80 个国家与地区。2004 年 RSI 公司并入上市公司 ITT 公司,并于 2006 年 5 月正式成立 ITT Visual Information Solutions 公司。ENVI 和 IDL 的发展步伐更加有利与快捷,更多的新功能与算法加进到新版本中。

二、ERDAS

ERDAS 是美国 ERDAS 公司集遥感和 GIS 于一身的软件包,其开发的遥感图像处理系统可分为三层:最里面的为 DOS 操作系统、中间的为 ERDAS 自身管理程序、最外层为 ERDAS 人机界面。主要模块有:核心模块、图像处理模块、地形分析模块、数字化模块、扫描仪模块、栅格模块、硬拷贝模块、磁带机模块,其中图像处理又包括增强模块、预分类模块、分类模块、分类后处理模块、辐射度纠正模块、几何纠正模块(党安荣等,2003)。

ERDAS 以其先进的图像处理技术,友好、灵活的用户界面和操作方式,面向广阔应用领域的产品模块,服务于不同层次用户的模型开发工具以及高度的 RS/GIS(遥感图像处理和地理信息系统)集成功能,为遥感及相关应用领域的用户提供了内容丰富而功能强大的图像处理工具。

ERDAS 是一个用于影像制图、影像可视化、影像处理和高级遥感技术的完整的产品套件,其应用领域包括:科研、环境监测、气象、石油矿产勘探、农业、医学、军事(数字地理战场、解译等)、电信、制图、林业、自然资源管理、公用设施管理、工程、水利、海洋、测绘勘察和城市与区域规划等。

ERDAS IMAGINE 是美国 Leica 公司开发的遥感图像处理系统。它以其先进的图像处理技术,友好、灵活的用户界面和操作方式,面向广阔应用领域的产品模块,服务于不同

层次用户的模型开发工具以及高度的 RS/GIS(遥感图像处理和地理信息系统)集成功能,为遥感及相关应用领域的用户提供内容丰富而功能强大的图像处理工具。ERDAS IMAGINE是以模块化的方式提供给用户的,用户根据自己的应用要求、资金情况合理地选择不同功能模块及其不同组合,对系统进行剪裁,充分利用软硬件资源,并最大限度地满足用户的专业应用要求。

ERDAS IMAGINE 面向不同需求的用户,对于系统的扩展功能采用开放的体系结构以 IMAGINE Essentials、IMAGINE Advantage、IMAGINE Professional 的形式为用户提供低、中、高三档产品架构,并有丰富的功能扩展模块供用户选择,使产品模块的组合具有极大的灵活性。IMAGINE Essentials 级:是一个花费极少的,包括有制图和可视化核心功能的影像工具软件。该级功能的重点在于遥感图像的输入、输出与显示,图像库的建立与查询管理,专题制图,简单几何纠正与无监督分类等。IMAGINE Advantage 级:是建立在 IMAGINEEssentials 级基础之上的,增加了更丰富的图像光栅 GIS 和单片航片正射矫正等强大功能的软件。该级除包括 Essentials 的所有功能外,还增加了正射纠正、镶嵌、滤波、高光谱图像分析、傅里叶变换、数字地面模型建立、数据融合及部分功能空间建模、专家分类器。IMAGINE Professional 级:是面向从事复杂分析,需要最新和最全面处理工具,经验丰富的专业用户,Professional 是功能完整的地理图像系统,该级除包括 Advantage 的所有功能的优化、分类结果统计等。基本雷达图像处理,无须编程即可客户化应用的高级空间建模工具(可视化编程),是独一无二地为专家分类建立知识库的知识工程师。

三、ArcGIS

ArcGIS Desktop 由三个用户桌面组件组成,即 ArcMap、ArcCatalog、ArcToolbox。主要可以对矢量数据和栅格数据进行浏览、分析、显示结果、定制和编程等,通过运用这些强大的功能,可以制作出很好的地图(汤国安等,2012)。

对地理数据新的需求意味着单纯把数字数据放在一张张图纸上的概念已经远远不够了。为了满足用户的需求和对制图不断增长的兴趣,ArcGIS 具有创建和管理智能 GIS 的全部功能。通过易用的界面实现功能,界面可通过模型、脚本和应用程序来实现自定义和扩展设置。

ArcGIS 数据模型与三个新的应用模块 ArcMap、ArcCatalog、ArcToolbox 结合所具有的全部潜能,用 ArcGIS 制图,可以通过定制投影坐标系统、配准、矢量化、拓扑、图例、输入属性、填充、拼接图幅、输入属性和拓扑等功能,实现对空间数据分析的目的。

在 GIS 领域,ArcGIS 一直以具有强大的空间分析和空间数据处理功能著称。其独特的空间数据模型及空间分析等功能,使得基于 ArcGIS 构建的应用系统为相关部门和领导提供了科学的计算结果和决策依据。

ArcGIS 产品是目前世界上最为先进的 GIS 产品,全球有 100 多个国家在使用各个级别的 ArcGIS 产品。产品具有完善的系统架构,丰富的 GIS 功能,为各行各业的用户提供了全面的解决方案。

ArcGIS 能够支持超大数据型的存储和用户对响应效率的需求,并且在全球范围内真正拥有 TB 级数据存储的实例。美国地调局、国家影像局、国土安全部都使用 ArcGIS 产品管理超过上百 TB 的基础地理数据；中国的国家基础地理信息中心、各个地方基础地理信息中心、各级测绘局、各省国土局都在采用 ArcGIS 的存储方案管理上百 GB 到几十 TB 的空间微据。

ArcGIS 支持最多的数据格式，并且全球几乎所有的 GIS 软件都支持 ArcGIS 的数据格式，我国各级源绘部门发布的 GIS 数据都是采用 ArcGIS 的格式，ArcGIS 的 shp 和 EOO 微据格式已经成为事实上的数据标准。

第三节　地理学公共数据获取常用平台

一、地理空间数据云平台

为了更进一步地满足中国科学院和国家科学研究的需要，中国科学院计算机网络信息中心科学数据中心建立了地理空间数据云网站（http://www. gscloud. cn），该网站采用自身建设和不断引进国际数据资源，通过数据加工、整理、集成，最终向公众提供相关检索、查询、数据传递与下载等服务。目前，网站设置了高级检索、数据目录、模型服务、平台信息等栏目，为国家科学研究提供了安全、可靠的数据资源。此外，该平台还免费提供 LANDSAT 系列数据、MODIS 系列数据、MODIS 中国合成产品、MODISL1 标准产品、DEM 数据高程数据和 EO1 系列等数据，可以根据自身需要到该网站进行下载。下文以 LANDSAT8 数据下载为例，简要介绍其数据的下载过程。

第一步：打开网页，搜索“地理空间数据云”，进入其官网，点击页面右上角登录，在新网页中输入用户名和密码进行登录（见图 3-1）。

图 3-1　地理空间数据云界面

如果没有账户则点击“注册”，通过填写邮箱和设置密码等，注册新的个人账户（见图 3-2）。注册成功后输入用户名和密码登录即可。

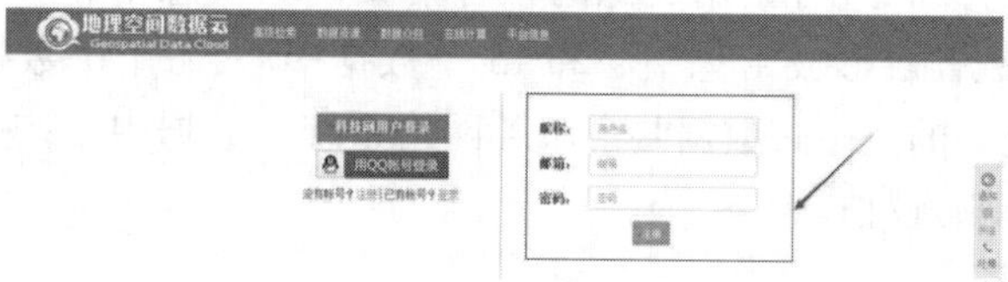

图 3-2　地理空间数据云用户注册

第二步:以 Landsat4-5 数据为例。

方法一:按行政区指定下载范围。

点击"高级检索",在弹出的新界面点击"数据集"选择"Landsat4-5 TM 卫星数据产品"。然后点击"行政区",根据需要通过省、直辖市、地级市州和区县旗选择行政区范围,如"贵州省贵阳市花溪区"。再选择时间范围,如"2000-01-01"到"2016-12-31"。点击"搜索",在搜索的结果中,选择数据质量较好(整体或覆盖研究区范围内的云量较少即可)的影像,点击"下载"图标进行下载即可。

方法二:按行列号指定下载范围。

点击"行列号",根据研究区范围需要输入对应的行列号,选择时间范围,点击"搜索"。在搜索的结果中选择符合需要的影像,点击"下载"图标进行下载即可。

方法三:按矢量数据指定下载范围。

点击"矢量文件",在弹出的对话框中点击"上传"矢量文件,上传覆盖所需数据范围的矢量数据,再点击"选择",选择时间范围,点击"搜索"。在搜索的结果中选择符合需要的影像,点击"下载"图标进行下载即可。

二、国家地球系统科学数据共享服务平台

国家地球系统科学数据共享服务平台(http://www.geodata.cn/index.html)是首批经科技部、财政部认定的23家国家科技基础条件平台之一。平台由中国科学院地理科学与资源研究所牵头,自2003年建设以来,国内外共有40多家单位参与了平台的建设。平台的总体目标是,整合集成分布在国内外数据中心群、高等院校、科研院所以及科学家个人产生的数据资源,引进国际数据资源,接收国家重大科研项目产生的数据资源,在此基础上生产加工数据产品。健全标准规范和运行机制,通过地球系统科学数据共享网络平台和专业服务队伍,为地球系统科学研究和社会经济可持续发展提供数据支撑。近期重点整合共享陆地表层系统和人地关系研究所需要的数据资源。

截至2014年底,平台共有数据资源59.56 TB,涉及全国层面的地表过程与人地关系数据、典型区域地表过程与人地关系数据、全球变化与区域响应综合集成数据产品、日地系统与空间环境数据、国际数据资源5个一级类和29个二级类。平台实名注册用户共计94 212名,网站总访问1 800万人次(18 133 243);向科技界和社会公众提供了93.53 TB的数据服务量。为2 384项重大科研项目/课题,包括国家973项目、国家科技支撑计划、国家自然科学基金等各类国家和省部级科研项目,35项重大建设工程,34项民生工程提供了有效的数据服务。

平台以元数据为核心进行数据资源的整合集成,按照"总中心—数据中心—数据资源点"三级架构组织实施,形成了总中心和15个数据中心、若干个数据资源点构成的物理上分布、逻辑上统一的一站式数据共享服务网络系统。数据中心按照区域和学科并重的原则进行遴选和动态评估。

(一)关键词检索

网站 logo 右侧:搜索文本框、搜索按钮。文本框中输入关键词,点击"搜索"按钮,检索数据(见图3-3)。

图 3-3　搜索功能

(二)数据导航检索

点击“数据资源”导航,可看到几部分内容:数据分类体系(见图 3-4)、数据筛选项、精确筛选条件、排序条件、数据列表。

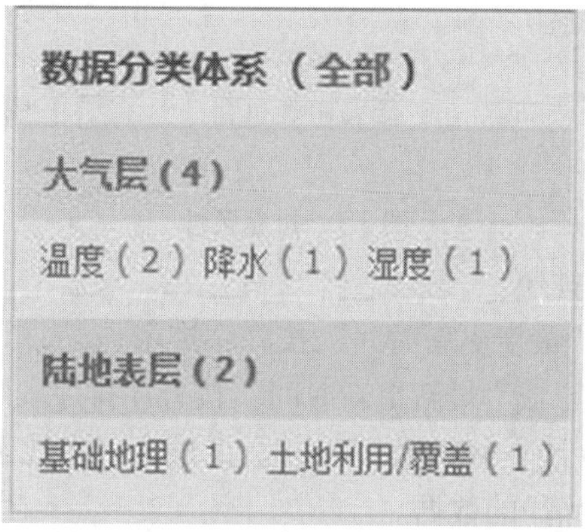

图 3-4　数据分类体系

(三)数据分类体系

(1)选择“数据分类”,查询与该数据分类相关的“数据分类体系 、数据筛选项、数据列表”,更新页面中相应的信息。

(2)点击“全部”按钮,列出全部的信息(全部的数据分类体系、全部的数据筛选项、全部的数据列表)。

(四)数据筛选项

选择“数据筛选项”(见图 3-5),查询与该数据分类相关的“数据分类体系、数据筛选项、数据列表”,更新页面中相应的信息。

图 3-5　数据筛选项

(五)精确筛选条件

关键词筛选、时间范围筛选,见图 3-6。

(1)输入关键词/时间范围信息,点击“搜索”按钮,查询与该数据分类相关的“数据分类体系 、数据筛选项、数据列表”,更新页面中相应的信息。

图 3-6　精确筛选

(2)点击“重置”按钮，清除已选择的所有条件（数据分类、数据筛选项、关键词、时间范围），列出全部的信息（全部的数据分类、全部的数据筛选项、全部的数据列表）。

（六）排序条件

排序条件见图 3-7。

图 3-7　排序条件

(1)默认按“相关度”排序。

(2)单击“访问量”或“最新更新时间”，按降序排序。

(3)再次点击“访问量”或“最新更新时间”，按升序排序。

(4)选中“仅显示可在线下载数据”复选框，仅显示可在线下载的数据，未选中，则列出所有“在线下载/离线申请”的数据。

（七）按分平台检索

(1)点击“分平台数据”导航。

(2)选择“数据管理方”：右侧展示“该数据管理方”的数据列表。

(3)点击“数据分类”中某项，右侧列出属于“该数据分类”的数据列表。

(4)关键词文本框，作用是：从数据列表中进一步筛选数据，输入关键词，从数据列表中筛选出包含“该关键词”的数据。

（八）即点即找

即点即找是指：在页面中，点击数据贡献者、数据贡献单位、空间位置、主题词、学科类别、主题分类等位置，可进行数据的查找。

“数据资源”“分平台数据”页面的数据列表中，点击“数据贡献单位”，系统查找并展示出该数据贡献单位下的数据列表。

点击“数据缩略图/数据”标题，进入到“数据详细信息”界面（见图 3-8），点击图中所标示出的项，可查找并展示相应的数据。

三、中国气象数据网

中国气象数据网（http://data.cma.cn）是气象科学数据共享网的升级系统，是国家科技基础条件平台的重要组成部分，是气象云的主要门户应用系统，是中国气象局面向国内和全球用户开放气象数据资源的权威的、统一的共享服务平台，是开放我国气象服务市场、促进气象信息资源共享和高效应用、构建新型气象服务体系的数据支撑平台。

中国气象数据共享网服务模式分为在线数据服务和离线数据服务两种。在线数据服务主要通过中国气象数据网提供在线数据下载和服务；离线数据服务包括电话咨询、信息咨询，以及根据用户需求制作专题数据产品等。

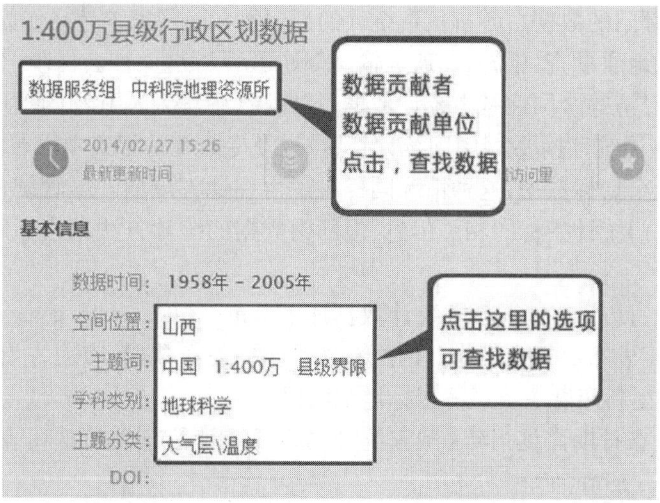

图3-8 数据详细信息界面

国家气象信息中心资料服务室负责本网站的建设和管理。中国气象局国家气象信息中心（中国气象局气象数据中心）资料服务室（Climatic Data Center, National MeteorologicalInformation Center, China Meteorological Administration）是我国历史最悠久的气象信息和档案的收集、管理单位，隶属于中国气象局国家气象信息中心。资料服务室依托完善的实时资料接收业务流程，每日通过国内卫星通信系统、全球通信系统收集全球和国内各类实时和非实时的气象观测、探测资料。现有的资料种类包括全球高空探测资料、地面观测资料、海洋观测资料、数值分析预报产品，我国农业气象资料、地面加密观测资料、天气雷达探测资料、飞机探测资料、风云系列卫星探测资料、数值预报分析场资料、GPS－Met、GOES－9卫星云图资料、土壤墒情、飞机报、沙尘暴监测、TOVS、ATOVS、风廓线资料等。资料服务室对收集的各类资料及时进行质量检验、加工处理、存储，建立综合气象数据库，形成各类便于应用的数据产品，通过在线和离线方式为各类用户提供分级分类共享服务。

四、国家统计局数据库

部门统计数据是指国务院有关部门按照经批准或者备案的统计调查制度，依法组织实施部门统计调查获得的统计数据。部门统计是政府统计调查的组成部分，部门统计机构承担的国家统计调查项目，主要有以下几方面：

（1）由交通运输和邮政部门承担的运输邮电业统计。

（2）由商务部和海关部门承担的对外经济贸易统计。

（3）工信部的电信、软件统计，广电总局的广播电视统计等。

（4）由环保、气象、国土资源、水利、林业、海洋等部门承担的环境综合统计。

（5）金融部门对金融活动的统计。

（6）财政部门对财政收入、支出和税收情况的统计。

（7）教育、卫生、人口、科技等部门对社会事业的综合统计等。

一般来讲，部门的数据由各自负责统计的部门发布。国家统计局作为综合统计部门，也会整理和提供地质勘查、旅游、交通运输、邮政、教育、卫生、社会保障、公用事业、资源、对外贸易、对外经济等全国性基本统计数据，定期在《中华人民共和国国民经济和社会发展统计公报》《中国统计摘要》《中国统计年鉴》以及专业统计年鉴中发布由其他部门提供的主要经济和社会指标数据，这种情况同样也发生在地方层面。尽管统计部门出版的各类出版物会有部门统计指标的相关信息，但部门数据的统计方法和指标解释都来源于相应的部门。

国家统计局官方网站上“国家统计数据库”(http://data. stats. gov. cn/)的更新时间一般是：进度数据发布后5个工作日内更新当月(季)发布数据；10月左右出版《中国统计年鉴》，3个月后更新年度主要经济指标详细数据。

数据具体发布日期详见当年《国家统计局主要统计信息发布日程表》(http://www. stats. gov. cn/tjsj/xxgbrc/)。

目前，国家统计局官方网站(见图3-9)提供有以下三种查询数据方式：

图3-9　中华人民共和国国家统计局官方网站界面

(1)“最新发布”栏目——获取最新统计数据的首选。

国家统计局官方网站(http://www. stats. gov. cn/)是国家统计局发布统计信息的主要渠道之一，每逢月、季、年度等统计信息发布日，“最新发布”栏目都会发布新闻稿。新闻稿的发布时间与官方网站上“国家统计局主要统计信息发布日程表”一致，是公众获取最新统计数据的首选。

(2)国家统计数据库(http://data. stats. gov. cn/)——快速查询统计指标及历史数据的渠道。

国家统计数据库包括月度数据、季度数据和年度数据，可通过数据库“搜索”、选择“指标”等方式，方便快捷地查询到各专业的历史数据，还可以查阅省一级的地区主要经济社会指标数据；其中的“统计出版物”栏目提供有《中国统计年鉴》《统计公报》《国际统计年鉴》《金砖国家联合统计手册》四类图书的电子版。

(3)关键字检索——新闻稿和解读稿一览无遗。

在国家统计局官方网站上，通过页面顶端“请输入关键字”的检索栏，可以从检索结果中查看历年的数据新闻稿和数据解读稿。我国实行统计资料的分级管理与发布，国家统计局一般只发布全国和分省的宏观统计数据。目前，获取省级以下城市及区县的统计资料有以下三个渠道：①查阅当地统计部门出版的统计年鉴(如《威海统计年鉴》《宁波统计年鉴》等)或专业统计年鉴(如《中国城市统计年鉴》《中国县域统计年鉴(县市卷)》等);②通过当地统计机构的官方网站(http://www.stats.gov.cn/tjgz/wzlj/dftjwz/)搜索所需信息;③咨询当地统计机构。

五、中国生态系统与生态安全数据库

为支撑国家重大研究项目的数据需求,建立中国生态系统评估与生态安全格局数据库(http://www.ecosystem.csdb.cn),整合中国科学院生态环境研究中心在我国生态系统评估、格局等研究方面的数据资源和研究成果,实现生态学研究的科研数据逐步共享、研究成果向应用转化,服务于广大科研人员,为国家生态格局分析、生态系统评估、生态保护规划,生物多样性保护和生态补偿等重大决策提供信息支持,主要分为中国生态系统评估数据库、中国陆地生态系统数据库、中国生态功能区划数据库、典型区域综合生态数据库和中国国家保护地数据库。

中国生态系统评估数据库是依托环保部与中国科学院重大科技专项"全国生态环境十年(2000—2010)变化遥感调查与评估"的研究成果,经过统一规范整理,形成中国生态系统格局、中国生态系统质量、中国生态系统服务功能、中国生态环境问题和中国生态胁迫数据等。

中国生态功能区划数据库包含开展中国生态功能区划研究所需的数据集和研究结果,主要内容为中国生态功能区划方案、中国生态环境问题、中国生态系统敏感性和中国生态服务功能重要性的研究结果以及数据集。

典型区域综合生态数据库是利用多年来在区域生态学研究过程中积累的基础数据和研究成果,经过整理和整合形成的数据库,为区域生态环境研究和保护提供基础数据和决策支持。目前,已经整理和公开的研究区域包括汶川地震破坏区、海南岛地区和海河流域地区的数据资源。

数据下载:例如,选择"中国陆地生态系统数据库",可在弹出的对话框中选择"森林生态系统",点击"查看",如图 3-10 所示。

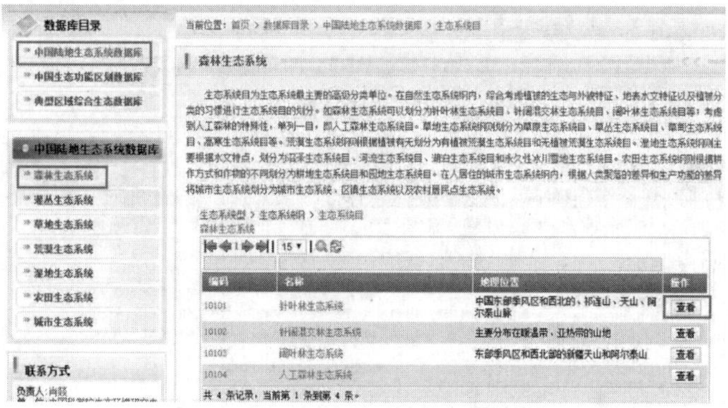

图 3-10 中国生态系统评估与生态安全数据库数据下载

点击文件列表下的"针叶林生态系统",解压下载的压缩包即可得到格式为 shp 格式的数据。

六、地理国情监测云平台

地理国情监测云平台(http://www.dsac.cn/)是北京数字空间科技有限公司推出的首家全行业数据共享概念平台,它主要包含两部分——时空数据平台和数值模拟研究平台,特别是在已建成的生态环境科学模型库的基础上,发展了数值模拟相关的工具库,并与时空数据平台进行集成,形成了具有国内领先水平的生态环境科学数值研究环境。

目前该数据库主要由7种常用卫星数据源(土地资源类数据、生态环境类数据、气象气候数据、社会经济类数据、灾害监测类数据、基础卫星遥感影像、电子地图矢量数据等)组成,包括4种国外卫星数据和3种国产卫星数据产品。通用数据产品是以地理国情监测云平台(GIMCloud)所展示的各级遥感影像数据产品为基础,通过数字空间曾经承担过的科研类和科技成果转化类项目所建立的数据生产线,应用遥感或地面观测数据插值或反演等数值模拟技术生产出的遥感影像深加工数据产品。

(一)生态系统宏观结构及变化过程产品生产线

生态系统宏观结构及变化过程产品生产系统主要实现生态系统空间分布产品的类型和面积统计,并对生态系统的类型面积、转类面积和动态度统计,通过本系统的计算,使相关部门宏观了解生态系统宏观结构,包括农田、森林、草地、水体与湿地以及荒漠和自然保护区的类型结构,指导整体生态环境工作开展。

(二)生态系统健康与服务功能产品生产系统

生态系统健康与服务功能产品生产系统主要实现生态系统评价参数的生产功能,主要包括植被指数、叶面积指数、草场状况、辐射计算、地表温度、比辐射率、地表蒸腾与蒸散量,以及生态系统生产力等参数的计算,为生态环境相关部门对生态系统健康与功能了解奠定基础。

数据下载:

第一步:进入"地理国情监测云平台"官网(见图3-11),点击页面右上角登录,在新网页中输入用户名和密码进行登录。

图3-11　地理国情监测云平台官网界面

如果没有账户则点击“注册”,通过填写邮箱和设置密码等,注册新的个人账户。注册成功后输入用户名和密码登录即可。

第二步:在“数据产品”7 种常用卫星数据源中任选所需数据,以土地资源类数据产品中的全国高分辨率土地利用数据产品为例。选择“样例下载”,或通过“提交订单”,进行批量下载,如图 3-12、图 3-13 所示。

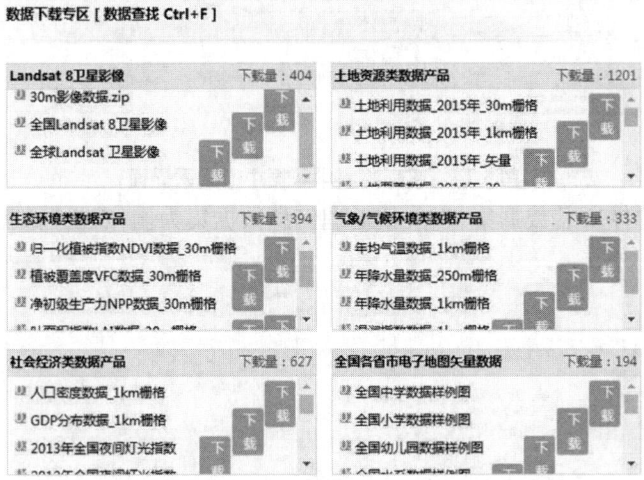

图 3-12　地理国情监测云平台数据下载专区

图 3-13　地理国情监测云平台提交订单界面

七、喀斯特科学数据中心

喀斯特科学数据中心(http://www. karstdata. cn/index. aspx)包括基础地理数据库、基础背景数据库、喀斯特专题数据库和普定喀斯特生态系统观测研究站数据等很多有关喀斯特研究的数据和图件(见图 3-14)。

图 3-14 喀斯特科学数据中心官网界面

数据下载:选择所需数据集,以矢量地理信息数据集为例,点击“数据浏览下载”即可(见图 3-15)。

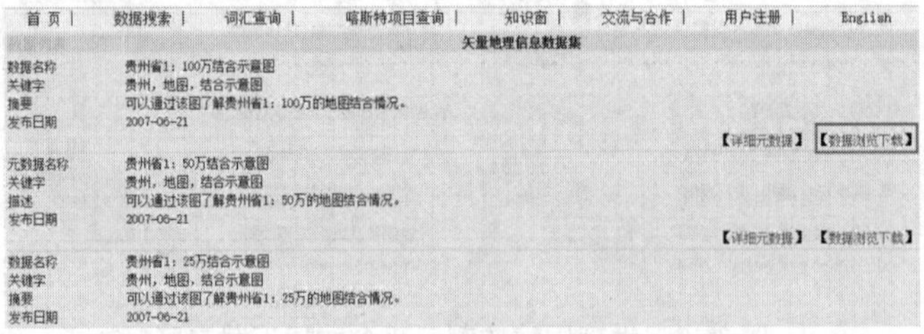

图 3-15 喀斯特科学数据中心数据下载

八、寒区旱区科学数据中心

(一)中心简介

1988 年,中国加入了世界数据中心,原中国科学院兰州冰川冻土研究所承建冰川(雪冰)冻土学科中心,从事冰川、冻土和积雪方面数据的收集和整理,是 WDC 系统内非常活跃的数据中心之一。1999 年,中国科学院寒区旱区环境与工程研究所自筹经费建立了“数字黑河”信息系统,成为国内流域尺度数据资源最丰富、数据共享程度最高的信息系统。2003 年起,参与建设了“中国科学院资源环境科学数据中心”,成立了“冰川冻土沙漠分中心”。2004 年起,参加了科技部“地球系统科学数据共享平台”,成立了“西部寒区旱区数据共享平台”,是该平台中非常重要的区域和学科中心之一。

2006～2009 年,国家自然基金委以重大项目的形式资助成立“中国西部环境与生态科学数据中心”,该数据中心成立 7 年来取得了非常大的成绩,是地学界有广泛影响力的数据中心之一。2011 年,国家自然基金委重大研究计划“黑河流域生态—水文过程集成研究”以重点项目的形式资助了“面向黑河流域生态—水文过程集成研究的数据整理与服务”,该项目处理为研究计划提供数据支持外,还将汇总所有研究计划项目产出的数据成果。为了整合数据资源,还开展数据服务,中国科学院寒区旱区环境与工程研究所决定成立“寒区旱区科学数据中心”,该中心的定位是收集、整理、存储我国乃至世界范围内寒区旱区领域的科学数据,为我国寒区旱区科学研究服务,成为我国寒区旱区领域的国家级科学数据中心,并发展成为在国际上有广泛影响力的科学数据中心。

（二）数据中心的主要任务

（1）科研项目产出数据的永久备份和存档中心。

（2）从寒区旱区研究战略需求出发，开展长期和短期的数据收集和整理。

（3）积极开展数据共享，推动我国寒区旱区特色数据成果在国内外的使用，充分展现我国科学数据成果的价值。

（4）成为国家级寒区旱区的数据汇交中心。

（5）人才培养、国际合作与对外宣传。

（三）寒区旱区科学数据中心建设重点

（1）坚持建立研究型数据中心。研究型数据中心的存在，必然会与目前的科学数据共享体系形成很好的互补，更加直接地服务和推动科学研究，服务于寒区旱区开展大型科学计划和研究项目。开展数据集成研究，弥补现有数据资源的不足，成为寒区旱区科学研究的成果集成平台之一。

（2）继续加强寒区旱区科学数据的收集整理，重点是对我国在寒区旱区开展的综合观测和基础调查项目产生的数据进行收集整理，成为我国寒区旱区科学数据汇总与集成中心。针对科学数据的特点，开展对分散在科学家个人手中和文献资料中的分散数据的收集方法研究。

（3）与现有的数据共享体系形成互补，避免重复建设。完善数据共享平台，加强标准规范的执行，实现与其他数据中心的数据互操作，形成国家级的分布式数据共享网络；另外形成自己的特色，也利用更多的资源为寒区旱区科学研究服务。

（4）推动科学数据出版，加强数据知识产权的保护，形成良好的数据生产和共享机制，提高我国产出的科学数据在国际上的影响。

（5）推动研究项目产出数据的汇交，成为地球科学领域的数据汇总中心之一。

（四）数据下载

第一步：通过用户名和密码登录寒区旱区科学数据中心网站（http://westdc.westgis.ac.cn/），点击“数据产品”即可通过选择专题数据集，或者按主题关键词、学科关键词、地点关键词和时间关键词对所需数据进行选择。

第二步：以“土壤水分”为例，可通过将所需数据“放入数据篮”或者“收藏此数据”，即可对数据进行下载，如图 3-16、图 3-17 所示。

图 3-16　寒区旱区科学数据中心专题数据集

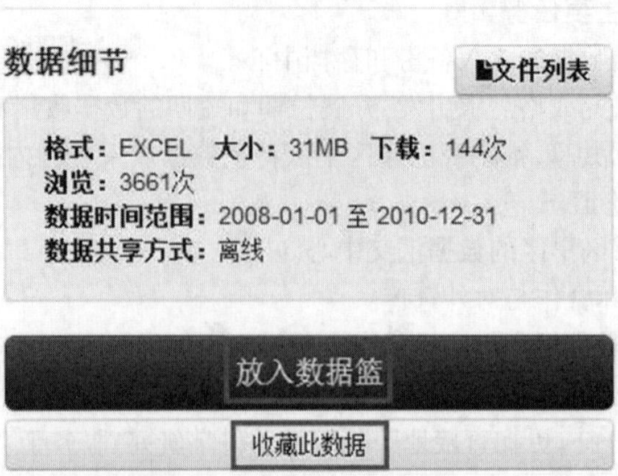

图 3-17　寒区旱区科学数据中心数据下载

参考文献

[1] 杨胜天，赵长森. 遥感水文[M]. 北京:科学出版社，2015.

[2] 熊康宁，黎平，周忠发，等. 喀斯特石漠化的遥感——GIS 典型研究:以贵州省为例[M]. 北京:地质出版社，2002.

[3] 汤国安，杨昕，王春，等. ArcGIS 地理信息系统空间分析实验教程[M]. 2 版. 北京:科学出版社，2012.

[4] 曾春芬. 遥感数据质量对水文过程影响研究:基于地表覆盖遥感数据分类类别及分辨率研究[M]. 南京:东南大学出版社，2013.

[5] 杨胜天，黄大全，罗娅，等. 地理综合实践教程[M]. 北京：科学出版社，2012.

[6] 林联盛. 地理信息系统的发展及前沿问题[J]. 江西水利科技，2000(03)：137-143.

[7] 陈述彭，童庆禧，郭华东，等. 遥感信息机理[M]. 北京：科学出版社，1999.

[8] 杜培军，王行风，赵银娣，等. 遥感原理与应用[M]. 徐州：中国矿业大学出版社，2006.

[9] 赵英时，陈冬梅，杨立明，等. 遥感应用分析原理与方法[M]. 北京：科学出版社，2013.

[10] 常庆瑞，蒋平安，周勇，等. 遥感技术导论[M]. 北京：科学出版社，2004.

[11] 华瑞林. 遥感制图[M]. 南京：南京大学出版社，1990.

[12] 陈述彭，赵英时. 遥感地学分析[M]. 北京：测绘出版社，1990.

[13] 戴昌达，姜小光，唐伶俐. 遥感图像应用处理与分析[M]. 北京:清华大学出版社，2004.

[14] 杜兰风，田庆久，夏学齐. 遥感图像分类方法评析与展望[J]. 遥感技术与应用，2004，19(16)：521-525.

[15] 傅肃性. 遥感专题分析与地学图谱[M]. 北京:科学出版社，2002.

[16] 梅安新，彭望，秦其明. 遥感导论[M]. 北京：高等教育出版社，2001.

[17] 贾永红. 数字图像处理[M]. 武汉：武汉大学出版社，2003.

[18] 汤国安，张友顺，刘咏梅. 遥感数字图像处理[M]. 北京：高等教育出版社，2004.

[19] 王桥，杨一鹏，黄家柱. 环境遥感[M]. 北京：北京出版社，2005.

[20] 曾志远. 卫星遥感图像计算机分类与地学应用研究[M]. 北京：科学出版社，2004.

[21] 周成虎，骆剑承，杨晓梅，等. 遥感影像地学理解与分析[M]. 北京：科学出版社，1999.

[22] 朱述龙，张占睦. 遥感图像获取与分析[M]. 北京：科学出版社，2000.

[23] 邓书斌, 陈秋锦, 杜社建, 等. ENVI 遥感图像处理方法 [M]. 2 版. 北京:高等教育出版社, 2014.
[24] 党安荣, 王晓栋, 陈晓峰,等. ERDAS IMAGINE 遥感图像处理方法[M]. 北京:清华大学出版社, 2003.
[25] 汤国安, 刘学军, 闾国年,等. 地理信息系统教程 [M]. 北京:高等教育出版社, 2007.

第四章　野外实习与校内实践

我国大众化教育时代的到来，使得传统的精英教育逐步向大众化教育转变。理论知识的系统传承已经不能满足社会、企业对人才的需求，具有实践能力和富有创新精神的人才更加受到社会、企业的青睐。立足于这样的背景，地理学的教学也通过增加实习、实践，不断提高地理学大学生的实践能力和技能水平，把学生培养成大众化时代社会所需要的创新型、实践型、服务型、建设型人才。本章着重介绍了地理学大学生野外实习基本方法、基本内容和校内实践基地的建设，通过野外实习基本方法、基本内容和校内实践基地建设的相关知识介绍，使学生认识到地理学实习与实践的重要性，并对地理学野外实习和校内实践的方法、内容等有一定的认识。

第一节　地理学大学生野外实习

一、地理学野外实习的目标与功能

（一）地理学野外实习的教学目标与功能

野外实习的总体目标与功能，概括来说，就是要完成实践教学的任务，具体来说，可分为三个方面的内容。

1. 强化和验证理论知识

野外实习的实质是课堂教学的延伸，只是教学的场地变更为大自然，学生能够见到真实的地理事物和现象。因此，通过野外实习教学可以使学生进一步强化和验证地理学的理论知识，并掌握野外调查的基本方法，从而深化和充实课堂学习的内容，进一步扩大和丰富学生的地理学知识，开阔学生的视野。

2. 地理学综合实践知识的运用

地理要素有自然要素和人文要素两大类，其中自然地理要素主要包括五个方面，即地形、植被、水文、土壤和气候；而人文地理要素相对较多，包括交通、人口、农业、政治等。但无论是自然地理要素还是人文地理要素，都是学生需要在实习中观察的，这些要素相互作用的规律是需要学生在实习中认识的。通过这些知识的综合性运用，可以培养学生人地协调的观念、综合思维能力、区域认知能力和地理实践能力，从而提高大学生的地理核心素养。

3. 完成野外实习的具体教学目标

在野外实习中，学生个人和集体都要完成一定的实习任务，从而达到教学目标要求。例如，地质地貌的野外实习，就要求学生学会使用地质罗盘、GPS 等地质野外勘察常用工具；学会应用地形图、地质图、遥感图像，学会选择观察点，学会对地层、岩石、化石、地质构造、地貌的观察，并最终通过对实习记录、资料的整理，撰写实习报告，以报告的形式将实习的成果直接展示出来，对实习的经验加以总结。

（二）地理学野外实习的专业素质教育目标与功能

当前，我国高等教育加重了实践教学的分量，实践教学作为一个教学模块，对于培育社会需要的高专业素质的实践型人才具有重要意义。学生能够在野外的实习中，观察、了解、探究许多课堂教学所不能涉及的内容，例如植物标本的采集、制作、保存方法；岩石年代的测定；河流水位、流速、径流量的测定；降水量、风向、空气湿度等气象要素的观测。通过这些课堂所不能提供的素材观测、研究，能够培养学生的观察能力、独立操作能力、科研能力和创新能力。

1. 观察能力的培养

生活在地球表层系统的人类，无时无刻都与地理事物和现象有着密切的联系，但似乎人们习惯了身边地理事物和现象间的相互作用，并没有深究这其中的地理学思想。作为地理学专业的大学生，认识地理事物和现象，培养观察能力是必不可少的。例如，在植物标本的采集中，会遇到外貌特征极其相似的植物，但可能它们并不是同一种植物，这就要求我们具有较强的观察能力。

2. 独立操作能力的培养

独立操作能力是一种应用层面的能力。实习中，教师通过现场演示、原理解说、具体指导等方式，教会学生掌握野外实习的基本技能和技巧；学生则通过指导教师的指导，学会野外实习仪器的使用，熟练准确地查阅文献、检索表和其他工具书，从而培养学生动手实践的兴趣，在兴趣的指引下进一步将这种动手实践的品质转化为独立操作能力。

3. 科研能力的培养

科学研究是创造知识和运用知识的探索活动。野外实习可以培养学生的科研意识和科学素养，实习指导教师要结合实际情况，给学生适当安排一定的科学研究性课题，组织学生通过调查、访谈等方法，从资料的收集、实验的设计与实施、数据的处理与论文写作，进行系统全面的指导，使学生掌握基础性科学研究的方法和实验技能，在这个过程中获得科学研究的喜悦感、成就感，增强学生的专业归属感。

4. 创新能力的培养

创新教育是高层次的素质教育，是培养大学生业务素质的最终目标。创新意识和创新能力的培养就是要在坚实的理论基础和综合实践的基础上，突破常规思维模式。丰富多彩的野外实习活动有利于激发创新意识、培养创新能力。

（三）地理学野外实习的政治思想教育目标与功能

1. 安全教育

学生野外实习过程中，和各种自然、社会的事物打交道，这其中难免存在各种各样的安全隐患，而对于这些隐患，学生只有学会正确应对才能顺利完成实习任务。因此，要教育学生在各方面提高人身安全意识和自我保护意识，例如野外实习要结伴同行，不要在不了解情况的村寨随意溜达，不要擅自攀爬危险的悬崖峭壁等。倘若在实习过程中发生事故，应第一时间向实习教师报告，必要时拨打 110 报警电话或 120 急救电话。

2. 环境保护教育

21 世纪的今天，人类的生活条件伴随着人类文明的进程得到了极大的改善，人类对生存环境的改造能力大大加强，环境破坏和污染等负面影响也不容忽视。因此，需要教育学生热爱大自然，培养他们观察自然、认识自然和保护自然的意识与方法，使他们养成正确的人地关系观，更好地保护环境。例如，不要采集珍稀濒危动植物、不要破坏生态原貌、不要乱扔废弃物等。

3. 爱国主义教育

无论是课堂教学还是野外教学，爱国主义教育始终贯穿于整个教学过程中，只不过是教育的形式有所差别而已，或是直截了当，或是潜移默化。大学教育培养的人才，都将是国家建设和民族发展的后备军，因此培养热爱国家、热爱中华民族的社会主义可靠接班人是大学的重要使命。在地理学野外实习中，指导教师应指导学生通过对祖国名山大川和自然保护区自然景观的实地考察，对抗日纪念碑、历史文物展馆等人文景观的访问，不断增强学生的爱国主义情怀，增进对中华民族的民族自豪感，使学生对祖国的自然和社会历史与现状有一定的认识，激发学生为祖国更加繁荣富强而努力读书的理想。

4. 团队协作教育

野外实习中，每个人都需要完成一定的实习任务，为了完成既定的任务，学生需要应对一系列的挑战，单靠个人的力量往往是不够的，因此野外实习更加重视学生之间、学生和教师之间相互协作、相互沟通能力的培养，更加强调团结协作精神的培养。例如，面对恶劣的自然环境，学生之间互相帮助，一起克服困难，共同学习进步；在联谊活动中，师生共同表演节目，主动参与，一起交换实习过程中的学习经验和人生感悟，让每一个人都能为在这个团队中感到自豪。

5. 科学世界观教育

科学世界观的培养，要求学生认识到世界的物质性，人的意识是受物质决定的；要求学生能用事物是普遍联系和发展变化的观点认识事物；要求学生认识到事物的矛盾性以及矛盾的相互转化，从而树立辩证唯物主义世界观。例如，在地质剖面图的绘制中，学生需要了解各个地层的岩石成分、岩层的厚度、岩层的地质时期，这些都是需要学生利用实际测量数据才能加以分析的，并不是凭自己的主观认识、主观判断就可以的；在喀斯特地貌发育典型的西南地区，人们能够看到许多的溶洞，这些溶洞分布的具体位置也各有差异，有的在山体上，有的在地表以下，这就使得人们不解：为什么山体上有溶洞的存在。其实，在喀斯特地区，由于流水对可溶性岩石的溶蚀作用，岩石被溶蚀逐步扩大，直到后来地壳的抬升，岩洞露出地表，水往低处流，才成为今天人们所看见的溶洞；在人类社会发展中，往往需要消耗一定的资源，例如石油、天然气，然而资源是有限的，致使人类过大的需求与资源的有限相矛盾，因此使得人类在开采、利用资源时，不得不考虑一个合理区间，既要满足当代人发展的需要，又不能使资源过快地枯竭从而对后辈人的发展产生不利的影响，这就要求人类合理地转化矛盾，走可持续发展道路（刘世彪，2008）。

二、地理学野外实习的基本方法

（一）实地观察法

实地观察法是地理学调查研究中收集资料所使用的最基本方法之一。实地观察法属于直接观察，是观察者深入自然现场或进入一定情境，利用眼、耳等感觉器官，或借助科学的观察仪器直接观察地理对象，并有目的地收集研究对象的第一手相关资料。在这个过程中，学生能够将书本所学的地理事物和现象与实际景观相联系，把单纯的图片形象化、具体化，用真实的感官印象来加深对所学知识理论的理解，又通过地理事物、现象、类型的分布与结构，以及其相互影响、相互联系的观察、测量、分析，为地理研究或相关领域的研究提供第一手资料。图 4-1 为学生在莺歌海盐场实习。

图 4-1　学生在莺歌海盐场实习（周秋文 摄）

（二）实地勘测法

在野外实地调查中，有些自然地理事物或现象的地理信息和特征，仅凭定性的观察描述是不能准确获取的，需要借助仪器进行勘测和测量才能掌握。如地貌高程的变化，山地坡度、走向；大气的温度、湿度、辐射量；水文的流量、水位、水温；土壤的 pH、粒度、坡面的厚度等。图 4-2 为学生在野外进行测量活动。

图 4-2　学生在野外进行测量活动（周秋文 摄）

（三）访谈调查法

仅靠野外观测，有时并不能满足地理学研究的需要。一些地理事件、现象，由于时间、空间或仪器的限制观测不到，而当地居民常居于此，对环境的变化感受最细致深刻，因此野外考察中随时有计划地访问当地居民是非常必要的，可作为野外观测的补充。此外，居民的账本、生产日志，以及当地传说、文物记载也可以获得相关信息。

（四）抽样调查法

抽样调查法是从所要调查的总体中抽取一部分作为单位、作为样本进行观察，并由样本的特征值推算总体特征值的一种方法。该方法适用于对一些包含数量大、涉及范围广的社会现象，可采用随机抽样法获取信息。一个成功的抽样调查，可以比较精确地推论总体，所以被广泛采用。随机抽样应注意样点选择的随机性和样点分布的均匀性，使抽样结果具有较强的典型性。调查方式一般可采用填写调查表或询问等。调查后要进行归类和分析，以得出与实际情况相符的结果。

（五）问卷调查法

问卷调查法是地理学研究中一个常用的方法，多用于人文地理信息方面的收集和统计，它是多以区域或个体为分析单位，通过书面形式间接收集研究资料的一种调查手段。主要有三种问卷形式：报刊问卷、邮寄问卷和发送问卷。在地理学实习中，一般采用发送问卷的形式，由研究人员把调查表直接发送给调查对象，当场填写后直接收回。

（六）地图法

地理野外考察中最适宜、最常用的一种文件工具就是地图。地图向人们提供了区域的自然地理和社会经济特征，是地理学相关领域研究的重要工具。常用的区域地理图件包括测绘地图和遥感图像。在野外地理考察中，为了搞清楚地理事物现象的类型、位置和分布等特征，通常通过野外观察，将地理事物现象的基本信息填绘成地图，以便明晰地知道地理事物现象的位置、分布等地理特征。在地图的填绘完成后，要对图幅在室内进行整饰，按规定的符号和颜色标绘内容和图例，注记图名，画出图廓及注记其文字说明资料。

（七）野外定点观测法

定点观测，通常是在路线调查中，对重点地段的详细调查。这就涉及了野外观测点的选择，往往应选择观测典型的、问题集中的地段，对于确定类型及其界线有意义的地段，它旨在从具体点位揭示地理类型及现象的特征，弥补路线考察的缺陷。由于地理事物的构成和时空分布上的差异，观测点的空间分布密度、布设单元的大小各存在差异，假设布设环境单一，则观测点密度较小；反之，观测点密度较大。而布设单元，既可以是一个植被群落样方，也可以是一个滑坡体，这个要视具体情况而定。在观测点布设好以后，往往需要根据完成的任务，对观测点进行细致的观察、测量、测试、访问、记录，必要时还需要进行地质填图等工作，从而完成相关的考察、观测任务。喀斯特土壤水分监测之草地地类见图 4-3。

（八）剖面图法

在进行区域地理野外考察时，要较全面地了解一个地区，可选择几个具有代表性的综合剖面。剖面线的选择应尽量选择差异性大、综合性高，并有典型性的区域，以便对区域的地理现象能够全面了解和掌握。作区域综合剖面一般采用实测法和利用地形图，其中实测法是利用罗盘定出剖面方向，用高度表测不同点的高程，然后沿剖面方向考察，记录

图 4-3 喀斯特土壤水分监测之草地地类 （岳彩雯 摄）

一定水平距离内的各种地理现象，再经室内整理加工而成，而利用地形图来作剖面图，则要在野外填图的基础上，经过一定计算作出剖面图。作剖面图时，水平、垂直比例尺的选取要合适，使剖面既能反映各种地面差异，又能保持与实际地面形态相符。

（九）遥感图像法

卫星图像现在已经成为地理学研究的一个重要工具。遥感方法从根本上改变了过去的地理考察方法和凭借人力的简单观察，在广度和深度上扩大了视野，获得的地理信息数据量大大增加。遥感技术通过地物不同的光谱效应而获得信息，因此地面甚至地下一定深度的变化都反映在遥感图像上，通过适当的解译，就可以获得大量的信息。关于遥感图像的解译，主要包括目视解译和计算机解译两种。其中，目视解译是专业人员通过直接观察或借助辅助判读仪器在遥感图像上获取特定目标的地物信息；计算机解译是以计算机系统为支撑环境，利用模式识别技术与人工智能技术相结合，根据遥感图像中目标地物的各种影像特征，结合专家知识库中目标地物的解译经验和成像规律等知识进行分析和推理，实现对遥感图像的理解，完成对遥感图像的解译。

（十）"3S"方法

遥感、地理信息系统和全球定位系统统称为"3S"技术，是空间技术、传感器技术、卫星定位与导航技术和计算机技术、通信技术相结合，多学科高度集成的对空间信息进行采集、处理、管理、分析、表达、传播和应用的现代信息技术。地理学大学生应了解各种等级的大地测量、控制测量技能，以便在野外利用 GPS 实现导航、定位、授时等；掌握运用 GIS 软件，以 RS 为数据源，完成诸如地形分析、流域分析、土地利用研究、经济地理研究、空间统计分析、制图等应用。

（十一）比较法

对比观察不同的观测点或考察区域，是地理野外考察的主要内容之一。一般要详细观察不同点之间的环境条件的变化和地理现象的变化、点与点之间的相互联系对比可以了解地理现象间的成因联系；同时，在野外观测的基础上，对不同的观测点进行比较，还可以了解地理现象空间变化，并判明这些变化的原因。

（十二）因果法

根据地球表层许多地理事物间相互联系、相互影响、相互依存的关系，通过观察分析、判断推理，由现象到本质，找出客观事物本来的面目。在野外考察工作中，根据观察到的有关地理现象，运用因果法，就可以分析判断出与之相关要素的成因，推断昔日地质构造情况、与之相关的气候类型以及人类活动的影响。综合相关分析是因果法的核心，它为野外考察工作减轻了许多负担，节省了大量的人力财力，所以此法是野外考察工作常用的一种方法。

（十三）素描与摄影法

素描与摄影是对地理事物现象进行描述的补充。在野外考察中，即使文字写得很多，常常也难将它们准确、详细地记录下来，因此可以通过素描图和照片作为补充。在调查报告中，素描图和照片也是其重要的一部分，但要绘出地理素描图，并不是简单的事情，需要经过一定的训练，需要具备信息取舍、加工等能力。摄影和素描相比，反映的内容更加全面、逼真，操作相对容易，效率高，然而摄影往往受到一定的天气状况的影响。

（十四）资料检索及分析法

互联网技术、电子技术的普及，方便了人们获取各种信息。通过互联网、图书馆等收集、查阅实习地区的有关地质、地貌、气候、水文、土壤以及人类社会经济活动状况的历史和现状等有关的文献资料和图件，包括前人的调查报告、论文、专著、地形图、各种专业地图等，这些通过检索获取到的资料，通常根据自身需求可以用于相关的研究，但在野外考察中收集到的数据通常不能直接表明地理现象的特征，需要通过一定的指标和利用统计分析等方法加以整理。统计分析方法也是地理野外考察对资料进行整理常用的方法之一（熊黑钢，陈西玫，2010）。

三、地理学野外实习的基本内容

（一）地质实习

1. 矿物的观察与鉴定

矿物是岩石的基本组成单位，通过矿物标本的观察和鉴定，认识矿物的基本形态，了解其重要的物理性质；学会肉眼鉴定矿物的方法；掌握最常见的矿物的重要鉴定特征。目前人类所认识的矿物有许多，但作为野外实习的内容，不一定能够恰如其分地遇见这么多矿物。简单地以含氧盐类矿物中的橄榄石、辉石、方解石、白云石、正长石等，氧化物及氢氧化物类中的赤铁矿、铝土矿、石英等，卤化物类的萤石；硫化物类的黄铁矿、黄铜矿等，自然元素类的石墨的鉴赏为例，根据矿物的外表特征和物理性质（如矿物的形态、颜色、条痕、光泽、硬度、解理等）能够快速、简便地鉴别出这些矿物。如上所提及的黄铁矿与黄铜矿，二者在条痕和颜色上都较为相似，但黄铁矿常呈良好的六面体、五角十二面体等晶体，而黄铜矿则常呈致密块状，这样就可以将二者区分开来。

2. 岩石的观察与鉴定

在野外自然环境中，可以通过肉眼依据岩石的颜色、结构、构造、矿物成分及其次生变化等特征进行观察和辨别，然后确定其种类。例如，我们要观察和鉴定岩浆岩中的超基性岩类岩石:橄榄岩,基性岩类岩石:辉长岩、玄武岩,中性岩类岩石:闪长岩、安山岩,酸性岩类:花岗岩、流纹岩,其他岩石:伟晶岩、火山玻璃(黑曜岩)。这个时候,我们就可以通过从颜色、结构、构造、矿物的主要成分几个方面来对岩石进行观察、鉴定。而沉积岩的鉴定,要首先明白沉积岩的三大类划分,即碎屑岩类(包括沉积碎屑岩和火山碎屑岩):如砾岩、角砾岩、砂岩、粉砂岩,黏土岩类:如泥岩、页岩,化学岩类:石灰岩、白云岩、凝灰岩(火山岩与沉积岩的过渡类型),之后再观察岩石的结构,分析其组成成分,即可将岩石类别鉴定出来。对于变质岩的观察和鉴定,首先要了解到变质岩的形成受到一定的围压和定向压力作用,而定向压力使得岩石某些变质矿物定向排列,形成片理构造,因此这种情况下能够根据构造特征,定出岩石的名称,然后根据矿物成分的不同细分定名;但对于那些不具备片理构造的岩石,首先应注意矿物的成分,其次再来注意岩石的结构。岩石的鉴定见图4-4,岩层厚度的测量见图4-5。

图4-4　岩石的鉴定　(罗旭琴 摄)

3.地质罗盘的使用与岩层产状测量

地质罗盘外形有长形、方形和八边形几种,主要构件有磁针、顶针、制动器、方位刻度盘、水准气泡、倾斜仪、底盘等。其中,方位刻度盘刻度从0°到360°,按逆时针方向刻制。刻度盘上的N表示北(为0°),E表示东(为90°),S表示南(为180°),W表示西(为270°)。方位刻度盘的内圈有倾角刻度盘,刻度盘上与东西线(E—W)一致的为0°,与南北线(S—N)一致的为90°。

地质罗盘,主要用于方向的测量、在地形图上定点、岩层的产状要素测量,具体使用方法如下:

(1)测量方向。以0°(N方向)对准目标,使水平气泡居中,然后读磁北针端所指刻度盘上的数字,即为所测目标的方位角,但在记录时,还要加上象限名称。

(2)在地形图上定点。主要有两种方法:一种是直接利用所在地点的地物标志(如房屋、山头、桥梁等)在地形图上找到需要的位置;另一种则是在地面没有地物标志的情况

图 4-5　岩层厚度的测量　（罗旭琴 摄）

下，利用地质罗盘测定不在同一个方位上的 2 ~ 3 个目标物的方位角，然后在地形图上通过所测的目标物作出 2 ~ 3 条方位线，其交点就是需要的地点。

（3）测量岩层的产状要素。岩层的产状要素包括岩层的走向、倾向和倾角。其中，走向的测量是将罗盘的长边与岩层面贴触，如罗盘无长边，则取与南北方向平行的边与层面贴触，并使罗盘水准气泡居中，此时罗盘长边与岩层的交线就是走向线，磁针所指的度数就是所求的走向；测量倾向时，将罗盘的 N 极指向岩层层面的倾斜方向，同时使罗盘的短边与层面贴触，气泡居中，罗盘放水平，此时北针所指的度数就是所求的倾向；测量倾角时，将罗盘长边或南北方向平行的边与走向垂直，并贴紧层面，此时桃形指针在倾角刻度盘上所指的度数，就是所求的倾角。地质罗盘的使用见图 4-6。

（二）地貌实习

1. 地形图的地貌判读

地形图是地貌研究的重要工具，地形图的地貌判读，就是从等高线的形式变化出发，利用等高线形式与地貌形态间的对应关系、等高线形式变化与地貌形态类型组合的一致性，分析地貌形态与形态类型组合，判译地貌形态成因类型及物质组成。这样可以掌握图面范围内的地形大势，初步了解区域地貌的基本特征，还可以发现地表形态的细节。对地表形态的判读，包括地表形态的描述和形态的计量两个方面，其中描述是文字式的，如山地的起伏、河流的走向等，而计量是数字式的，如长度、面积的大小等。通常，利用地形图判读地貌，有四个步骤：①确定地面特征线：例如分水线、汇水线；②判别地面形态类别：先确定大的形态类型，例如山地、高原、平原、盆地等，再来判断小的地貌类型；③进行形态描

图 4-6　地质罗盘的使用（游媛 摄）

述和形态计量；④分析形成原因。

2. 遥感图像的地貌判读

和地形图相比，遥感图像直观易读、立体感强，能够记录、反映许多微地貌形态特征。在利用遥感图像判读地貌时，通过利用立体镜观察，能够获得较好的立体效果，更加形象直观地认识各种地貌类型和形态特征。其具体操作是：首先将遥感图像置于立体镜下，像对基线与眼睛平行；其次，使像片上地形地物的阴影投向自己；再次，用左右手的食指分别指着两张像片上的共同标志点，然后移动其中一张像片，使两手指重合，即表示两像片的共同标志点已重合，便可获得立体效果；最后，运用地貌学知识判别各种地貌类型与形态，然后用透明扫描图纸覆盖在其中一张像片上，用铅笔勾画出各种地貌类型的界线，加上图例，最后写出判读报告。

3. 河流地貌、喀斯特地貌的观察

流水是陆地表面最为活跃、最普遍的一种外力来源，几乎所有的地区都有流水作用，即使在干旱区也不例外。地表的水流来自大气降水，最初在坡地上形成坡面流，然后汇集到沟谷，最后汇入河流。河谷水流以其所具有的能量，通过侵蚀、搬运和堆积作用，塑造出相应的各种河流地貌形态。因此，可以说河流地貌的观察内容较为丰富，但归结起来，主要包括河流阶地、平原区河流和河口区地貌等几方面。通过选择野外典型地段的观察和室内遥感影像的目视解译，认识河流地貌以及分析河流地貌的发育因素和演化规律。图 4-7为河流地貌的观察。

喀斯特地貌，在我国主要广布于西南地区，它主要是具有溶蚀力的水对可溶性的岩石的溶蚀等作用形成的。在地表和地下皆能够看到喀斯特地貌，例如在贵州省织金县织金洞中，能够看到喀斯特洞穴中的石钟乳、石幔等喀斯特景观；此外，喀斯特地区的地表，还能够看到峰林、峰丛、天生桥、天坑等喀斯特地貌景观。这些具有旅游观赏价值的喀斯特景观得益于水对可溶性岩石长期的溶蚀、冲蚀、潜蚀等作用。通过对喀斯特地区这些极具

图 4-7 河流地貌的观察 （周秋文 摄）

观赏价值的景观地观察，分析其形成原因，感受大自然的鬼斧神工，对于增强学生对大自然的好奇、热爱、探索是极具帮助的。喀斯特洞穴景观见图 4-8。

图 4-8 喀斯特洞穴景观 （周秋文 摄）

（三）气候与气象实习

气象要素的观测，包括空气温度、空气湿度、气压、风速与风向、降水量、蒸发量、太阳辐射等要素。其中，观测空气温度和湿度的主要仪器有干、湿球温度表，最高温度表，最低温度表，通风式干湿表以及温度计，湿度计等仪器，这些用于观测空气温度和湿度的仪器安装在距地面 1.5 m 的百叶箱内，以此防止它们在露天状态下被烈日暴晒。在仪器安装完毕后，就进入了空气温度和湿度的监测工作，这时就要按照相应的指导说明进行观测、读数、记录和调整，以获得所需要的正确空气温度和湿度。观测气压的仪器主要有水银气压表和空盒气压表，气象台站常用水银气压表测定本站气压，并用气压计连续记录本站气压的变化，野外观测则常用空盒气压表。风向、风速的观测，气象台站主要用测风仪器，人们通过这些仪器的使用能够清楚地知道风速、风向。此外，假使在没有这些仪器的情况下，人们通过自身长期的经验观察，也能够目测风向和风力，例如当风力达到 8 级时，这个等级的风是大风，相当风速为 17.2 ~ 20.7 m/s，海面浪高一般达到 5.5 m，最高达到 7.5 m，这时候近港的渔船皆停留不出。降水量观测的主要仪器是雨量计，而雨量计又有虹吸式雨量计和翻斗式遥测雨量计。蒸发量的观测仪器主要是蒸发器，气象台站所用的小型蒸发器是口径 20 cm、高 10 cm 的金属圆盘，器旁有一小嘴，以便倒水，口缘镶有铜圈，作为内直径的刀刃形，器口缘上附有铁丝罩，用于防止鸟兽饮水，小型蒸发器放在观测场中雨量筒附近，用一根埋入土中的铁柱，柱上订好铁架，将小型蒸发器放在铁架内，器口水平，口缘距地面 70 cm。观测员观测蒸发量时，是通过判断蒸发器中的水因蒸发下降的深度来确定的，单位为 mm，取一位小数，每天 20 时进行观测，先测量并记录蒸发器内经过 24 h 蒸发后剩余的水量(余量)，再用专用量杯量取 20 mm 清水导入器内，作为第二天的原量，据此可以计算出蒸发量，公式为：蒸发量 = 原量 - 余量。若前一日 20 时后到当日 20 时之间有降水，则计算方法为：蒸发量 = 原量 + 降水量 - 余量，值得注意的是，应尽量避免蒸发器内的水完全蒸发，此外，如果是在冬季蒸发器结冰的情况下，要计算蒸发量，应用称量法。日照的观测仪器用品主要有暗筒式日照计、日照纸、柠檬酸铁铵、赤血盐等，在观测日照时数时，利用的是太阳光透过暗筒式日照计上的小孔射入筒内，使涂有感光药的日照纸上留下感光痕迹线，以此来计算日照时数，而太阳在感光纸上的轨迹，依照太阳直射点的移动而不同，例如当太阳直射赤道时，在感光纸上留下的轨迹线是一条直线，而当太阳直射北半球时，感光纸上留下的轨迹线偏于水平线下方且较长，直射南半球时感光纸上留下的轨迹线偏于水平线上方且较短。值得注意的是，日照纸每天日落后都要更换，换下的日照纸依照感光迹线的长短，在其下描画铅笔线。气象要素观测见图 4-9。

图 4-9　气象要素观测　(彭 正 摄)

（四）水文实习

1. 水位观测

水位是指河流某处的水面高程，水位观测的主要仪器有直立式水尺、自记水位计、记录表、铅笔等。其中，直立式水尺是应用最普遍的水尺形式，在水位年变幅不大、流冰、浮运、航运等对水尺危害不严重的河流上多采用。用水尺观测时，应按照要求测次观读、记录水尺读数，其中观测次数视河流及水位涨落而定，水位平稳时，每日 8 时观测 1 次，水位变化缓慢时，每日 8 时、20 时观测 2 次；水位变化较大时，每日 2 时、8 时、14 时、20 时观测 4 次；洪水期或水位变化急剧时要增加观测次数，以获得完整的水文变化数据。而自记水位计能自动、连续记录水位变化过程，具有观测方便、节省人力的优点。使用自记水位计观测水位时，要定时校测、换纸、调整仪器，一般情况下是每日定时进行一次校测和换纸等，并对记录进行订正和摘录。水位观测的大致步骤为：一是在河谷边坡设置水尺或到附近水文站进行水位观测；二是用肉眼直接读取水面水尺上的读数并记录；三是自记水位计校测、换纸和调整；四是计算水位、日均水位或统计每日出现的各次高低潮位；五是分析水位变化特征。水位计的放置见图 4-10。

图 4-10　水位计的放置　（彭正 摄）

2. 流量测验

流量的测定是通过流速和过水断面来推算的，因此流量的测定不能直接观测，而是要通过测定流速、过水断面面积加以测定。测定流速、过水断面面积要用到的仪器包括流速仪、秒表、浮标、船只或过河测流缆道、测验记录表、铅笔等。在上述仪器准备完毕后，首先选定流速断面，一般选择在没有支流汇入的顺直河段上；其次，进行过水断面测量（先测深垂线起点距，然后测水深同时记录观测断面水位，记录在表，绘制断面图，计算断面面积）；再次是用流速仪法测定流速；最后是根据测得的测流断面面积和流速计算流量。河流流速的测定见图 4-11。

图 4-11　河流流速的测定　（杨振华 摄）

3. 河流含沙量的测验

含沙量是指单位体积浑水中所含泥沙的质量，因此含沙量的测验基本方法就是取水样和水样的处理分析，取得泥沙的质量。需要用到的仪器包括采样器、水瓶若干个、测验记录表，室内分析需要的烘箱、滤纸、量筒等。通常，河流挟带的泥沙大多数都是悬浮在流水中，随流水一道沿河流下，因此测定悬移质含沙量成为测定河流含沙量的难点。主要测量方法有几种，分别是泥沙采样器测量法、含沙量光度测量法、放射性同位素测量法、放射性同位素示踪法等。以采样器测量法为例，首先要采取水样，利用采样器在预定的测点或垂线上取水样，同时还要顺便观测采样处水位、水深，测定取样垂线起点距，做好相关记录；其次，对水样进行处理，包括量积、沉淀、过滤、烘干、称重、含沙量计算。

（五）土壤实习

（1）土壤调查选线。野外土壤调查一般可以分为概略的路线调查和全面的普查。对于具有时间和经济限制的学生实习而言，通常野外土壤调查是概略性的路线调查，为了较准确地把握某一特定地区的土壤地理规律，设计和选择一条合适的调查路线对于高效地完成相应的实习任务具有重要意义。因此，在调查线路选择时，要尽可能多地穿越具有不同成土环境的景观类型，以便观察在各种成土条件的组合作用下土壤发育的差异。一般而言，学生实习的区域范围是有限的，其有限的范围内土壤差异或变化通常是由土壤母质和地貌决定的。例如，地形的高低陡缓、凹凸不平，导致矿物质侵蚀堆积变化，引起土壤水分改变；不同性质的母岩母质条件，也导致土壤理化性质的差异。因此，在野外概略的路线调查中对这些地段要重点调查。在调查结束后，通过资料的整理绘制出自然地理断面图，用以反映当地自然地理环境的系列变化。

（2）土壤剖面的设置。土壤调查中，虽然在一个大的空间格局下进行调查，但往往通过选择一个具有代表性和典型性的点代替这个面的土壤情况。在地势平坦均质的平原地区，选择剖面挖掘地点较为简单，但要避开交通线路、坟地、水利工程等受人为活动干扰较大的地段；在山区选择一个具有代表性的土壤剖面相比平原地区较为困难，原因在于山区地形复杂、母岩母质多样、土壤变异性大等因素的不确定性，所以在山区选择土壤剖面时，要高度重视剖面的代表性。为了节省人力和时间，在土壤实习中，对于剖面的选择可以自然剖面为观察对象，例如在公路修建中挖掘出的新剖面，就是很好的观察对象，但应注意，有些剖面挖掘的时间较长，已经被风化物所覆盖；假如没有自然剖面，这时就需要选择典型性和代表性的剖面点进行剖面的挖掘，才能进行下一步剖面观察。土壤剖面的观察见图 4-12。

图 4-12　土壤剖面的观察　（周秋文 摄）

（3）剖面观察和描述。土壤剖面挖掘完成后，首先需要对土壤发生层次进行划分，再将各层次的土壤形态特征记录于相应的剖面记载表中。土壤发生层次是土壤形成过程中在垂直地面方向上出现的形状上有差异的层次，按照一般的剖面划分模式，土层由上向下依次为有机质层（O）、腐殖质层（A）、淋溶层（E）、淀积层（B）、母质层（C）、基岩层（R）几个大的层次，但值得注意的是，并不是任何土层剖面挖开后都严格按照这个层次展现在我们的面前，例如在自然界中的土壤剖面，尤其是山丘地区的土壤，剖面的构型并不一定是完整的 O—A—B—C—R 构型，由于发育环境的制约，有可能某些层次会缺失。在完成土壤层次的划分后，需要对土壤剖面特征进行记述。在野外调查中，对土壤形态的记录主要包括几个方面，即土壤颜色、土壤质地、砾石状况、土壤结构、松紧度、孔隙状况、土壤湿度、新生体、侵入体等，记录的详略视具体情况而定。土壤剖面的测量见图 4-13。

图 4-13　土壤剖面的测量　（周秋文 摄）

（六）植物实习

1. 植物标本的采集与压制

植物标本的采集与压制，是植物地理学实习，培养学生认识植物，分析植物生长环境的较好做法，不仅有利于培养学生的观察能力，还有助于提高学生的动手能力。通常，采集和压制标本需要植物标本夹、吸水纸、台纸、针线绳、枝剪、挖根器、塑料袋、植物采集记录表、植物标本签、笔记本、铅笔、地形图、望远镜等仪器用品。在标本采集中，应力求标本的完整性，尽可能将花、果、种子、根、茎、枝、叶都采齐。采集草本植物时，要用铲将全株掘起，清理干净泥土。若植株较大，压制时可弯折成“V”字形或“N”字形。采集木本植物时，只采有枝叶花果的枝端。较大型的植物只采其一部分或器官的重要鉴定部分，其余部分则详细记录。肥大多汁的鳞、块茎、块根、果实，不宜放在标本夹内压制，可悬挂在干燥通风处，使其干燥后，放在纸袋或其他袋子保存，并附以标本同一采集号牌，以供查对。采集寄生植物时,应和寄生植物一齐取下作为标本,并应详细记录寄主形态。在给标本挂号并编号登记以后,整理好放入标本夹进行压制,压制标本时,要把植物展开平放在吸水性较强的几层纸内,不使枝叶重叠太厚,不要过分修饰改变原样。然后外面夹上标本夹,用绳子将其捆紧,将捆紧的标本夹放在日光下或通风处,使之尽快失水。标本每日换纸 1 ~ 2 次,渐干后可以少换纸或不换。标本干燥后,用纸条、针线或透明胶带固定在洁白坚硬的纸台上,同时附以采集记录,即制成腊叶标本。标本应存放于封闭干燥的植物标本室,并按科、属分类存放,以便查找。植物标本见图 4-14。

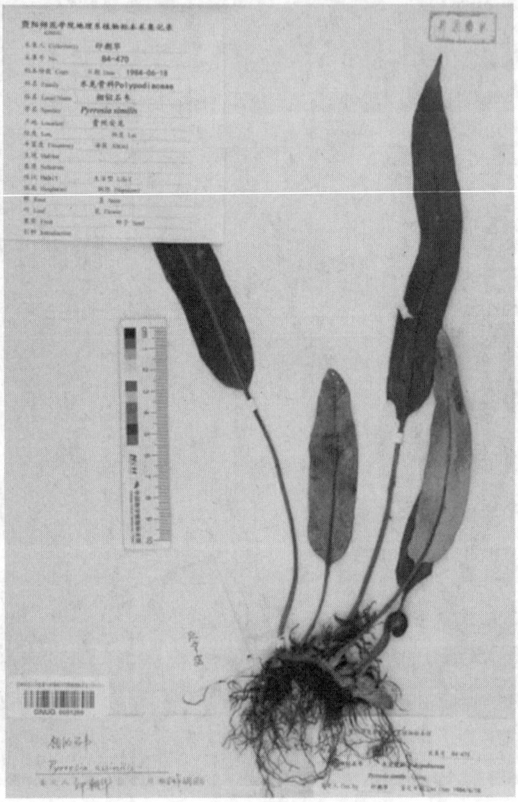

图 4-14　植物标本　(向刚 摄)

2. 植物与环境的野外观察

为了让学生进一步观察和了解植物、植物群落与环境条件的相互关系,并认识自然地理环境条件在空间上的变化,导致植物、植物群落分布和生长状况变化的规律。可选择某种或数种自然地理条件逐渐变化的地段,也可结合野外实习的地点,借助放大镜、笔记本、铅笔、枝剪、皮尺、钢卷尺、测绳、标本标签、野外用风速表、照度计等仪器用品,对植物立地条件进行观察,对光、水、土、热等环境条件的生态效应进行水平和垂直方向的观察,以及观察植物、植物群落过渡类型的变化,进一步认识其生态类型特征及生长习性(杨士弘,2002)。植物的观察见图 4-15。

图 4-15　植物的观察(罗旭琴 摄)

第二节　地理学大学生校内实践基地建设

一、校内实践基地建设的目标与意义

(一)专业知识教育目标

地理学的专业知识,主要涵盖自然地理、人文地理、地理信息技术三大领域,但和其他学科不同的是,地理学具有跨越自然科学和社会科学的性质。近年来,随着地理学研究的深化和进一步细化,一些地理学与其他学科的交叉学科正得到很好的发展,因此地理学的专业知识正进一步得到充实和丰富。高等学校在有限的时间和办学条件之下,要向学生全面传授这些专业知识,是一件极其艰难的事情。鉴于此,建设地理学大学生实践基地,将一部分具有实践意义和价值的知识纳入实践教学,通过改变教师的“教”与学生的“学”的方式,充分发挥教师主导,学生主体的作用,有效更新和整合教学内容,使学生在实践基地的实践探索中获得知识、验证知识和创新知识,把学生锻造成一个专业知识过硬的人。

(二)专业技能实践目标

在地理学中,有许多操作性和思维性的知识,要求学生完成学习后将其转化为自身应具有的能力,例如野外土壤采样点的布设、植物样方的选择、河流水文要素的测定、地理信息技术的应用等。这些极具操作性的地理知识,完全依赖课堂教师的讲授是不能使学生真正掌握的。应该在教师的指导下,以实践基地为依托,给予学生一定的实践任务作为驱动。使处于被动地位的学生在任务的驱动下站在主动地位,从而使学生从“要我学习”转变为“我要学习”。进一步激发学生的学习兴趣,真正能够把知识内化为操作和思维的能力,使学生学会对未来生活有用的地理。

(三)科学问题研究目标

随着科学技术的发展,人类对地球及其表层要素本身和要素之间的关系的认识已经取得了明显进步,单纯的地理事物和现象的描述的历史已经慢慢远去。通过新的技术、设备获取地理数据,深入探究地理事物和现象的成因与作用成为时下地理研究的普遍做法。

但作为一门学科，地理学的科学性问题也在实践中不断被提出来，这一系列的问题有的正逐步被人们认识和解决，而有的暂时没能解决。但在未来的实践中，随着人类认识水平的提高、探究手段进一步强化，这些地理科学问题终究还是能够得到解决的。由此可见，实践对于发现问题、解决问题是重要的。地理学的学习就要在实践中进行，不断培养学生发现问题、提出问题和解决问题的能力，强化学生的探究意识，提高学生的科学素养。

（四）情感态度与价值观目标

地理实践的一个重要的目标，是要培养学生对地理的情感态度和价值观。其中，地理学的情感态度，包括学生学习地理的兴趣、动机、意志、合作精神等，是学生对客观地理事物和现象的态度与体验。而地理学的价值观，是学生在地理实践中，对地理事物和现象的认识、理解、判断、取舍中所形成的一种是非思维或价值取向。因此，在地理实践中，要高度重视学生地理学习兴趣的培养，进一步端正学生学习动机，培养学生探究的意志品质与合作精神，激发学生热爱科学、热爱自然、热爱国家的情怀。使他们在地理学的学习中深刻认识、理解地理事物和现象的形成、发展、演变过程和规律，能够在未来生活和职业发展中有针对性地运用好地理事物和现象的这些过程与规律，从而适应个人生存、社会发展和学科进展的需要。

二、建设校内实践基地的条件与建设过程

（一）建设条件

1. 硬条件

（1）场地条件。建设地理学实践基地，需要一定地域范围作为实践的载体。在高等学校，规划一个区域作为实践基地是一件十分有必要的事情，当然，用作实践基地的场地最好能够具有体现地形、地质、水文、气象、土壤、植被特征的现成的地理单元，从而在这个基础上建设实践基地，能够降低建设的难度。若是没有能够直接体现土壤、植被、水文等这些地理要素特征的实体，也不必过于纠结，可以采取人工模拟等方法完成实践基地的相关建设。总之，实践基地的建设，必须要有一定的场地作为支撑，这是建设实践基地的第一步。

（2）设备条件。有了一定的场地作为支撑，还需要各种所需要的实践设施，包括地理实践器材、实践基地基础设施建设建材。其中，地理实践器材包括气象站、水分测定仪、人工模拟降水器等。这些地理实践器材是根据自身实践需要而定，不同的实践基地建设内容不一样。因此，实践器材也没有完全统一的标准。对于实践基地基础设施，包括场地、水池、道路、值班室等，这些基础设施的建设，需要水泥、铁制护栏、砖块等建材，这些建材也是自身难以生产的，因此需要按照相关规划，向有关单位购置。

2. 软条件

（1）制度条件。建设地理学实践基地，首先要得到学校的同意和指导。其次，实践基地的建设和建设完毕后的日常管理也需要师生共同完成。因此，建立和健全实践基地的建设、管理、维护制度，对于保持实践基地长期、有序、有效的工作是十分必要的。在有了制度保障的基础上，要认真按照制度的要求严格执行相应制度规定，并积极向有关部门争取支持、合作，为下一步具体的实践与研究打造有利的局面，力争获得更大限度的政策支

持和制度保障。

(2)经济条件。实践基地内地理实践器材、基础设施建设用材、师生实践都需要有一定的经济条件保障,否则实践基地的建设和实践任务就难以完成。因此,采取有效的措施,保证足够的资金,是建设实践基地不得不考虑的问题。在资金得到有力保障的情况下,依照自身地理实践的需要,向相关单位购置气象监测设备、水文监测设备、土壤试验设备等地理实践设备,水泥、铁制护栏、水管等建设器材,保障实践的顺利进行。

(3)师资条件。地理实践基地的建设,需要在教师的带领和指导下,由师生共同努力完成。因此,师资力量在地理实践基地中的作用是重大的,也是不可替代的。在学校的教师中,遴选一批教学和科研经验丰富的专家教授,干劲十足的青年教师、博士,共同组成实践基地指导教师团队,并将一部分教师教学、科研项目纳入实践基地内进行培育,从而带领学生参加实践,在实践中锤炼科学研究的意志品质,掌握地理研究的基本方法,获得地理课外知识,充实大学学习生活,为将来成为社会需要的实践型、应用型人才做好保证。

(二)建设过程

1. 实践基地建设场地选择

地理学校内实践基地建设场地的选择,受到地域范围的限制。因此,实践基地大小的选择,要依据学校自身实际情况而定,值得注意的是,实践基地应选择在开阔的地方,尽量避开高大的楼房、山体的阻挡,便于气象观测。如果在学校内没有符合要求的场地作为实践基地建设用地,则可以考虑在学校周边较近的场地作为实践基地。但这也要充分考虑实践基地建设在学校周边是否能够给师生一样的便利,若不能满足条件,那么选择则应慎重权衡。

2. 实践基地的规划

在选定建设基地地址后,就要按照建设内容进行基地整体规划。这个规划具体包括基地大小、形状以及基地内部布局情况,这将是下一步基地具体建设的关键一步。在规划完毕后,要进行设备、建材等的采购工作,因此规划要具有合理性、可操作性,否则,一旦出现规划不合理、不具操作性,很有可能造成设备、建材等的浪费,场地的污染和破坏,最终难以修复。

3. 实践设备与建材的采购

实践设备,大到天文台、气象站,小到一个 TDR 水分测定仪,这些专业设备都是由专业的生产公司设计、生产的,其精度和灵敏性往往较高。因此,这些自身无法生产和维修的设备,可以向有关单位购置。而相对实践设备,建材更容易买到,这部分材料可以到附近市场采购。

4. 实践基地正式建设

完成实践设备、器材和建设材料的购置后,按照相关规划,进行实践基地的建设,包括值班室、水池的修建,道路、管道、电线的铺设,气象站、水文监测设备等的安装以及试运行。这些工作一部分可以通过师生共同努力完成,但对于复杂的工程,则需要专门的建筑工程方面的人士才能进行。对于这部分工作,可以与相关单位协商,请求专业人士的帮助,从而确保建筑的安全、牢固。待基础建设完成后,剩下的工作只是进一步完善和充实实践基地的设施和内涵。

三、校内实践基地内涵建设与日常管理

（一）长期观测场的内涵建设与日常管理

1. 气象观测场建设与维护

1）气象观测场的条件要求

（1）观测场地的选取应尽可能反映本站点较大范围气象要素特点，避免局部地形和周围环境的影响。四周空旷平坦，没有高大建筑物、树木的遮挡。观测场边缘与四周孤立障碍物的距离，至少是障碍物高度的3倍以上。观测场四周10 m范围内不能种植高秆作物，以保证气流畅通，且观测场应位于该地区主风向的上风方向。观测场的大小为25 m×25 m，如条件限制可为16 m×20 m（南北向）（高山、海岛不受限制）。

（2）要测定观测场的经纬度（精确到分）和海拔高度（精确到0.1 m），其数据刻在观测场内固定标志上。

（3）观测场四周一般设置约1.2 m高的稀疏围栏，围栏所用材料不宜反光太强。场地应平整，森林、荒漠、湿地等生态系统观测场内地表可保持与周围自然环境基本相一致。

（4）为保持观测场地自然状态，场内铺设0.3～0.5 m宽的小路（不得用沥青铺面），人员只准在小路上行走。有积雪时，除小路上的积雪可以清除外，应保护场地积雪的自然状态。

（5）根据场内仪器布设位置和线缆的铺设需要，在小路下修建电缆沟或埋设电缆管，用以铺设仪器设备线缆和电源线缆。电缆沟（管）应做到防水、防鼠，并便于铺设和维护。

（6）观测场的防雷措施必须符合气象行业规定的防雷技术标准要求。

2）观测场内仪器设施的布置原则

观测场内仪器设施的布置要注意互不影响，便于观测操作。具体要求如下：

（1）高的仪器设施安置在北边，低的仪器设施安置在南边。

（2）各仪器设施东西排列成行，南北布设成列，相互间东西间距不小于4 m，南北间距不小于3 m，仪器距观测场边缘护栏不小于3 m。

（3）观测场围栏的门一般开在北边，仪器设备紧靠东西向小路南侧安设，观测员应从北面接近观测仪器。

（4）辐射观测仪器一般安装在观测场南边，观测仪器感应面不能受任何障碍物影响。因条件限制不能安装在观测场内时，总辐射、直接辐射、散射辐射以及日照观测仪器可安装在天空条件符合要求的屋顶平台上，反射辐射和净全辐射观测仪器安装在符合条件的有代表性下垫面的地方。

（5）观测场内仪器设施的布置可参考图4-16气象观测场内仪器设施布置图。

（6）北回归线以南的生态站气象观测场内仪器设施的布置要考虑太阳位置的变化进行灵活掌握，使观测员的观测活动尽量减少对观测记录代表性和准确性的影响。

（7）观测场内仪器的布置要注意互不影响，便于操作。由南到北仪器安装高度是从低到高，南端地温，北端风向、风速，东西排列成行（王志瑞，2014）。

3）气象观测场建设

在明确气象观测场建设的环境、硬件等要求后，依据《生态系统大气环境观测规范》，

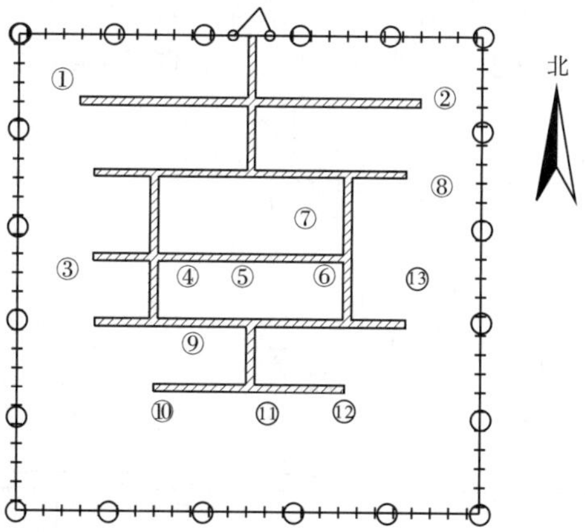

①—人工观测风杆和风传感器;②—气象自动站风杆;③—大型蒸发器 E601;
④—百叶箱(温、湿度自记);⑤—百叶箱(人工观测温、湿度表);⑥—雨量器;⑦—雨量传感器;
⑧—辐射表支架器;⑨—小型蒸发器;⑩—冻土器;⑪—地表温度计; ⑫—日照计;⑬—土壤温度计

图 4-16　气象观测场内仪器设施布置(王志瑞 供图)

将气象观测场清理整平,测量经纬度和海拔高度,测定南北线,在相应的位置、区域将气象观测设备布设妥当;在气象观测场安装上铁制护栏,防止他人破坏;同时,在气象观测设备安装时,要将设备线和电缆线做好防水、防鼠措施,埋藏在一定深度的地下。

(1)测量经纬度和海拔高度:新建气象观测场的经纬度可用较精密的 GPS 测量,海拔高度资料可到国土或建设规划部门索取。

(2)测定南北线:气象台站南北线的准确与否影响着辐射、日照、风等仪器的正确安装,从而影响着相关气象要素的正确采集,因此准确测定气象台站的南北线非常重要。通常,测定南北线的方法主要有指南针法、铅垂线法和北极星法。

(3)防雷设施:气象观测场内设金属围栏、百叶箱支架、雨量器、遥测雨量计、虹吸雨量计、小型蒸发皿、校对蒸发雨量器、自动气象站信号转接盒等金属外壳应就近与气象观测场地网可靠连接。仪器设备与气象观测场地网连接部位不得有任何松动。同时,要做好电源防雷,保护好气象观测设备,确保气象观测的顺利进行。

(4)仪器布置:高的仪器设施安置在北面,低的仪器设施安置在南面,仪器安置在紧靠东西向小路南面,东西成行,南北成列,仪器东西间隔≥4 m,南北间隔≥3 m,仪器距气象观测场边缘护栏≥3 m;为便于放置百叶箱踏板,玻璃钢百叶箱立柱中心离小路边以 80 cm 左右为宜;而采集器、遥测雨量计、地温变送板、日照计、大小蒸发皿、雨量计、雨量器等可靠近小路,这样更方便于仪器巡视、观测,同时也更方便自动气象站的安装和维护。

(5)地缆线的布置和仪器安装:设立海拔高度点时,应该在气象观测场中心附近设置 50 cm×50 cm 的测站标志,标明测站类别、经纬度、海拔高度、海拔基准点和正北方位指示等。考虑到深层地温场地要求是自然覆盖的 3 m×4 m。因而深层地温传感器在观测南边离小路边以 1.5 m 为宜,另一侧浅层地温各仪器也离小路 1.5 m 为好,这样地温仪器东西成一线,更为美观。确定风向、风速感应器(风传感器)指南(北)杆指向的正南(北)方位,并在指南(北)杆指向的南北线上设置指南(北)桩。采集器支架与风塔距离小于 2

m,尽量靠近风塔和地沟,预埋采集器 PVC 线缆管(何春禄,2011)。

具体可参照图 4-17 气象观测仪器摆放图(王志瑞,2014)。

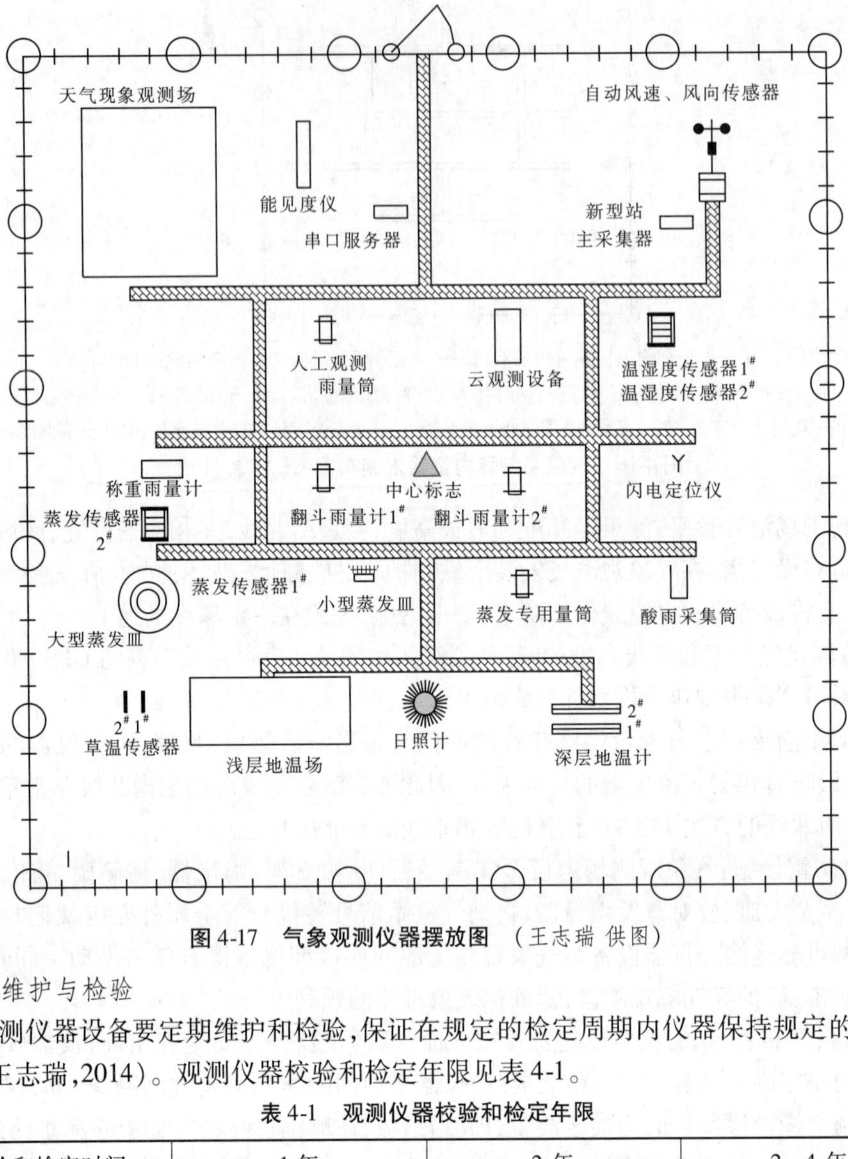

图 4-17　气象观测仪器摆放图　(王志瑞 供图)

4)维护与检验

观测仪器设备要定期维护和检验,保证在规定的检定周期内仪器保持规定的准确度要求(王志瑞,2014)。观测仪器校验和检定年限见表 4-1。

表 4-1　观测仪器校验和检定年限

校验和检定时间	1 年	2 年	2~4 年
人工观测仪器	气压计、风向计、风速计、气温计、湿度表、雨量计		
自动观测仪器	气压计、风向计、风速计	辐射表、地温计	主机系统

2. 土壤观测场建设与维护

依据不同的目标,土壤观测的针对性也不一样,主要可以针对农田、森林、草原、荒漠、湿地生态系统的土壤结构、功能和重要的生态学过程的长期变化进行长时间的观测。那么,具体针对哪种土壤进行观测,这个要看自身所处地带和需求而定。如下以亚热带喀斯特森林生态系统中土壤的长期观测为例,简要说明土壤观测长期采样地设置基本原则、基本布局和建设与维护。

1)土壤观测长期采样地设置基本原则

(1)应选择本地区具有典型性和代表性的森林类型(符合本地区生物气候带特征),地貌类型具有代表性,土壤为显域性土壤类型,能够反映该地区森林生态系统典型结构与功能。

(2)对于天然林生态系统,选择长期采样地时,要尽量保持原有生态系统的自然属性,且受人类活动干扰少;而对于人工林生态系统,选择长期采样地时,则主要应考虑到人工林类型和立地类型的代表性。

(3)具有长期观测的可操作性,靠近林道,能够方便、及时地获取数据,道路、交通能够满足野外观测的基本需求。

(4)长期采样地内部状况要均一。如果因地形因素限制而无法实现几何形状的标准化,也要保证长期采样地内各种物理因素尽可能一致,在空间上必须连续,不能割裂(王志瑞,2014)。

2)土壤长期采样观测场地布局

(1)典型生态系统分布区。典型生态系统分布区是指观测区(如生态实验站或观测站)所代表的典型生态系统类型的分布区域。在选择典型生态区观测的面积和边界时,通常选择一个完整的地理和地貌小单元,如以一个小流域(集水区)作为观测和研究的基本单元,对小流域内的典型生态系统类型进行系统观测,建立小流域生态系统观测数据库,研究区域环境、土地利用和人类活动变化对生态系统演变的长期影响。然而值得注意的是,典型生态系统分布区的区域界定方法比较困难,在观测地点选择和观测项目确定中可操作性差,影响长期观测数据的可比性,因此在土壤长期观测中,设置的土地利用方式、管理方式、植被类型和植被的演替阶段可能只能代表典型生态区中的一种情况,这时需要针对典型生态类型区一个完整的地理单元中不同的亚单元,设置主观测场和辅助观测场。

(2)主观测场。主观测场是在典型生态系统分布区内设置的一个典型小区,代表了该地区最典型的生态系统类型,这其中就包括了土壤类型和土地利用方式。主观测场的土壤观测目的是对本地区典型生态系统中主要类型的土壤结构、功能和生态过程变化进行长期观测,研究其长期演变规律和控制因素,分析与生态系统其他要素长期演变的相互关系,提出土壤资源利用和土壤生态过程的调控措施。土壤长期观测的主观测场通常设置在观测站的中心或靠近生态实验站的地点,代表所在地区典型和占主导地位的生态系统类型,占地面积一般不小于 1 hm^2,配备供水、供电设备和长期观测的仪器和设施。

(3)辅助观测场。作为主观测场的补充和完善,辅助观测场是在典型生态系统分布区内设置的一个小区,可以是与主观测场不一样的植被类型或者植被演替阶段、土壤类型、土地利用方式和管理方式。辅助观测场的设置原则与主观测场相同,其面积根据实际条件可以调整。其观测项目在主观测场观测的基础上,可以根据需要进行增减。

(4)长期观测采样地。长期观测采样地是在主观测场或辅助观测场中设置的进行长期土壤观测采样的地块,在地理空间位置上隶属于主观测场或者辅助观测场,具有与主(辅助)观测场相同的生态系统类型。选择长期观测采样地的标准是具有典型性和代表性,设置长期观测采样地面积时,需要根据土壤观测采样的频度以及土壤采样量满足长期观测在时间尺度上的要求,保证土壤采样的代表性和独立性,减少由于采样引起的土壤性质变化的影响。长期观测采样地设置需要保证其稳定性,建立后的空间位置和面积不应随意变动(中国生态系统研究网络科学委员会,2007)。

3. 生物观测场设计与保护

1)场地布局规范

一般而言,一个生态研究站需要建立1~2个主观测场,数个辅观测场,并划定几个站区调查点用于对站区动物的调查、社会经济的调查,以及主观测场和辅观测场以外的其他生态系统类型或其他管理模式的调查。生物长期观测场地见图4-18。

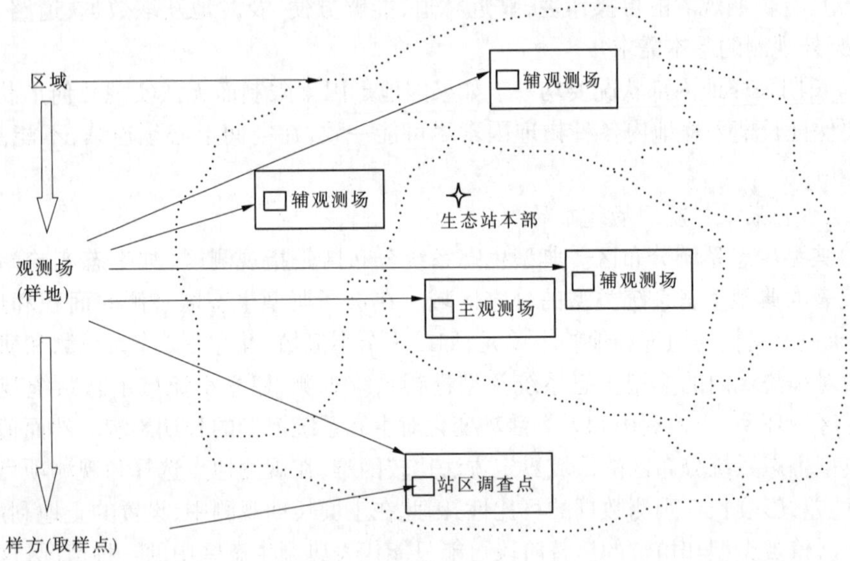

图4-18 生物长期观测场地示意 (王志瑞 供图)

每个站的主观测场、辅观测场和站区调查点三类观测场合在一起应该包括生态研究站所在区域的主要群落类型(种植类型)和主要利用方式(耕作方式)。

主观测场,设立在能代表当地植被类型而且林相相同、地形变化尽可能一致的地段,形状通常是正方形或长方形,其一边长度至少要高于乔木最高树种的树高。

辅观测场,与主观测场的设置原则相同,是主观测场地的补充。

站区调查点,是辅观测场的一种,指用来完成动物或其他调查项目的固定区域,或特指离站本部较远、不受实践基地管理控制的辅观测场地。

观测场面积。观测场的面积最少必须大于群落最小面积,一般情况下设置面积见表4-2。

表 4-2 观测场设置面积

地区	主观测场	辅观测场	站区调查点
热带	100 m×100 m	40 m×40 m	40 m×40 m
亚热带	100 m×100 m	30 m×30 m(人工林) 30 m×40 m(自然林)	30 m×30 m(人工林) 30 m×40 m(自然林)
温带	100 m×100 m	20 m×30 m	20 m×30 m

样地保护。为保证观测样地的时间延续性,每类观测样地分别设置非破坏性的永久样地和破坏性取样地,永久样地只允许进行非破坏性的观测,在永久样地附近,选择一定面积的与永久样地林型相同、立地条件相似的地段作为破坏性取样地。

2)生物长期观测场地建设

以中国西南亚热带喀斯特森林生态观测为例,根据《陆地生态系统生物观测规范》,按照所处位置的不同热量地带,设置 1 ~2 个 100 m×100 m 的主观测场,数个 30 m×40 m 或 30 m×30 m 的辅观测场,并划定几个 30 m×40 m 或 30 m×30 m 站区调查点,其中,30 m×40 m 的辅观测场和 30 m×40 m 的站区调查点对应的是自然林,而 30 m×30 m 的辅观测场和 30 m×30 m 站区调查点对应的是人工林。

主观测场确定以后用不锈钢桩确定边界,每 10 m 设置一个,桩界地上部分留 30 cm,在靠近边界的树木上挂标识带。避免人类活动的干扰,对长期采样地上发生的所有特殊事件(人类破坏性活动、动物破坏、自然灾害等)均应记录,最终录入动态观测数据库(王志瑞,2014)。

生物长期观测场具体布局如图 4-19 所示(王志瑞,2014)。

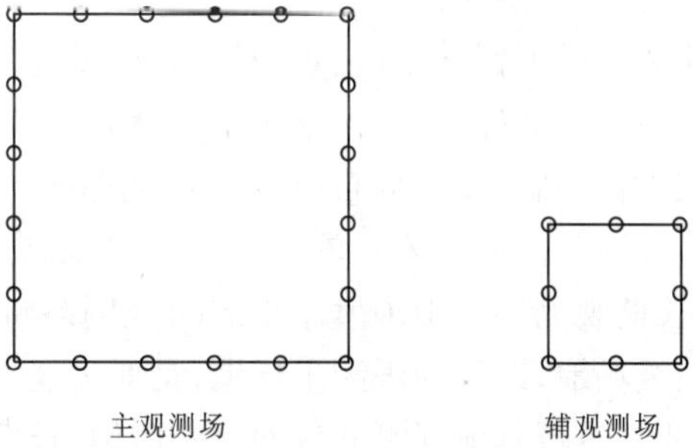

图 4-19 生物长期观测场具体布局示意(王志瑞 供图)

4. 水文观测场设计与维护

1)长期观测场地设置基本原则

(1)兼顾生态代表性和水循环过程代表性。对于陆地生态系统水环境的长期观测来说,场地的选择要兼顾生态系统的代表性和水分状况,以及水分运动特征的代表性。为了准确和全面反映水分运动状况,野外水环境的观测大多需要在一个流域尺度(或集水区)上进行观测,在流域(或集水区)内的生态系统典型地段进行观测,从而既能反映水分状况对生态系统的影响,也能观测到生态系统特征变化对水分运动过程的影响。

另外,许多水环境要素的观测由于多方面的原因往往不能在生态系统长期观测样地内实施，在这种情况下，水环境要素的观测采样地点一般应该选择在与生态系统长期观测采样地有着较紧密水文关系的地方进行观测采样。

(2)满足长期观测和采样的需要。野外长期观测和采样对样地的破坏随着时间的增加会越来越严重。因此，首先长期观测场地要足够大，满足长期采样破坏的需要；其次长期观测场地的选择尽量考虑人类活动可能带来的影响，如马路的修建、城市的扩展等可能带来的影响，尽量远离居住区。另外，野外观测场地和设施的运行和维护需要水、电等基础设施的支撑，在选择长期观测场地时要考虑基础设施的完善和观测人员的生活保障等。

(3)做到点面结合观测。由于水分运动的空间尺度较大，单点观测很难全面反映生态系统水分状况和水分运动过程。野外长期观测中，要尽量做到多点观测，从而将水环境的观测扩展到区域(或流域)尺度上，在观测与水分水平运动密切相关的一些项目，如水土流失、污染物扩散、水量平衡等时，尤其需要进行多点联合观测(王志瑞,2014)。

2)长期观测场地

野外观测的一个特点是长期定位观测，以反映生态系统和环境长期演变规律。陆地生态系统水环境长期观测场地是对陆地生态系统水环境或水文循环过程进行长期观测而专门选择和设置的一片连续的区域，它小则是一个水环境观测采样点，大则至一个流域或集水区。依据水环境观测的空间尺度和属性的差异，长期观测场地可以划分为不同的空间等级和属性种类。

根据长期观测场地在空间上的从属关系，可以将陆地生态系统水环境长期观测场地分为三级，从大到小分别是典型区域、长期观测场和长期观测采样地。值得注意的是，典型区域可以是有代表性生态系统典型区域、完整的水循环区域和其他生态系统类型区域。长期观测场可以是小流域、地理单元和其他典型地段。而长期观测采样地可以是主观测样地、辅助观测样地和其他类型观测样地。

不同空间级别的长期观测场根据其用途、观测目的，可以进行不同类型的划分。对陆地生态系统水环境观测来说，第一级的典型区域一般是水循环典型区。这一典型区域也不一定必须是完整的流域，野外站可以根据自身的特点选择第一级区域范围。第二级场地，即长期观测场，是实施长期观测的具体对象，在一个典型区域内，可以根据研究和监测的目的，设置不同用途的长期观测场。中国生态系统研究网络将长期观测场分为综合观测场和辅助观测场。第三级场地，即长期观测采样地，是通过仪器和设施实施具体观测和采样的样地，是对水环境要素进行具体观测的场地。一般地，长期观测采样地可以分为一个主观测采样地和若干个辅助观测采样地(中国生态系统研究网络科学委员会,2007)。

(二)短期观测场的内涵建设与日常管理

短期观测场的内涵建设主要根据师生在短时间内一定学习和研究的需要，设立的短时间的观测场地。例如，师生要针对实践基地内不同植被类型的冠层对降雨的截留情况进行研究，就可以在实践基地内选定研究区和研究对象，采取定位观测方法，设定观测期，进行降雨截留的观测以获得相应数据，从而为下一步进行数据分析，探讨这其中的地理演变过程做准备，直到观测结束。这个过程是需要师生精心管理和维护的，例如要经常清理截留设备中掉入的树叶、随时查看截留设备是否正常工作等。

在地理学的相关学习和研究中，师生还有许多可以在实践基地内进行的观测，但这些观测的具体内容，要结合实践基地的具体实际和自身需要，例如喀斯特地区的石漠化治理模拟、人工模拟降雨探讨水土流失的机制等，都可以在喀斯特较为发育的中国西南地区进行深入探讨。这些研究进一步丰富了实践基地建设的内涵，锻炼了学生区域认知能力、综合思维能力、地理实践能力、日常事务紧急情况处置能力，培育了学生人地协调的思想观念。

四、实践基地的建设成果形式

（一）专业教学成果

在地理学校内实践基地的支持下，师生实践教学将更加容易，这也使得师生更加有兴趣投入到实践教学中。因此，在实践基地内，学生不仅能够将传统的理论与实际的地理事物、现象和相关操作联系起来，还能够在实践中更进一步地认识到地理学的相关过程和规律，最终以实践报告等形式的成果展现，这些成果将是学生学习中重要的收获。例如，在实践基地中，教师可以组织学生进行土壤地理学的实习与实践，让学生以小组为单位参加设置和挖掘土壤剖面、进行土层的划分、采集土壤标本等活动，最终让学生以小组为单位，完成实习、实践报告。人工模拟降雨实验教学见图 4-20。

图 4-20　人工模拟降雨实验教学（颜红 摄）

（二）科普教学成果

校内实践基地不仅为地理学专业师生日常实践教学和研究提供了便利，还为学校师生了解气象、认识植被、增强水资源保护等提供了重要的科普价值。如自 1993 年把每年 3 月 22 日设定为世界水日以来，许多国家和地区的相关组织都会举办节约水资源等世界水日主体活动，号召人们珍惜地球上的水资源、合理应用水资源等，类似的与地理相关的节日还有许多。作为高等学校，这些节日都可以作为科普纳入地理学实践基地，通过举办相关主题的活动，让学校师生了解和认识地球、宇宙、地理与环境、地理要素等知识，认识到构建人类与自然环境和谐相处,以实现可持续发展的重要意义。世界水日科普展出见图 4-21。

图 4-21　世界水日科普展出(周秋文 摄)

(三)科研成果

实践基地的设立,为师生科学研究提供了重要的平台支撑。在教师的带领下,学生能够参与到教师的科学研究中,学生在这些实际的锻炼中,逐步地掌握科学研究的方法,学会提出地理问题,思考地理问题,解决地理问题。同时,将教师科学研究课题纳入实践基地,以实践基地为中心,教师还可以通过设立其他研究区,与实践基地相关观测进行对比研究等,进一步拓展教师研究领域,丰富实践基地自身建设内涵,为支撑学科建设注入新的活力。科研样本选取与处理见图 4-22。

图 4-22　科研样本选取与处理(崔兴芬、韦小茶 摄)

参考文献

[1] 刘世彪. 生物学野外实习教程——实践与创新[M]. 北京:中国农业科学技术出版社,2008:1-5.

[2] 熊黑钢,陈西玫. 自然地理学野外实习指导——方法与实践能力[M]. 北京:科学出版社,2010:37-44.

[3] 杨士弘. 自然地理学实验与实习[M]. 北京:科学出版社,2002:17-121.

[4] 王志瑞. 贵州师范大学花溪校区生态环境监测站设计[D]. 贵阳:贵州师范大学,2014.

[5] 何春禄. 气象站观测场选址与建设[J]. 现代农业科技,2011,19:43-44.

[6] 中国生态系统研究网络科学委员会. 陆地生态系统土壤观测规范[M]. 北京:中国环境出版社,2007.

[7] 中国生态系统研究网络科学委员会. 陆地生态系统水环境观测规范[M]. 北京:中国环境出版社,2007.

第五章　大学生科研与实践创新竞赛

大学生是推动地理学创新的后备力量,科研与实践创新竞赛是大学生参与科研实践的重要途径。以大学生科研创新项目竞赛为抓手,巩固基础理论知识,培养大学生科研创新意识、科研意志与品格。竞赛平台给予学生参与科研实践的机会,是连接专业老师与大学生的重要纽带之一,组织与实施大学生科研创新项目竞赛助力地理学创新发展。本章论述了地理学大学生参与科研与实践创新竞赛的重要性,介绍了挑战杯、创青春、大学生节能减排大赛这三个重要的科研与实践创新竞赛,精心挑选了优秀作品进行展示,简要介绍了地理学大学生科研创新项目竞赛的组织与实施。

第一节　科研与实践创新竞赛概述

高等学校是国家人才资源储备库,大学生是国家高层次人才的后备力量,创新是大学生应具备的素质。《中华人民共和国高等教育法》第一章第五条:"高等教育的任务是培养具有社会责任感、创新精神和实践能力的高级专门人才,发展科学技术文化,促进社会主义现代化建设。坚持教学和科研相结合,引导大学生参与科研,努力培养大学生的科研创新能力已是当前高等教育改革的目标之一(张冰融,宋雪,2014)。地理学是一门古老的学科,也是一门不断发展的科学,需要具有创新精神和实践能力的大学生为这门学科注入新的活力。通过地理学思想与方法的挖掘、梳理、凝练与集成,加强地理学科学思维、科学方法和科学工具的研究和创新,是地理学和高校地理教育创新的重要基础,也是提高地理学解决实际问题的能力,培养创新型地理学人才,更好地满足国家需求的必要之举(蔡运龙,2009)。此外,大学阶段是学生通过实践形成创新意识的关键期,但是当前,设置地理学的一些高校主要是师范类院校,培养模式单一,培养经费欠缺,培养平台狭窄,学生缺乏接触科研与实践创新的机会,创新能力得不到足够的发展。大学生科研与实践创新竞赛可为大学生提供科研与实践创新的契机与平台。

创新能力该如何培养？艾曼贝尔的三成分模型认为,创造力是由与专业领域相关的技能、与创造力相关的技能和任务动机这三种成分综合作用的结果,其中与专业领域相关的技能是创造力的知识基础,与创造力相关的技能是认知风格方面的特征,而任务动机是人格因素(金蕾,2014)。地理学大学生参加科研与实践创新竞赛的过程就是这三种成分的有机结合。

科研创新需要理论知识与实践的支撑。当前,中国高等学校教育以理论教学为主,实践教学较少。而地理学是一门需要实践的科学,在实践中加强对理论知识的认识是地理学创新的必经之路。除了必备的基础知识,还有关于地理学科的思想方法、知识之间关联等缄默知识,更需要学生在探索真知的过程中获得。在参与科研与实践创新竞赛的参赛项目选题阶段,需要有深厚的理论知识以及对地理学研究热点的洞悉才能确定好选题,在项目实践阶段还是在答辩过程中都需要不断学习巩固必要的理论知识,在论文报告撰写过程中的逻辑思维锻炼可以运用于地理学科知识体系的建立中。

科研与实践创新竞赛需要团队合作的支撑。人的认知风格可主要分为场依存型和场独立型,一个团队当中的成员兴趣相同但认知风格多为不同。场依存型是指人们在加工信息过程中,倾向于依赖外在参照物或以外部环境线索为指导;场独立型则是指人们倾向于凭借内部感知线索来加工信息(杨治良,郭力平,2001)。也可以说,场依存型的学生是从宏观的视角整体地审视事物,但是也会因此忽略事物的具体细节;场独立型的学生是从微观的视角部分地认识事物,因此会更加注意事物的具体细节,团队成员的交流是不同认知风格的学生交换不同视角的观点,交流触碰思维的火花。地理学具有综合性的学科特点,综合思维是地理学科重要的核心素养,影响事物表象的因素是多样的,需要从不同的角度去思考,思考的角度越宽广越容易推陈出新。在此过程中,学生之间的相互交流也培养了当代高层次人才的合作、团结精神,导师的指导与建议也会让学生的认知层次得到进一步的提升。在科研竞赛的同台竞技阶段,和不同学科的学生交流也可能激发学生尝试地理学跨学科领域的扩展,更加有利于地理学科创新发展。

任务动机是科研与实践创新竞赛的推动力。学习动机是动机在学习上的表现,是激发个体进行学习活动,维持已引起的学习活动,并导致行为朝向一定的学习目标的一种内在过程或内部心理状态(李伯黍,燕国材,1993)。大学生学习动机在成就型动机维度上得分最高,其次是深层型动机和表层型动机(高晓雷,高蕾,2015)。教育心理学家通过研究发现,成就目标是引起个体态度和行为的重要原因,对激发动机有着重大的作用,当个体的成就目标激发出他的学习动机,动机就成了个体成就目标达成的强大力量(苏秋红,2012)。竞赛具有竞技性与挑战性,竞技性与挑战性激发了学生的成就型动机。在这样的情境下,学生会更渴望实现目标,这种渴望会驱动个人或者团队为这项重要的有价值的事情而努力,并使之达到完美状态达成愿景。竞赛使得学习目标更具有指向性,可以赋予学生自主学习的动力,学生是发展的人,是具有潜能的个体,学习动机可以激发出学生的潜能。

科研与实践创新竞赛是学生在学习动机推动下,利用自己的创造力与创造力有关的技能全身心投入的一项活动。在此过程中,大学生会更明确自己未来的研究方向,接受科研训练的地理学大学生为地理学学科注入新的活力,助力地理学学科创新发展。

地理学大学生科研创新项目竞赛只是创新活动的一种途径,其目的是促进大学生创新意识的培养,增进地理实践力。科研创新项目竞赛不应只着眼于竞赛本身,应当更重视竞赛的过程。地理学是一门实践的科学,需要用数据说话,这些数据大多来自长期的野外观测数据,因此参与科研创新竞赛需要一个长期的筹备过程,这也是地理学大学生科研创新项目竞赛组织与实施的重点。在此过程中,地理学大学生科研创新项目竞赛应当得到所在高校的大力支持,由各高校教学管理部门自上而下统筹。

筹备阶段包括三个步骤:组织团队、确定题目、寻求指导老师。有共同愿景的团队成员组成的是一个学习型组织。这个学习型组织包括五项要素:建立共同愿景、改变心智模型、团队集体学习会谈、团队系统性思考和实现自我超越,具备以上要素不仅能获得更高的组织绩效,更能提升组织的生命力(黄爱玲,宁瑞雪,2017)。因此,在建立团队时应考虑团队成员是否有共同愿景，认知风格是否可以互补，基础专业知识是否扎实，是否具有凝聚力和团体协作精神。团队建立之后应当根据自己当前的知识水平、地理学前沿问题、可操作性、实际意义、团队兴趣方向、经费预算，确定研究方向，明确研究题目，撰写项目计划书。确定题目后积极寻求相关研究方向的老师进行指导，细化项目方案，悉心听取老师建议，并与老师保持联系。在此阶段还可申报创新创业项目，立项所获经费可为项目开展提供资金保障。

实施阶段大致分为三个阶段：前期实验数据获取阶段，中期实验数据分析阶段，后期报告论文撰写阶段。实施阶段中团队成员应在指导老师的指导下多组织集体学习汇谈。实验数据获取阶段需要及时发现问题，修正错误，记录数据，根据实际情况调整项目计划。中期实验数据分析在时间允许的情况下，对实验数据进行深入挖掘，与指导老师进行交流讨论。在实施阶段应留意拍照并作为竞赛素材。后期报告论文撰写阶段应是在团队系统性思考下完成的，并预留一定时间进行竞赛报名。

上报阶段，根据竞赛要求在规定时间内准备相应材料，材料尽可能丰富翔实。通过初选后应及时与指导老师沟通，尽可能完善参赛作品。在准备答辩阶段可事先进行模拟，并精心设计答辩材料。

第二节　科研创新项目竞赛推选

一、“挑战杯”全国大学生课外学术科技作品竞赛

“挑战杯”全国大学生课外学术科技作品竞赛（简称“挑战杯”竞赛）是由中国共产主义青年团中央委员会（简称共青团中央）、中国科学技术协会（简称中国科协）、教育部、中华全国学生联合会（简称全国学联）和地方政府共同主办，国内著名大学、新闻媒体联合发起的一项具有导向性、示范性和群众性的全国竞赛活动。自 1989 年首届竞赛举办以来，“挑战杯”竞赛始终坚持“崇尚科学、追求真知、勤奋学习、锐意创新、迎接挑战”的宗旨，在促进青年创新人才成长、深化高校素质教育、推动经济社会发展等方面发挥了积极作用，在高校乃至社会上产生了广泛而良好的影响，被誉为当代大学生科技创新的“奥林匹克”盛会。

“挑战杯”竞赛已经形成了国家、省、高校三级赛制，高校以“挑战杯”竞赛为龙头，不断丰富活动内容，拓展工作载体，把创新教育纳入教育规划，使“挑战杯”竞赛成为大学生参与科技创新活动的重要平台。

竞赛的基本方式：高等学校在校学生申报自然科学类学术论文、哲学社会科学类社会调查报告和学术论文、科技发明制作三类作品参赛；聘请专家评定出具有较高学术理论水平、实际应用价值和创新意义的优秀作品，给予奖励；组织学术交流和科技成果的展览、转让活动。

（一）参赛资格与作品申报

（1）凡在举办竞赛终审决赛的当年 7 月 1 日以前正式注册的全日制非成人教育的各类高等院校在校中国籍专科生、本科生、硕士研究生和博士研究生（均不含在职研究生）

都可申报作品参赛。

(2)申报参赛的作品必须是距竞赛终审决赛当年7月1日前两年内完成的学生课外学术科技或社会实践活动成果,可分为个人作品和集体作品。申报个人作品的,申报者必须承担申报作品60%以上的研究工作,作品鉴定证书、专利证书及发表的有关作品上的署名均应为第一作者,合作者必须是学生且不得超过两人;凡作者超过三人的项目或者不超过三人,但无法区分第一作者的项目,均须申报集体作品。集体作品的作者必须均为学生。凡有合作者的个人作品或集体作品,均按学历最高的作者划分至本专科生、硕士研究生或博士研究生类进行评审。

毕业设计和课程设计(论文)、学年论文和学位论文、国际竞赛中获奖的作品、获国家级奖励成果(含本竞赛主办单位参与举办的其他全国性竞赛的获奖作品)等均不在申报范围之列。

(3)申报参赛的作品分为自然科学类学术论文、哲学社会科学类社会调查报告和学术论文、科技发明制作三大类。自然科学类学术论文作者限本专科生。哲学社会科学类社会调查报告和学术论文限定在哲学、经济、社会、法律、教育、管理六个学科内。科技发明制作类分为a、b两类:a类指科技含量较高、制作投入较大的作品;b类指投入较少,且为生产技术或社会生活带来便利的小发明、小制作等。

(4)参赛作品涉及下列内容时,必须由申报者提供有关部门的证明材料,否则不予评审:

①动植物新品种的发现或培育,须有省级以上农科部门或科研院所开具证明;

②对国家保护动植物的研究,须有省级以上林业部门开具证明,证明该项研究的过程中未产生对所研究的动植物繁衍、生长不利的影响;

③新药物的研究,须有卫生行政部门授权机构的鉴定证明;

④医疗卫生研究须通过专家鉴定,并最好附有在公开发行的专业性杂志上发表过的文章;

⑤涉及燃气用具等与人民生命财产安全有关用具的研究,须有国家相应行政部门授权机构的认定证明。

(5)参赛作品必须由两名具有高级专业技术职称的指导教师(或教研组)推荐,经本校学籍管理、教务、科研管理部门审核确认。

(6)每个学校选送参加竞赛的作品总数不得超过6件,每人限报1件,作品中研究生的作品不得超过作品总数的1/2,其中博士研究生的作品不得超过1件。参赛作品须经过本省(自治区、直辖市)组织协调委员会进行资格及形式审查和本省(自治区、直辖市)评审委员会初步评定,方可上报全国组委会办公室。各省(自治区、直辖市)选送全国竞赛的作品数额由主办单位统一确定。每所发起学校可直接报送3件作品(含在6件作品之中)参加全国竞赛。

(二)奖励

(1)全国评审委员会对各省级组织协调委员会和发起高校报送的参赛作品进行预审,评出80%左右的参赛作品进入终审决赛。参赛的自然科学类学术论文、哲学社会科学类社会调查报告和学术论文、科技发明制作三类作品各设特等奖、一等奖、二等奖、三等奖。各等次奖分别约占进入终审决赛各类作品总数的3%、8%、24%和65%。本专科生、硕士研究生、博士研究生三个学历层次作者的作品获奖数与其进入终审决赛作品数成正比例。科技发明制作类中 a 类和 b 类作品分别按上述比例设奖。

(2)参加全国终审决赛的作品,确认资格有效的,由全国组织委员会向作者颁发证书,并视情况颁发相应的奖金。参加各省(自治区、直辖市)预赛的作品,确认资格有效而又未进入全国竞赛的,由各省(自治区、直辖市)组织协调委员会向作者颁发证书。

(3)竞赛以学校为单位计算参赛得分,团体总分按名次排列,按位次公布。最高荣誉"挑战杯"为流动杯,授予团体总分第 1 名的学校;设"优胜杯"若干,分别授予团体总分第 2 名至第 21 名的学校。累计三次捧得"挑战杯"的学校,可永久保存复制的"挑战杯"一座。

(4)各等次奖计分方法如下:特等奖作品每件计 100 分,一等奖作品每件计 70 分,二等奖作品每件计 40 分,三等奖作品每件计 20 分,上报至全国组委会但未通过预审的作品每件计 10 分。如遇总积分相等,则以获特等奖的个数决定同一名次内的排序,以此类推至三等奖。

(5)竞赛设 10 个左右省级优秀组织奖和进入终审决赛高校数 30% 左右的高校优秀组织奖,奖励在竞赛组织工作中表现突出的省份和高校。省级优秀组织奖由主办单位根据《优秀组织奖评选办法》评定,报全国组织委员会确认。高校优秀组织奖由各省(自治区、直辖市)组织协调委员会参照《优秀组织奖评选办法》提名,主办单位确定后报全国组织委员会确认。

(6)在符合竞赛宗旨、具有良好导向作用的前提下,可联合社会有关方面设立、评选专项奖。专项奖不计分。

"挑战杯"官方网站界面见图 5-1。

图 5-1 "挑战杯"官方网站界面

二、“创青春”大学生创业计划竞赛

2013 年 11 月 8 日，习近平总书记向 2013 年全球创业周中国站活动组委会专门致贺信，特别强调了青年学生在创新创业中的重要作用，并指出全社会都应当重视和支持青年创新创业。党的十八届三中全会对“健全促进就业创业体制机制”做出了专门部署，指出了明确方向。为贯彻落实习近平总书记系列重要讲话和党中央有关指示精神，适应大学生创业发展的形势需要，在原有“挑战杯”全国大学生课外学术科技作品竞赛的基础上，共青团中央、教育部、人力资源和社会保障部、中国科协、全国学联决定，自 2014 年起共同组织开展“创青春”全国大学生创业大赛，每两年举办一次。

大赛内容如下：

(1)2014 年大赛下设 3 项主体赛事：大学生创业计划竞赛、创业实践挑战赛、公益创业赛。

其中，大学生创业计划竞赛面向高等学校在校学生，以商业计划书评审、现场答辩等作为参赛项目的主要评价内容。

创业实践挑战赛面向高等学校在校学生或毕业未满 5 年的高校毕业生，且已投入实际创业 3 个月以上，以经营状况、发展前景等作为参赛项目的主要评价内容。

公益创业赛面向高等学校在校学生，以创办非盈利性质社会组织的计划和实践等作为参赛项目的主要评价内容。

以上 3 项主体赛事需通过组织省级预赛或评审后进行选拔报送。有关具体安排将另行通过书面通知、官方网站等形式和渠道进行公布。

(2)大赛将在符合大赛宗旨、具有良好导向的前提下，设立 MBA、移动互联网创业等专项赛，组织执行机构另设，奖项单独设立。

其中，MBA 专项赛：①组织形式：由赛事承办方会同部分高校发起，组织和邀请国内设有 MBA 专业的各高校参加。②参赛对象：就读于 MBA 专业的在校学生。③参赛形式：通过申报创业项目计划书(是否已投入创业及创业领域不限，申报不区分具体组别)参加该项赛事。④参赛名额：每所高校只能组成 1 支团队参赛。⑤赛事组织开展时间：2014 年 3 月启动，9 月进行决赛。

移动互联网创业专项赛：①组织形式：由赛事承办方直接面向国内各高校开展。②参赛对象：高校在校学生。③参赛形式：通过提交基于移动互联网领域的创业项目计划书(是否已投入创业不限，鼓励申报已创立小微企业、科技企业的项目，申报不区分具体组别)或 APP 应用程序等移动互联网作品说明书参赛。④参赛名额：每所高校最多可申报 3 项。⑤赛事组织开展时间：2014 年 3 月启动，9 月进行决赛。

“创青春”官方网站界面见图 5-2。

三、全国大学生节能减排社会实践与科技竞赛

全国大学生节能减排社会实践与科技竞赛是由教育部高等教育司主办、唯一由高等教育司办公室主抓的全国大学生学科竞赛，为教育部确定的全国十大大学生学科竞赛之一，也是全国高校影响力最大的大学生科创竞赛之一(黄爱玲，宁瑞雪，2017)。

图 5-2 “创青春”官方网站界面

该竞赛充分体现了“节能减排、绿色能源”的主题，紧密围绕国家能源与环境政策，紧密结合国家重大需求，在教育部的直接领导和广大高校的积极协作下，起点高、规模大、精品多、覆盖面广，是一项具有导向性、示范性和群众性的全国大学生竞赛，得到了各省教育厅、各高校的高度重视。

竞赛作品分为“社会实践调查”和“科技制作”两类，倡导大学生深入社会调查，发现国家重大需求，启发创新思维，形成发明专利。将人文素养融合到科学知识技能之中，使学以致用不仅体现于头脑风暴，而且展现在精巧创造。竞赛吸引了大陆 250 多所高校、港澳台以及部分海内外高校，已经形成了“百所高校，千件作品，万人参赛”的国际性规模。

（一）参赛资格和作品申报

（1）参赛学校为普通高等院校。参赛队员应为在竞赛报名起始日前正式注册的全日制非成人教育的高等院校在校中国籍专科生、本科生、研究生（不含在职研究生）。

（2）申报参赛的作品以小组申报，每个小组不超过 7 人。

（二）奖励

（1）节能减排竞赛设立等级奖、单项奖和优秀组织奖三类奖项。

（2）等级奖设特等奖（可空缺）、一等奖、二等奖、三等奖和优秀奖。获奖比例由竞赛委员会根据参赛规模的实际情况确定。

（3）单项奖由专家委员会提出设立，报竞赛委员会批准。

（4）优秀组织奖，由竞赛委员会对竞赛组织中表现突出的单位进行表彰。

（5）对参赛获奖的学生和单位，给予不同形式奖励。

大学生节能减排大赛官方网站界面见图 5-3。

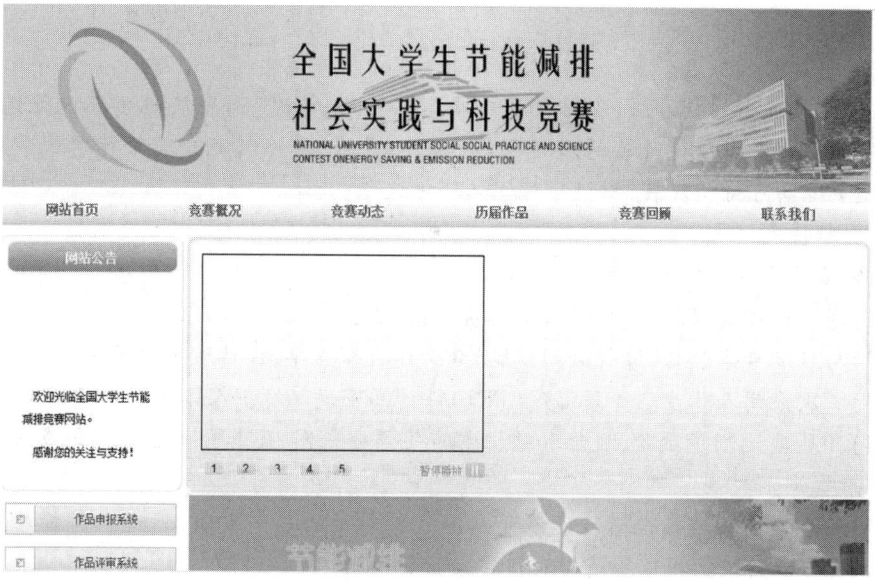

图 5-3　大学生节能减排大赛官方网站界面

第三节　科研创新项目竞赛优秀作品展示

“高密度都市环境气候图”评估与应用系统

来源：第十一届“挑战杯”国赛作品

小类：社会

大类：哲学社会科学类社会调查报告和学术论文

简介：目前国内外政府都在积极应对全球气候变化议题和建造生态可持续城市；我国正在经历快速城镇化发展，受人口因素影响，高密度城市将会是未来大中型城市发展的主要模式。随着公众环境意识的提高，如何在城市层面上应对气候变化，将气候学、环境学和生态学最新的研究成果应用到实际城市规划与管理当中，从而提高城市人居环境舒适度，同时降低能耗，这些都是当前我国城镇化发展中急需解决的难题。“高密度都市环境气候图”评估与应用系统应运而生。最初“都市环境气候图”由德国研究者在 20 世纪 70 年代创立，现在世界上已有 15 个国家开展了此方面的研究。我们来自香港中文大学建筑学院学生研究团体，针对高密度城市结构特点，结合气候、环境和城市规划信息，开展电脑模拟和现场试验，以人体生理等效温度（PET）作为指数在地理信息系统中创建数据分析平台，并绘制“高密度都市环境气候图”，发现问题区域，最终制定有针对性的生态可持续规划建议。值得注意的是，该评估与应用系统的建立，为各级政府及社会各界提供信息咨询、管理决策和制定政策措施提供科学的有力依据，指导未来中国城市应对气候变化，迈向生态发展。中国城市化发展充满机遇与挑战，让我们为下一代创造美好明天！

详细介绍:

1. 发明目的

改革传统城市规划方法,应用城市气候环境信息,构建"高密度都市环境气候图"评估与应用系统,发现亟待改善的城市问题和敏感区域,最终制定合理可行的城市规划建议,使城市迈向可持续发展,积极应对气候暖化议题。

2. 创新特色

研究项目主要有五大创新之处:

(1)通过电脑建模和模拟,对城市热负荷情况进行评估。

(2)与日本专家合作,进行风洞试验,分析建筑覆盖率,评估城市通风环境。

(3)首次采用人体生理等效温度(PET)评估高密度环境下人体热舒适度情况。

(4)开展实地测量试验,校准和验证都市气候分析图,使其分类更真实地反映城市气候环境的差异。

(5)开展生态可持续性环境设计并制定有针对性的规划策略,通过电脑模拟对比设计前与设计后的情况,推广所获得的研究经验。

3. 发明的先进性

(1)吸纳最新的科学研究成果和研究经验,用以绘制都市环境气候图。

(2)制定策略性可持续发展规划建议,指导未来生态发展,提升城市居民生活品质。

(3)通过开展跨领域、跨国界的合作研究,构建国际信息交流平台,使中国未来城市发展积极应对全球气候暖化议题。

4. 发明的应用价值

(1)城市气候学和环境学上的意义:将气象学和环境学的最新研究成果联系实际的城市生活,实现了跨学科、跨国界的研究成果交流和融合,积极应对气候暖化议题。

(2)城市规划学上的意义:综合分析气象、土地利用和地理地貌等因素,形成系统的基础信息层,并给予定量和定性评价,构建"高密度都市环境气候图"评估与应用系统,制定有针对性的生态可持续城市规划建议,改善城市形态。

(3)社会效应:通过构建信息交流平台,突出以人为本和可操作的原则,为各级政府及社会各界对有关城市人居环境生态规划的信息咨询、管理决策和政策措施提供科学客观的有力依据。

(4)推广前景及应用价值:研究结果将有助于现在中国200多个大中型高密度城市实施生态可持续发展。目前我们还和来自荷兰、新加坡、台湾、澳门和中国内地的研究者开展其他城市气候环境图的相关研究。

推荐者评语:该项作品选题新颖,具有探索性,在高密度城市气候应用领域位于国际前列。该项目作品的成果集合了多学科的交融和跨国界的交流。该项目不仅注重科学研究,更注重应用,具有深远的社会效应和推广意义。该研究成果与经验值得在我国大中型城市发展中推广与应用,真正使未来中国的城镇化发展迈向生态可持续化的进程,切实提高人民生活环境的品质。

奖励:任超、陈亮、安西坡、姚鑫波、罗佩玲(2009),环境气候信息在高密度城市规划中的应用——香港地区探索性研究,香港中文大学校长杯学生创新比赛研究生团体组第二名。

作品概念模型见图5-4、图5-5。

图5-4　作品概念模型1

图5-5　作品概念模型2

喀斯特地区山地农业资源地理信息系统(GIS)开发

来源:第十一届“挑战杯”国赛作品

小类:数理

大类:科技发明制作A类

简介:该系统以“3S”技术为开发平台,以喀斯特地区山地农业资源为研究对象,综合应用ERDAS IMAGINE 9.1、ArcGIS 9.2等软件建立农业资源空间数据库,实现了喀斯特地区山地农业资源空间要素多因子分析、叠加分析等功能,克服了过去喀斯特地区山地农业资源进行多因子分析费时和质量不理想等问题,在一定程度上提高了山地农业资源信息的利用率。

详细介绍:山地农业资源信息系统是在当今数字化、信息化革命的历史背景下,积极推进数字化进程的前沿性工作,主要侧重于综合运用卫星遥感(RS)、地理信息系统(GIS)、全球卫星定位系统(GPS)、互联网及仿真与虚拟技术等现代信息技术,对山地农业资源进行理论与实践应用研究,为地学的发展开辟了更加广阔的空间和良好的前景。当前,农业资源分析主要存在两个方面的特点:一是定性评价多于定量评价;二是尽管国内一些部门把现代信息技术作为辅助手段引入农业资源分析中,但使用情况还在起步阶段,往往只用在一些单因子的分析方面,定量分析还不够,没有真正实现操作方便快捷和综合量化评价的目的。基于这样的现状,课题组以“3S”技术为开发平台,以喀斯特地区山地农业资源为研究对象,综合应用ERDAS IMAGINE 9.1、ArcGIS 9.2等软件建立农业资源空间数据库,并结合面向对象的程序设计方法设计开发Windows风格的用户界面,实现了系统的集成,完成喀斯特地区山地农业资源信息系统开发,实现了喀斯特地区山地农业资源空间要素多因子分析、叠加分析等功能,克服了过去喀斯特地区山地农业资源进行多因子分析费时和质量不理想等问题,在一定程度上提高了山地农业资源信息的利用率,为建立高质量山地农业资源信息系统和空间科学的理论与实践应用研究提供了重要参考。

作品专业信息：

1. 设计发明目的和基本思路

针对目前喀斯特地区山地农业资源多因子分析困难，以及传统方法进行分析费时与质量效率不理想的问题，以山地农业资源为研究对象，在“3S”技术支持下实现山地农业资源信息系统开发与建立。

2. 创新点

(1)结合喀斯特地区山地农业资源多因子分析的要求，确定需要分析的气候、土壤、地质、地形、地貌等因子，利用系统的农业资源分析功能，辅助专业技术人员，通过分析得到喀斯特地区适宜性因子，在一定程度上提高了山地农业资源信息的利用率。

(2)综合应用 ERDAS IMAGINE 9.1、ArcGIS 9.2 等软件在地形图采集的等高线与遥感影像图建立数字高程模型(DEM)。

3. 技术关键和主要技术指标

系统以地理信息系统(GIS)为平台、以喀斯特地区山地农业资源为研究对象，在“3S”技术支持下以1:50 000 土地利用现状图、地形图和相关的基础信息数据为基础，建立多专题空间数据库，进行 GIS 二次开发，结合分辨率较高的卫星遥感影像，建立县、乡、村分级管理的智能化、高精确度、动态更新的山地农业资源信息系统，实现了以下功能：

(1)实现海量图形、属性数据的统一综合管理，以及图形和属性之间的互访、显示和输出。

(2)对农业资源信息进行定量统计与分析，并以报表或图形的方式显示与输出；提供对点、线、面进行标注以及色彩调整。

(3)实现了基本的三维图形浏览和三维模拟飞行演示。

(4)系统界面友好美观，操作方便，实用性强。

4. 科学性、先进性

(1)该系统是在地理空间基础数据库的支撑下，通过对现有信息资源的整合，对现有信息资源按一定的标准格式进行信息输入、存储、分析处理、查询检索和综合应用的系统。系统在 Microsoft Visual Studio 2005 可视化开发语言环境下，利用组件式开发技术实现相关功能，实现了对空间数据和属性数据的一体化管理。

(2)与传统的农业资源地理信息系统相比，本系统是基于用户需求，按照农业资源区划的要求，确定气候、土壤、地质、地形、地貌等因子，通过多因子分析得到喀斯特地区适宜性因子，并将符合条件的数据记入数据库，最终以电子表格和图斑的形式向用户提供分析结果和符合条件因子的面积统计数。分析结果可以更充分、更准确地获取喀斯特地区山地农业资源的数量和质量的变化规律，以及获取影响喀斯特地区山地农业资源各因子的特点和动态变化规律；综合应用 ERDAS IMAGINE 9.1、ArcGIS 9.2 等软件将等高线与遥感影像图生成的数字高程模型(DEM)，可以更加直观、准确地了解地理信息，在空间上进行定位。

5. 获奖情况及鉴定结果

该作品荣获第十一届“挑战杯”全国大学生课外学术科技作品竞赛贵州省终审决赛科技发明制作类作品二等奖；相关文章“基于 ArcObjects 的山地农业资源 GIS 二次开发与

实现”,已被贵州科技出版社出版的《现代地理科学与贵州社会经济》录用,并于2009年3月正式出版。

6. 同类课题研究水平概述

在国外,地理信息系统(GIS)技术已经成为农业资源数据管理的主要手段,主要应用在国家级宏观农业资源信息管理和面向农业的微观农业资源信息分析两个方面。GIS在我国农业资源信息领域应用始于20世纪80年代中期,从国土资源的管理到农业资源的综合应用,取得了试验性的成果。20世纪90年代以来,GIS在农业领域的研究应用不断扩展,显示了GIS在农业资源领域的良好应用前景。近年来,在国内外已经开展了广泛的研究:姚圆等利用网格技术在山地资源信息系统中进行了简单的应用;焦险峰等利用GIS方法对县级农业资源管理信息系统的建设进行了应用、分析;吕家恪等利用GIS方法对县域农业资源信息共享系统进行了研究;肖海等利用ArcGIS Engine对农业资源信息管理系统进行开发与研究。山地农业资源信息系统是在当今数字化、信息化革命的历史性背景下,积极推进数字化进程的前沿性工作,侧重于运用现代信息技术,包括遥感、遥测、数据库和信息系统、宽带网及仿真与虚拟技术的综合,集理论研究与实践应用为一体,为地学的发展开辟了更加广阔的空间和良好的前景。建立山地农业资源信息系统,对农业资源生态环境状况进行中长期的跟踪监测,适时为宏观决策部门提供决策信息,是必须要进一步加强的重要环节。然而,由于传统的调查监测技术手段落后,精度低,误差大,难以实现及时、精确的调查和监测,从而影响到政府决策的及时性和准确性。为此,应用“3S”系统针对目前喀斯特地区山地农业资源利用传统的方法进行分析费时及质量效率不理想的问题,以山地农业资源为研究对象,在“3S”技术支持下实现山地农业资源信息系统开发与建立,为核心的空间信息科学建立高质量山地农业资源信息系统,对理论研究和实践应用都具有重要的持续发展战略意义。

喀斯特石漠化地区生态农业与社区旅游系统耦合研究——以清镇羊昌洞为例

来源:第十一届“挑战杯”国赛作品

小类:经济

大类:哲学社会科学类社会调查报告和学术论文

简介:文章立足于解决中国南方喀斯特地区由于人类不合理生产活动所引起的石漠化这一严重生态问题,以探索喀斯特石漠化地区生态效益、经济效益、社会效益“三高”区域经济模式的途径和方法为目的,以生态经济学原理和系统理论为指导,借鉴“系统耦合”在干旱区、耕牧交错地带及环境污染破坏地区的应用实践,将生态建设投资与经济建设投资相结合,构建喀斯特石漠化地区生态农业与社区旅游耦合系统。并以贵州省清镇市羊昌洞石漠化治理示范区为典型,论述该区石漠化治理—生态农业—社区旅游之间的相互关系及系统耦合的机制和前景。

详细介绍:为探索喀斯特石漠化地区生态效益、经济效益、社会效益“三高”区域经济模式的途径和方法,文章结合生态经济学原理和系统理论,把系统耦合理论运用到喀斯特石漠化地区的生态经济系统中,将生态系统与经济系统的投资相结合,提高生态系统的产出能力,使该系统具有最优生态功能的同时,也具有较高的经济生产功能。在文章中,以石漠化治理示范区羊昌洞社区为典型,理论与实践相结合,论证了喀斯特石漠化生态系统在人工积极干预下与经济系统耦合的三个层次及耦合机制和途径,并重点分析了系统耦合的第二个层次——生态农业与社区旅游系统耦合(产业间系统耦合)。文章还充分借鉴了"系统耦合"在干旱区、耕牧交错地带及环境污染破坏地区的应用实践,以石漠化治理为切入点,投资生态建设与经济建设相结合,建设喀斯特石漠化地区的生态农业,并开展以观光农业、生态旅游为核心的社区旅游,使生态系统和经济系统有机耦合。研究结果表明:系统耦合对喀斯特石漠化地区的环境治理、社区居民增收、成果巩固上有积极的循环效应。

作品专业信息:

1.撰写目的

(1)为喀斯特石漠化地区生态经济协调发展探索一种途径和方法,为同类地区社区旅游实践提供理论依据。

(2)发展石漠化地区社区旅游,巩固生态恢复成果,提高社区居民收入,促进区域经济发展。

基本思路:本文以石漠化治理示范区羊昌洞社区为研究典型,结合生态经济学原理和系统理论,研究在人工积极干预下喀斯特石漠化生态经济系统耦合的途径和机制,并重点研究生态农业与社区旅游系统耦合。

2.科学性、先进性及独特之处

(1)把石漠化治理与农村经济发展相结合,生态建设与经济建设相结合。

(2)把社区旅游开发纳入石漠化治理工程,加强和巩固石漠化治理成果,提高居民收入。为实现喀斯特石漠化地区生态效益、经济效益、社会效益"三高"的区域经济模式探索一种途径和方法。

(3)用实践研究石漠化治理—生态农业—社区旅游之间的相互耦合关系,在以后长期的工作中不断总结经验,提高系统耦合度。

3.应用价值和现实意义

(1)实际应用价值:在喀斯特石漠化地区运用系统耦合理论来发展社区旅游,能提高自然资源利用率,增加环境治理的附加值,提高居民收入,为该区生态经济协调发展提供一种途径和方法。

(2)现实指导意义:以石漠化治理为切入点,建设生态农业,产生旅游景观,开展以观光农业、生态旅游为核心的社区旅游,使生态系统和经济系统有机耦合。这在区位条件好或有石漠化治理基础和其他资源配套的地区进行研究尤为必要。

4.作品摘要

脆弱的喀斯特石漠化生态系统是制约该区社会经济发展的瓶颈,为加强和巩固石漠化治理成果,需要考虑生态系统与经济系统相互有效耦合的问题。本文以清镇石漠化治理示范区羊昌洞社区为例,结合生态经济学原理和系统理论,研究在人工积极干预下,喀斯特石漠化生态经济系统耦合的途径和机制,并通过居民意愿、市场潜力调查,分析生态农业与社区旅游系统耦合的前景。研究表明,资源、环境、资金、技术的有效耦合,社区居民的积极态度和行为，可以产生更大的系统功能，从而稳定整个喀斯特系统的良性循环，并达到最优的产出水平。本研究为石漠化地区生态经济协调发展提供了一种方法和途径，对同类地区具有借鉴意义。

5. 获奖情况及评定结果

该作品在2009年第十一届"挑战杯"全国大学生课外学术科技作品竞赛贵州省终审决赛中获哲学社会科学类社会调查报告和学术论文二等奖。

6. 调查方式

调查方式包括走访、问卷、现场采访、个别交谈、亲临实践、会议、图片、照片、书报刊物、统计报表、文件等。

7. 同类课题研究水平概述

系统耦合原本是物理学的名词，20世纪90年代，学术界开始将系统耦合理论运用到农学、生物学与地理学等学科进行研究。任继周于1994年在生态学领域首次提出了系统耦合的概念，继而，生态系统耦合的概念、作用、机制和生态经济系统中的某个子系统内部耦合等得到广泛探讨。系统耦合在生态领域的应用研究主要有三个方面。首先认为西北干旱区山地—绿洲—荒漠三个自然生态子系统（MODS）存在耦合关系。水资源及水文循环的时空动态变化成为（MODS）耦合的途径。其次是研究农牧交错地带生态系统与经济系统的耦合关系。这种耦合关系通过物流和能流将自然生态子系统与经济子系统有机联结起来，使生态系统的反馈机制与经济系统的反馈机制耦合为一个机制。最后是生态环境系统与社会经济系统耦合研究，目前主要研究以环境污染控制为耦合途径的系统耦合。近年来，关于石漠化治理的研究有了一定的成果，很多专家在实践研究的基础上，结合实际，提出了一定的设想：但文红（1999）指出具有脆弱性的裸露型喀斯特山地峡谷环境，发展耕作农业受到水土流失和自然生态环境恶化的严重遏制，探讨和建立具有喀斯特峡谷特色的农业可持续发展模式。颜廷武（2002）认为要坚持生态开发与喀斯特山区扶贫相结合，发展生态旅游农业。苏维词（2004）指出喀斯特山区生态旅游资源丰富奇特，应重点优先发展生态旅游及相关服务业等来优化调整喀斯特山区的产业结构；熊康宁等（2005）在对贵州花江石漠化治理中，认为贵州喀斯特生态环境类型多样，特殊的地理环境造就了独特的生态文化艺术，旅游资源丰厚，具有发展生态产业和多种经营的优势条件，并且在花江开展了社区发展与石漠化综合防治的公众参与实践。不断的石漠化治理实践表明：为防止生态经济系统的进一步失衡，还需要根据特殊的水文地质作用、资源（水、土壤、植被）的空间分布、组合情况，以及经济区位的优势，进行人工诱导，产生新的系统耦合，使喀斯特生态经济良性循环。目前还需要在研究的基础上进一步的探索：①如何把具有视觉冲击力的环境破坏景观有效利用成具有旅游价值的旅游资源。②如何将农业、旅游这两种基于个人的经济社会活动与石漠化治理这种公众性集体行为结合统一。③设计一套参与者能有效经营管理生态农业旅游的利益分配管理模式体系。

基于马尔可夫链模型在灾害性凝冻天气预测的应用

来源:第十二届“挑战杯”作品

小类:数理

大类:自然科学类学术论文

简介:立足灾害性,建立考察指标,修正指标,建立马尔可夫链模型,对中长期灾害性凝冻天气进行预测。基于遍历性,计算各个状态重现期,给出长期应对灾害性凝冻天气的建议。

详细介绍:本文立足于“灾害性”,建立年凝冻最长持续天数的考察指标,基于数理统计“期望”思想,用韦布尔分布修正考察指标;通过计算指标序列的自相关系数,知道年凝冻最长持续天数序列是一列相依的随机变量,经检验,序列满足“马氏性”之后,计算各阶自相关系数(各种步长),各阶自相关系数刻画不同滞时期至下年凝冻最长持续天数间的相关关系及其相关性的强弱。因而,可考虑分别以该年之前的若干年的年凝冻最长持续天数对该年凝冻最长持续天数状况进行预测,再按之前若干年与预测年的相关关系强弱加权求和,即达到充分、合理利用信息进行预测的目的,这就是加权马尔可夫链预测的基本思想;最后在此基础上通过考察马尔可夫的极限分布,计算各个状态的重现期,基于此给相关部门在预防灾害性凝冻天气和减少灾害性凝冻天气带来的损失提供参考意见。具体步骤:第一步,建立考察指标——年凝冻最长持续天数;第二步,建立马尔可夫链,进行初步预测;第三步,基于期望的思想,用韦布尔分布修正指标;第四步,对序列进行马氏性检验;第五步,建立加权马尔可夫链预测模型,实例检验模型的预测状态是否符合实测状态;第六步,在此基础上,运用模糊集理论特征值作为指标值的预测值;第七步,对2009~2010年指标值的状态及值进行预测;第八步,运用马尔可夫极限分布,指出今后防凝冻工作的重点。

作品专业信息:

1.撰写目的

提供一种中长期预测灾害性凝冻持续天数的方法,基于此,给出应对凝冻天气的建议。基本思路:立足于灾害性,建立凝冻最长持续天数的考察指标,用韦布尔分布修正考察指标,经检验,序列满足“马氏性”之后,计算各阶自相关系数(各种步长),建立加权马尔可夫链,最后在此基础上通过考察马尔可夫的极限分布,计算各个状态的重现期,给出应对长期灾害性凝冻天气建议。

2.科学性、先进性及独特之处

(1)提高中长期灾害性凝冻天气预测精度。

(2)模型中未引进任何变量,避免由随机扰动带来的预测精度下降。

(3)首次将加权马尔可夫链应用于灾害性凝冻天气的预报,拓宽了加权马尔可夫链应用范围。

(4)基于“期望可以有效覆盖风险”的思想,首次提出用韦布尔分布修正参考指标,更加适用于异常年份灾害性凝冻天气的预测。

(5)基于模糊集理论,给出相应区间的凝冻持续天数参考值,使得预测值更加有使用价值。

3. 应用价值和现实意义

(1)提高中长期灾害性凝冻天气的预报精度,更有利于指导城市及乡村基础项目建设的防灾害性凝冻天气的工作。

(2)指导农业提前做好防凝冻工作,减少农业因灾害性凝冻天气带来的减产损失。

(3)为灾害性凝冻天气提供新方法、新思路。

(4)经适当推广可运用到其他方面,如某些行业需保障机器的正常运转,预测机器正常运转时间;风险管理中,需要管理未来最大损失,通过此模型的推广应用可以达到目的等。

4. 学术论文摘要

根据 1969 ~ 2007 年 1 ~ 2 月的历史各年凝冻记录资料,建立年凝冻最长持续天数作为灾害性凝冻的考察指标,在此基础上利用韦布尔分布修正考察指标,采用均值—标准差分级法划分了马尔可夫状态空间,规范各阶自相关系数为权,建立加权的马尔可夫预测模型,并对贵阳市 2006 ~ 2007 年凝冻最长持续天数进行了预测,实例验证结果令人满意,结果表明,2006 ~ 2007 年改进马尔可夫模型对年灾害……

5. 同类课题研究水平概述

(1)国内外马尔可夫链的天气预报研究水平,随着学术水平的不断深入研究,马尔可夫链模型应用深入各方各面,特别是近年来国内外有很多学者推崇使用马尔可夫链模型对进行过预测,并首次提出了加权马尔可夫链在降水量的预报的应用,接着学者分别用加权马尔可夫链模型对降水量进行了预测,并采取了有序聚类的划分方法对降水量的状态进行划分,避免了对降水量划分时受到的主观影响,但是对降水量状态的模糊性没有做充足考虑,利用马尔可夫链在这方面做的功夫比较深,利用模糊集原理,对降水量状况进行模糊划分,可以说马尔可夫在降水量的应用已经日趋成熟,但这些都是对降水量预测的应用。本文由于本人接受的信息有限再无找到马尔可夫链在预测灾害性凝冻天气预报的应用,故参考前人研究降水量的方法基础上,基于灾害性,建立考察指标——年凝冻最长持续天数,采用期望思想,首次用韦布尔分布修正指标值,建立加权马尔可夫预测模型,实例验证结果令人满意。

(2)国内外在灾害性凝冻天气预报的研究水平。国内在 2008 年以前,关于灾害性凝冻天气预报研究只处于利用数值预测天气状况的阶段,通过分析 12 月至翌年 2 月 850 hPa 冷舌的气象图,得出低温可作为凝冻预报指标;得出数值预报时在不同的气象条件下,预报时应结合不同指标;则利用数值方法进行凝冻天气的预报,其预报结果精度并不太理想;采用新的方法计算凝冻等级数,在此基础上考虑气象条件进行预测。综上,上述采用的方法基于气象条件来预报凝冻天气持续天数,其方法复杂,离不开气象条件约束,关键一点摆脱不了数值方法在中长期天气预测中精度不够高的缺点。在 2008 年后,陆续出现了新的方法,如将支持向量机运用到凝冻天气的预测上,虽然文章摆脱气象图,可以通过考察历史气象资料,寻找统计规律预测将来值,但考察的指标涉及的因素过多,难以区分每一个因素在模型中所起到的作用,亦即有的因素引入时,虽然模型在某些段时间修正了模型的预测值达到预测精度要求,但同时伴随着随机扰动,给模型带来了不容忽略的不确定性。

参考文献

[1] 张冰融,宋雪.大学生科研创新能力培养的探索与实践[J].现代教育管理,2014(6):71-75.

[2] 蔡运龙.高校地理教学中的“创新方法”[J].中国大学教学,2009(9):8-13.

[3] 金蕾.课外学术科技活动背景下培养大学生科研创新能力培养[D].苏州:苏州大学,2014:6-10.

[4] 杨治良,郭力平.认知风格的研究进展[J].心理科学,2001(3):326-329.

[5] 李伯黍,燕国材.教育心理学[M].武汉:华中师范大学出版社,1993:136-145.

[6] 高晓雷,高蕾.大学生学习动机、学习策略、学习投入特点及年级差异[J].中国健康心理学杂志,2015,23(2):274-277.

[7] 黄爱玲,宁瑞雪.共享心智模型视野下的大学生挑战杯团队建设[J].宁波大学学报(教育科学版),2017(7):71-76.

第六章　大学生科研与实践创新项目申报

项目申报书的内容要求具有科学性、规范性和逻辑性，但是对于本科生而言，他们对项目的理解较少，在撰写项目申报书的过程中会遇到各种各样的问题。本章着重介绍大学生科研项目的相关基础知识及项目申报书中各部分内容的写法和要求，通过对项目申报书各部分对应内容剖析，让学生更清楚各部分内容要求，从而写出质量较高的项目申报书，增加项目立项的可能性。

第一节　科研与实践创新项目

一、大学生科研与实践创新申报基础知识

大学生科研与实践创新项目是以《国家大学生创新性实验计划指南》（教高厅函〔2007〕20号）作为思想指导，以大学生为主体进行的科研项目训练。实践创新指在传统思维的基础上运用各种技法进行创新，科研是实现实践创新的方法之一。实践创新强调以兴趣作为驱动力、以学生自主实验、研究重在过程作为实行原则；通过改革教学方法，推广研究性教学模式和培养个性化学生的培养方式，调动学生的主体性、积极性和创造性；目的在于培养学生的团队协作能力、自主实践能力以及创新能力（李勇军等，2014；张友琴，2011）。现我国已有关于实践创新的项目包括“国家大学生创新创业训练计划项目”“中国互联网+大学生创新创业大赛”和“挑战杯”等。

二、项目类型（以大学生创新创业训练计划为例）

大学生创新创业训练计划项目类型包括创新训练项目、创业训练项目和创业实践项目三类：

（1）创新训练项目指以问题和课题为核心、以项目为载体、以学生为主体的创新性实验。创新训练项目强调创新，包括理论创新、实验方法创新、研究区创新等。注重研究过程，调动学生的主动性、积极性和创造性，使学生在本科阶段得到创新性科学研究的锻炼。项目以本科生个人或团队的形式展开，在导师指导下，自主完成创新性研究项目设计、研究条件准备和项目实施、研究报告撰写及成果（学术）交流等工作。

（2）创业训练项目指以实际或模拟的商业活动为载体，培养本科生的创业精神和创业能力。创业训练项目强调创业性，创业是创业者对自己拥有的资源或通过努力对能够拥有的资源进行优化整合，从而创造出更大的经济价值或社会价值的过程。大学生创业训练项目以本科生组合团队的形式展开，学生在相关导师的指导下，使团队中每个学生在项目实施过程中正确扮演一个或多个具体角色，分别完成编制商业计划书、开展可行性研究、模拟企业运行、参加企业实践、撰写创业报告等工作。

(3)创业实践项目属于创新训练项目或创业训练项目的实践工作，是由本科生团队，在学校导师和企业导师的共同指导下，采用前期创新训练项目或创业训练项目的理论成果，提出一项具有市场前景的创新性产品或者服务，并以此为基础开展创业实践活动。

三、大学生科研与实践创新项目申报流程

大学生参与科研与实践创新项目申报主要通过学院与学校将项目申报书递交给省级组委会，通过学院初审、学校相关部门重审后再递交给省级，最后获得项目立项资格。

（一）递交项目申报书

申请人根据自身的基础知识、专业素养、兴趣以及所拥有的设备条件等，通过对自身已有想法进行罗列、归纳。设计相关的切实可行、具有创新意义的项目选题，确定项目名称并填写项目申报书中相对应的内容，填写完毕后向学院递交项目申报书。

（二）学院初审

申请人将项目申报书递交给所在学院之后，学院组织相关的评审专家对学生递交的项目申报书进行评审，初审结束后，学院相关负责人需将初审结果连同申请人项目申报书递交至学校相关部门进行重审。

（三）学校重审

申请人所在学校组织与申请人学科相应专家针对各学院上报的项目进行评审，评审后确定拟立项项目，并根据上级文件要求，将符合标准的项目申报书等报送省教育厅，由省教育厅确定立项名单后进行公布，则项目申报完成。

第二节　科研与实践创新项目申报书撰写

一、项目申报书撰写前的准备

（一）选题

学生进行项目研究选题时，需考虑该课题是否具有创新性和重要性。选择课题属于重要学科领域的前沿课题还是重要学科领域的跟风课题；或者申请者仅是因为一时兴起而选择自娱自乐课题；该项目研究对于认识自然科学现象、推进本学科的发展是否有重要意义，它对于满足社会需求是否有什么潜在的应用价值（马臻，2017）。

学生拟定项目课题可不需考虑自身学科专业，根据自身兴趣在固定范围内自主选题。选题内容包括开放实验室、实训或实习基地中的综合性、设计性、创新性实验与训练项目；发明、创作、设计等制作项目；结合科技创新的一切有待于创业实践的项目；专业性研究及创新项目，创业计划与职业规划创新项目；社会调查项目；其他有研究与实践价值的项目等。学生还可自行联系指导教师，选择与自己感兴趣的课题相对口的教师，教师可能会将自己所拥有的科研与技术开发课题中的子项目交给学生。

（二）选题的基本要求

(1)科学性。选择题目时必须注意所选题目是否具有科学性和科学价值，运用科学理论是否可以解决相关问题，若不能解决相关问题的选题不可选择，会给审核项目申请书

的负责人造成学生未掌握相关知识的感觉，继而降低项目立项的概率。

(2)创新性。选择题目时注意避免重复研究，创新有两种方式：一为原始性的创新，表明还没有人进行过相关研究；二为改进性的创新，表明在别人研究过的的基础上进行方法、地区、内容的改进或更精准的研究内容等。例如，对于土壤水的影响因子的研究，有的人研究植被覆盖率对土壤水的研究；有的人研究植被类型对土壤水的影响；还有的人研究土地利用类型对土壤水的影响；学生可以改变研究地区、影响因子或多个影响因子等对土壤水的影响进行研究，这也是创新性的一种表示。

(3)实用性。实用性表示研究结论是否具有社会价值、经济价值等。假设你对某一课题进行研究，但是研究的结论没有价值，仅仅只是阐述一个现象，而该现象的本质价值没有得到体现，那么，花费一定的人力以及物力是浪费，这样的研究也是不被认同的。

(4)可行性。表示该实验成功概率的大小，包括实验过程应该怎样进行，实验设想的结论与预期结果是否相同，可在研究条件、基础知识、研究技术和方法、人员素质及设备等几个方面体现。人们常说天马行空，表明事件的进行不具有可行性，假设你有一个想法，但是以你现有的各种条件并不能完成相关实验，或者该实验本身就是无法完成的项目，这样的选题也不能被选择。

(5)连续性：连续性表明有相应的前期研究积累、该研究选题有深入研究的必要性、可联系已有前期研究进行说明。

二、题目拟定

研究课题的确定之后，需要为申请的项目选定一个题目。在选择项目题目时应注意项目名称的长度适中，语言描述尽量简洁，语言简洁能更好地体现出研究问题、方法等的创新之处。在确定项目题目之前，申请者应该对拟开展的研究内容有一个清晰的定位与理解，如果申请者本身对项目定位不够清晰，除了在完成文献综述比较困难，在评价研究的实践价值与理论贡献不够准确，甚至会对具体研究内容主次的取舍带来困惑，这是申请项目的一大忌讳(杨列勋等，2017)。此外，项目的关键词也很重要，关键词是对申报项目研究定位的重要指标。因此，要有明确的关键词能让评审专家准确、快速地理解你想研究的问题是什么。

三、项目申报书常规内容填写

(一)封面内容

封面内容通常包括推荐学校、项目名称、项目类型(创新训练项目、创业实践项目)、所属一级学科名称、所属二级学科名称、项目负责人、申报日期。封面填写注意事项：选择项目类型时一定要正确选择，制定项目名称时就要了解该项目属于哪种类型的项目，正确填写各部分的内容。

(二)正文内容

1. 项目实施的目的、意义

1)项目实施的目的

通常来看，目的是指行为主体根据自身的需要，借助意识、观念的中介作用，预先设想的行为目标和结果。作为观念形态,目的反映了人对客观事物的实践关系。而在科学研究中,目的表示研究者本人想要通过研究而达到的效果,即为什么选这样一个题目进行论述,要论述出什么东西。

2)项目实施的意义

一般来说,意义是人对自然或社会事物的认识,是人给对象事物赋予的含义,是人类以符号形式传递和交流的精神内容。人类在传播活动中交流的一切精神内容,包括意向、意思、意图、认识、观念等,都包括在意义的范围之中。在科学研究中,意义是目的的升华,目的仅是研究想达到的一个效果,而意义是阐述论文要解决的问题,对实践具有哪些帮助和指导,研究结果是否会给社会和他人所带来的好处等。研究问题的提出可能源于管理实践,也可能源于文献,但都应该简明、直接地指出研究的实践意义。在总结实践意义的过程中,明确研究的视角是必要的。

3)结尾处理

好的结尾能给项目申报书评审专家留下好的印象。在结尾处应着重说明本研究的意义所在,如进行相关研究的现实意义有哪些?其理论意义是怎样的。总之,语言简练明了,可以让人一眼看出研究的意义所在,让人觉得有进行研究的必要。但是切忌言语夸张,避免给人不切实际的感觉。

2.项目研究内容和拟解决的关键问题

1)项目研究内容

撰写研究内容要有层次、有逻辑、重点突出。同时注意不能把研究方法当作研究内容。有的申请人选择罗列各种仪器及研究方法,但研究方法并非研究的目的(马臻,2012)。撰写研究内容和开展课题研究都需要围绕拟解决关键科学问题。还要注意研究内容的容量,研究内容既不能庞杂到让人感到不可能在项目执行期间完成,又不能看起来像是一篇科研论文的"扩充版"。研究目标是针对某一个选定的体系,围绕着什么关键科学问题,用什么方法开展研究,准备理清什么规律,揭示什么机制,解决什么问题。研究目标不能过大,也不能"虚",而要适中(可实现)、简洁明了(实实在在)。写好研究内容应注意以下几点(杨列勋等,2017):

(1)问题导向。研究内容的设计过程中需注意问题导向,应详细介绍问题提出的情景和当前的困境。在一些论文中有模型和理论的应用,在撰写研究内容时,需突出模型及所用理论的合理性,以突出问题的导向性。

(2)研究深度。研究内容提出的科学问题应具有一定的研究深度。不具有研究深度的日常性管理问题由管理实践者来解决可能更为有效,而具有深厚的理论基础、掌握规范的研究方法的科学家们在解决具有一定研究深度的科学问题方面更具比较优势。

(3)问题聚焦与研究内容间的内在逻辑。一个项目往往需要研究若干个科学问题,科学问题的数量决定了研究的工作量。要保持研究的深度,项目中的多个科学问题要聚焦,并存在内在的逻辑关系,如互补关系和递进关系。在互补关系中,各研究内容间相互补充,为解决一个整体问题而服务。在递进关系中,研究问题层层推进,前一个问题的解决是后一个问题开展的基础。研究内容设计过程中应避免方法导向,避免将同样研究方法的若干独立问题组合成研究内容。

(4)与申请书中其他内容的区别。需注意研究内容同研究背景与意义的区别，研究背景即提出本申请书的背景内容，因为何种状况和意义而提出本项目，研究意义需说明本研究的意义所在，体现本研究的重要性和不可丢失性。研究内容强调对项目实施的具体操作，体现出申请者对本项目的了解程度及目前所掌握的深厚的基础知识。但是学者在研究内容部分花费较大篇幅，却未清晰地、具体地界定研究问题，说明拟研究内容使人迟迟不能抓住重点所在，因此研究内容部分应聚焦于研究问题的描述。

2)项目拟解决的关键问题

拟解决的关键问题即项目完成后的结论可以解决怎样的问题，这与选题时所说的实用性是类似的道理。在此阶段可以参考前人所做的研究，即对相关研究的前景进行预测。撰写时需注意条理清晰、层次分明、突出主干，必要时还可做到图文并茂，使审核专家一目了然。使审核专家确信申请人知道该如何开展研究并已经做好研究的相关准备。

拟解决的关键科学问题可从基础理论或方法论的角度阐述开展研究需要突破的难点。申请人需要深入分析研究的相关内容，识别其中的关键科学问题后，在研究过程中集中精力于突破关键问题之上。因此，关键科学问题不仅体现出申请项目的理论价值与创新性，也反映申请人对研究所涉及的基础理论和方法的熟悉程度等(杨列勋等,2017)。

3.项目实施方案

项目实施方案是对项目研究内容部分的具体化，细致地描述完成该研究需要做的工作，将步骤细致化，但绝非多方面的扩展，本段文字需简练说明，不应过于烦琐，不然会给人一种拖沓的感觉。其中，常犯的错误有(杨列勋等,2017)：

(1)申请人将自身对拟研究项目领域所了解的基础理论及研究方法等均写上，对研究方案表现出泛泛而谈的行为，缺乏针对性和合理的操作性。

(2)申请人抄袭拟研究领域相关项目的研究方案，对此，相关部门已经启用项目申请书的查重功能，通过查重将查重结果发送给评审专家，若重复率过高，则该项目申报书则不予以通过。

4.学校可以提供的条件

此处所提的学校可以提供的条件，包括对此项目相关的指导教师、实验设备、相关的素质人才，以及其他方面的条件。指导教师指本项目相关指导教师，要求该教师具有相关的专业素养，能够指导申请人完成相关的项目研究。实验设备方面，申请人所在院系或学校具有能够帮助申请人完成项目的设备。其他条件包括交通条件、住宿条件等。

5.预期成果

预期成果主要为研究表现方式。因项目完成时间一般为一年，故此处所填内容一般为完成相关论文一篇或完成结题报告一篇。预期研究成果要重视知识发现而非强调学术发表，首先应提出可能的科学发现或知识点，然后才是成果的载体形式，如论文、专著、研究报告等。论文发表等成果要切合实际。

6.经费预算

经费预算为实验中所需的经费，即在实验中可能会用到的资金数目。经费的预算与对本研究了解程度相关，只有在实施前正确地把握研究的每一个部分，并对所需费用有一个计算，才能将所需经费算出。注意，在填写经费时可将经费归类，如设备费用，研究用到的车费以及外出做实验的伙食费用等。

7. 院系推荐意见、学校推荐意见、主管部门评审意见

此处意见与学生无关,主要为学院、学校和主管部门的填写内容。

四、项目申请书常见问题

(一)创新性不强

创新性不强体现在以下几个方面:重复别人已经做过的研究;沿袭自己熟悉的领域,缺乏新意;已有研究已经证明相关结论等。如果已有相关研究证明你所选课题中的结论,那么你的选题也就没有创新性,失去了意义。

(二)选题不科学

选题不科学体现为选题过大,研究目标不明确,给人感觉可行性不高;选题过于片面,研究内容过于单一,研究方法过于简单,可能会让人觉得难以解决所拟定的科学问题。

(三)立项依据不充分或内容偏题

表现为研究意义和国内外研究现状的阐述过于宏观,研究要点不集中,涉及关键问题的阐述轻描淡写;介绍的只是普及性的知识,没有紧紧围绕要研究的科学问题进行深入探讨;引述缺乏参考文献支撑:文献的影响力较小(尽量选择SCI、核心期刊等影响力较大的文章)、文献过于陈旧、年代较久远,例如,本年为2018年,但引用文献中的年限多为2000年之前的论文,参考文献不具备时代性。

(四)研究内容和研究目标不具体

阐述研究内容和研究目标时出现描述不明确或出现研究内容与研究目标不一致等现象。即申请人在撰写研究内容和研究目标时表述不清楚,对于研究内容和研究目标的认识不明确。或者,阐述的研究内容和研究目标前后不对应,表达研究内容和研究目标不是同一个方向。其中,研究内容是对科学问题做出解答的过程,研究目标是研究内容的完成过程。

(五)研究方案不合理

研究方案不合理表现为研究方案较粗糙,表述不清楚,研究方法不先进或错误,研究技术指标过于简单,技术路线不够充分、细致,给评审专家造成申请人对自己所申请的项目没有把握的感觉,一定程度上降低了项目立项概率。

(六)研究基础不扎实

缺乏前期研究基础,或研究基础薄弱,预期结果存在不可预知性,或者对相关研究流程不熟悉,误以为相关方案可以达到预期效果,但是评审专家经过对研究方案的仔细分析后认为不能达到预期成果,会给评审专家一种该研究不可实行的感觉(刘双清等,2014)。

五、撰写申请书的要求

撰写项目申请书的要求可分为以下三点。

(一)主题突出

撰写项目申请书的过程中,应注意突出本项目的主题。可表现为以下几个方面:撰写立论依据时,突出项目实施的重要性和项目的创新点;撰写研究内容时,需突出研究目标,

研究目标需与立论依据相联系，描述研究内容时应注意其与目标、背景、内容的一致性；撰写研究技术和研究方法时，明确目标实现的技术保证，描述时尽量清晰、简洁，不要叙述与目标无关的内容。同时，要用文字说明技术及方法具有可行性；撰写研究基础与条件时，要提供足够的证明来说明本项目实施是建立在可靠和可行的基础上，其目标是有把握完成的。

（二）前后一致

申请书书写过程中，立项依据和拟研究结论等相一致，尤其是反复修改后，更要注意说法的前后一致；与研究目标相关的内容，在立论依据中一定要重点介绍，表现为：研究内容具体化，技术和方法中一定要有解决方法，研究基础及条件中一定要提供相关的客观说明。例如，如研究内容中提到的事项，没有相应的实验方法，评审专家可能会认为本项目是不可行的。

（三）表述清楚

首先，申请书应该保证文字语法正确、通俗易懂。然后应该有适宜的篇幅长度，过短的篇幅会让人觉得申请者没有经过充分的思考构想和研究积累，项目的创新性、重要性及可行性等特征未得到充分的表述，就难以得到批准。而过长的篇幅，可能会引起专家的厌倦情绪，难以把握重点所在，对项目的评价不利。适宜的篇幅应该是准确抓住研究目标及特色，用最简洁通顺的语言，合乎逻辑地充分表述项目的特点，能够使评审专家清楚地看出此研究的目的及重点所在，更容易获得好的评价。

第三节　科研与实践创新项目实施

一、项目立项工作

（1）学生以项目组形式向所在学院申报，项目组人数原则上为 3 ~ 5 人，在校期间作为项目负责人或成员只能参加一个项目。学生可跨专业、跨学院组建团队，跨学院项目不占用学院指标，直接向校级管理办公室申报。

（2）项目评审由院级管理办公室主要负责，校级管理办公室负责组织专家评审跨学院项目、检查学院项目评审情况。

（3）院级管理办公室根据评审情况和划拨名额确定立项名单并报校级管理办公室。各学院名额由校级管理办公室根据上一年度项目获优和整体执行情况进行分配。

二、项目中期检查

院级管理办公室负责项目的中期检查，项目组向院级管理办公室提交《××大学“大学生科研训练计划”中期进展报告》，由院级管理办公室审核，查看项目实施情况，汇总后报送校级管理办公室。

三、项目延期申请

项目延期申请是申请人在经过一段时间的研究实验后，根据时间分配，若预设时间不能完成项目中的各项实验,不能如期提交结题报告,在此情况下,申请人可以选择向学校相关部门提出项目延期申请,申请项目延期。

四、项目结题验收

(1)项目结题验收时由项目负责人向院级管理办公室提交《××大学"大学生科研训练计划"项目结题申请书》和研究报告、论文、设计图纸、样品、模型、软件等研究成果。

(2)院级管理办公室负责组织项目答辩、成绩评定。校级管理办公室负责组织专家旁听或参与结题答辩。成绩评定采用五级记分制,即优秀、良好、中等、合格和不合格。其中,拟评优秀的项目由学院推荐,校级管理办公室组织专家统一评定。

五、项目经费管理

(1)大学生科研训练计划项目经费按照学校财务制度实行专项管理,项目经费按学校批准额度下拨给学院,经费使用按项目申报预算执行,不能用于项目组成员的劳务费和餐费。

(2)项目结题前必须完成相关费用的报销,逾期学校将收回剩余经费,违规使用经费将不予结题。

(3)对于已批准立项,但无故不参加或无正当理由随意放弃研究项目的将收回项目经费。

(4)院级管理办公室每年对项目经费进行决算并报送校级管理办公室,以备核查。

参考文献

[1] 李勇军,张海燕.大学生创新能力训练模式探索与实践[J].实验技术与管理,2014,31(11):17-19,28.

[2] 马臻.申请国家自然科学基金:前期准备和项目申请书的撰写[J].中国科学基金,2017(6):533-537.

[3] 杨列勋,高杰,卢启程.管理类面上项目申请书撰写中的注意事项[J].中国科学基金,2017(6):544-549.

[4] 马臻.2012年寒假·青年基金[J].科技导报,2012,30(34):84.

[5] 刘双清,伍小松,王奎武.提高国家自然科学基金项目申请书撰写质量的思考[J].中国科学基金,2014(1):52-56.

第七章　大学生科研与实践创新项目申报案例

在地理教学中,学生参与科研活动的途径包括学科竞赛活动和大学生创新创业训练计划申报等。地理学中大学生科研与实践创新项目申报主要分为自然地理学类、人文地理学类、地理信息技术类、遥感技术类、环境类等几个类别。本章将以上述几类创新创业训练项目进行案例分析。为了分析学生科研项目申报书的优点和缺点,本章引用了一些学生科研项目申报书。但这并不代表这些申报书非常完美,这些申报书中仍然存在一些不足,读者在学习过程中应适当分辨,以免被其中的不足之处误导。

第一节　自然地理学类项目申报案例分析

喀斯特山地小尺度土壤水分空间变异与地形的相关分析

项目简介:

1. 研究意义

土壤水是指地面向下到地下自由水面以上的土壤层中的水分,处在地球表层大气圈、水圈、岩石圈、生物圈四大圈层的交界处,是连接大气降水、地表径流和地下水的纽带,在"四水"的转换过程中有极其重要的作用,在大陆水文循环过程中是一个非常重要的变量(陈佳,2009)。土壤水是影响径流产生、土壤侵蚀、植被覆盖以及地表物质再分配过程的关键因子(白晓兰,2017)。喀斯特地区生态环境脆弱,水土流失严重,土层浅薄,大量的岩石裸露导致大气降水迅速渗漏和蒸发,加剧了喀斯特地区的人地矛盾关系(贾金田,2016;宋同清,2010)。地形因子通过影响太阳辐射和降水截留以及坡面的光照、气温、降水、土壤性质和植被分布格局,使得不同地形因子下的土壤水分含量有很大的差别(刘鑫,2007)。

在小尺度上,土壤水分的空间格局主要受地形、植被、土壤物理特性等因素的影响,而土壤水分的空间分布格局对生态建设和规划有重要参考价值(罗太近,2013)。分析地形因子对土壤水分变异的影响规律和掌握不同地形条件下土壤水分的状况,研究喀斯特地区山地土壤水分的空间分异特征与地形的关系,确定地形因子与土壤水分空间变异的相关性。基于数据建立半方差函数模型对变量观测值空间自相关范围的大小,对比分析不同地形因子(坡度、高程、坡向等)与土壤水分的相关关系大小,以期对喀斯特地区大尺度上的土壤水分的研究提供一定的参考价值,同时为喀斯特地区的水土保持工作和合理的生态恢复提供重要的理论和实践依据。

2. 国内外研究现状

目前在地形因子对土壤水分空间变异影响的研究中,常用的研究方法有地统计方法、网格采样法,以及建立土壤水分变异的相关模型。刘鑫通过晋西黄土区基于地形因子的土壤水分分异规律研究得出，土壤水分呈现按阳坡高坡度、阳坡低坡度、阴坡高坡度、阴坡低坡度顺序递增的空间变化规律（刘鑫，2007）。李笑吟对晋西黄土区的地形因子对土壤水分状况的影响研究中，采用数字高程模型（DEM）提取研究区域坡向、坡度、坡位3个地形因子的分布图，再与研究区土壤水分的克立格（Kriging）空间插值图叠加。通过主成分分析得出了以下的结论：在0～30 cm土层深度，地形因子对土壤水分影响程度表现在坡向最大，而坡度最小；在30～60 cm土层深度，其影响强弱顺序依次为坡度＞坡位＞坡向（李笑吟，2006）。在喀斯特地区也有许多学者开展了相关研究，刘海隆通过对修文县2年的土壤水分定点观测，分析了不同坡度下土地利用方式对土壤水分的影响规律，得出坡度对土壤水分含量变化影响极为显著的结论（刘海隆，2005）。张志才等发现喀斯特峰丛山体土壤水分总体由山体上部向下逐渐减小，随土层深度增加显著增大，随坡度的增加而减小（张志才，2008）。罗太近探索了喀斯特地区小尺度下地形因子对土壤水分空间分布的影响，得出坡度与土壤水分有明显的负相关关系，高程与土壤水分之间呈显著负相关关系（罗太近，2013）。

影响土壤水分空间分布的地形因子主要包括坡度、坡向、坡位及相对高程，不同土壤层次环境因子对土壤水分也有影响。陈佳等研究了土层厚度对土壤水分时空格局的影响，指出在不同土层厚度下土壤水分的分布呈现不同的变化特征，对土壤水分在垂直方向上的分布具有重要影响（陈佳，2009）。坡度影响水分下渗、排水状况及径流过程（Gomez-Plaza A，2001），从而影响土壤水分的空间分布。坡度陡的地区不利于降水入渗的产生，水分下渗量少、排水条件好，但利于径流的产生。坡度陡的地区易于发生水分流失，水分含量相对较低；而坡度缓的地区土壤水分得到积累，从而使其含量较高。土壤水分随着坡度的增加而减少（Jia Y H，2013；Zhu Q，2011；Qiu Y，2001），通过相关分析指出坡度对深层土壤水分具有显著影响，在坡度较大区域，地形对不同层次土壤水分的影响超过土壤物理性质而构成土壤水分的空间分布，在坡面尺度上坡向对土壤水分的分布格局有一定的影响。地形影响太阳辐射和降水分布（BI H X，2008），这主要是通过坡向来实现，从而使得北坡土壤水分较南坡高。Moore等指出干旱区由于晴天多，太阳辐射强，坡向对土壤水分空间分布的影响要超过湿润区（Moore等，1988）。Qiu等在中国黄土高原分析了表层土壤水分与坡向的关系指出，北坡土壤水分较南坡高。西南喀斯特地区地形复杂，地貌变化差异大，土壤、植被盖度和降水等自然要素等的空间组合特征变化多样，复杂的自然地理特征对土壤水分的空间异质性具有显著的影响。

通过查阅相关文献发现，由于地形复杂、海拔等因素加大了采样的难度，目前在喀斯特地区开展土壤水分空间异质性及其与地形因子的关系方面的研究还比较少。同时，土壤水分对喀斯特地区植被恢复和生态环境保护具有重要作用，因此在喀斯特地区开展土壤水分空间异质性特征及其与地形因子的关系研究十分必要。

项目实施方案：

1. 研究区概况

本研究区选在贵阳市青岩杨眉河小流域，位于贵阳市南郊29 km，地处东经106°37′～106°44′、北纬26°17′～26°23′，地势东部、西部、北部较高，中部、南部较低，属丘陵河谷盆地。海拔1 100～1 300 m镇域地处长江、珠江两大流域的桐木岭分水地带南侧，发源于孟关乡西冲岩，流经青岩下惠水县，河长 9.1 km，汇流面积 21.6 km^2，多年平均流量 0.35 m^3/s，年径流总量 0.11 亿 m^3，在杨眉河上有小型的杨眉水库，落差 47 m，属珠江水系。研究区实地情况见图 7-1。

图 7-1　研究区实地情况

2. 技术路线

(1)收集研究区基础自然地理数据(DEM、遥感影像、土壤、降水、径流、植被盖度等)，结合前期野外实地考察对研究自然地理特征的把握，依据研究内容制订野外采样方案，选择采样点。

(2)根据采样方案进行野外采样工作。主要内容有：收集研究区土壤样品，获取地形因子(坡度、坡向、坡位等)、土地利用类型、经纬度、植被盖度等数据，记录采样点天气状况及植被覆盖等自然地理信息。

(3)通过实验室分析获得研究区样品的土壤水分数据，分析其空间变化特征。结合地形因子数据，应用半方差函数分析、相关分析等方法分析土壤水分的空间变异特征，地形因子对土壤水分空间变异特征的影响。揭示山地小尺度上壤水分空间变异与地形的相关关系，最后指出地形能否作为研究区土壤水分空间变异的预测因子。技术路线如图 7-2 所示。

3. 研究方案

(1)样品采集。开展野外采样工作前，基于典型喀斯特地区 DEM 数据、遥感影像、野外实地调查等数据确定采样点，选择研究区面积大小为 16 hm^2 的矩形样方，采样网格单元大小为 20 m×20 m，样品采集使用轻型人力钻钻取，取样深度分为 0～5 cm、5～10 cm、10～15 cm、15～20 cm 的土壤样品，样品采集后立刻用塑料袋分装以减少水分的散失，现场及时称量土壤样品的湿重，并详细记录经纬度、土地下垫面情况等信息。

(2)数据处理与计算。土壤含水量的测定采用烘干称重法，在天平上称取一定量的土样放入铝盒中，将铝盒放入烘箱中烘干，温度控制在 105 ℃范围内，连续烘干 12 h，取出铝盒在电子天平上称重，记录数据。土壤含水量的计算公式：

$$Q = (W_1 - W_2)/(W_2 - W) \times 100\% \tag{7-1}$$

式中：Q 为所测样品的土壤含水量(%)；W 为铝盒重，g；W_1 为铝盒 + 湿土重，g；W_2 为铝盒 + 烘干土重，g。

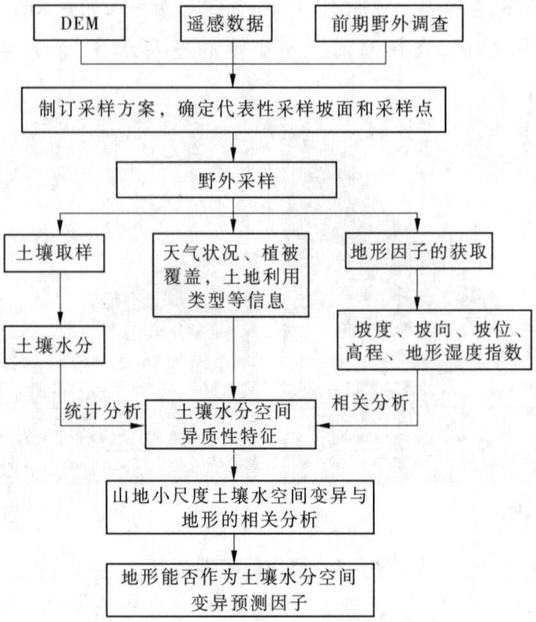

图 7-2　技术路线图

(3)数据预处理。

①在 DEM 基础上提取高程、坡度、坡向等数据作为分析指标，将地形因子进行分级。

②常规统计分析：在构建变异函数理论模型前，利用 SPSS 软件常规统计并分析采样点土壤水分数据，由此对土壤水分的整体特征与全貌进行适度概括。

③正态分布检验：进一步了解土壤水分的空间变异特征，从而对其相关性、独立性、结构性和随机性进行定量研究。在本次研究中，有关数据正态性的检验通过柯尔莫哥洛夫—斯米诺(Kolo-mogorov. Semirnov，K-S)进行。

(4)土壤水分的地统计分析。

①半方差函数分析：对样地内土壤水分变异特征进行半方差函数分析，从而建立理论模型。

②普通克立格插值的分析：在建立半方差模型的基础上，利用 ArcGIS 软件对土壤水分进行 Kriging 最优内插，并完成 Kriging 插值图的绘制工作。然后用交叉检验法检验普通克里格插值，在土壤水分的空间变异研究中具有很好的预测效果。

(5)土壤水分与地形因子的相关分析。

①土壤水分与坡度的关系：在 ArcGIS 中叠加土壤水分和坡度分级图，对不同坡度级别上土壤含水量分布面积加以提取，通过相关分析观察土壤含水量分级和坡度分级间的相关关系的显著水平。最后将土壤含水量分级作为变量进行主成分分析，并与坡度等级进行回归拟和分析。

②土壤水分布与高程的关系：将土壤含水量分级图与高程分级图叠加，提取不同高程级别上土壤含水量全部级别的分布面积，对土壤含水量分级和高程分级进行相关分析，观察其显著水平。

③土壤水分布与坡向的关系：叠加坡向分类图、土壤含水量分级图，完成不同坡向上土壤含水量分级的分布面积数据的提取。

④土壤水分布与坡位的关系：制图观察不同坡位上和不同土壤层次土壤水分的分布，分析比较土壤水分随坡位和土壤层的变化而变化的情况。

整体来说，案例在选题上是经过思考的，具有一定的理论和实际意义，在充分查阅文献的基础上再确定选题可以保证项目的研究内容不会重复前人的研究，保证了选题的创新性。通过大量文献的阅读，对项目的研究背景和研究意义都做了详细阐述，对项目的研究方法和研究内容有明晰的思路。小组成员在申报项目之前已经前往研究区域进行了实地考察和采样工作，表明该项研究已有一定的基础。下面将对该案例的优缺点进行详细的分析。

一、案例的优点

(1)项目简介部分作者提到土壤水在喀斯特生态脆弱区重要的生态作用，表明了选题在喀斯特地区是有意义的。结合文献对影响土壤水的因素进行讨论并引出影响土壤水变化的主导因素与主题相呼应，更加凸显了项目开展的重要性。前人的研究成果对接下来的科学研究具有很好的指导作用，通过大量文献的阅读，以及对国内外当前土壤水研究进展有更好的把控，能够保障研究的新颖性和科学性。

(2)项目实施方案部分。首先研究区为典型喀斯特地区，保证了研究区的代表性。项目成员进行过实地调查对研究区的详细情况较熟悉，为开展研究工作提供了有利的条件。数据采集工作中采集的数据类型丰富，可保证研究结论的丰富性和准确性，从技术路线可以看出整个项目的实施过程考虑严谨，切实可行。数据分析方面通过数据预处理、常规统计分析和正态分布检验可以剔除异常值。通过 Kriging 最优内插，并完成 Kriging 插值图的绘制工作，在用交叉检验法检验普通克里格插值土壤水分的空间变异研究中具有很好的预测效果，避免了数据的偶然性。通过土壤水与各地形因子的相关分析可得出土壤水与地形因子之间的量变关系。

二、案例的缺点及建议

(1)此申报书尚未明确数据采集的时段，易让人理解为只采一次数据。实验数据是整个项目的核心，因此必须明确数据的采集时段，一次的实验数据会存在偶然性，因此会出现较大的数据误差，建议申报书里不要存在此类阐述不明的问题。应延长数据采集的时间，采集长时段或周期性的实验数据，可增加数据的说服力，同时可加深土层厚度。

(2)在采样方法上此案例是以烘干法进行土壤水分的量测，此方法不仅实验周期长，而且从采样到烘干的过程中土壤水分散失易导致实验数据不准确，因此用烘干法得到的土壤水数据失去了时效性。在当前科学技术发展水平条件下，建议将采样方法进行改进，使用 TDR 时域反射仪进行土壤水分测定，不仅时效性强，还可减少实验时长，提高实验效率，确保实验精度。

(3)从整体行文来看，案例借鉴的文献具有一定的局限性，文章针对性不强。如从国内外研究现状部分不难看出行文的逻辑性并不强，表达过于牵强。建议项目成员在后期的工作过程中熟读大量文献，把握好文章的主题和关键词，增强逻辑思维能力和表达能力，避免再次出现此类现象。此外，在数据分析的方法上表达不够详细，具体涉及某一类软件某个功能模块应清楚阐述，科研工作一定要脚踏实地。建议科研工作者应当练好基本功，切忌抱有侥幸心理。

第二节　人文地理学类项目申报案例分析

34 省（自治区、直辖市）间自由行旅游者旅游流时空分布特征探析——基于“马蜂窝”旅游攻略门户网站数据挖掘

项目简介：

旅游流（tourism flow）是指客源地与目的地之间，或目的地与目的地之间的单双向旅游客流、信息流、资金流、物质流、能量流和文化流的集合。旅游者是旅游活动的主体，也是形成信息流、资金流、物质流、文化流的根本动因，因此旅游流系统中最为重要的是游客的流动（马耀峰，1999；杨国良，2006）。随着人们出游意识的不断成熟和旅游市场的完善，旅行社的角色定位也必须发生变化，从“提供产品”向“提供服务”转化。旅游进入后旅行社时代，游客的自我意识将越来越多地受到尊重和满足，现在兴起的自由行旅游方式不断满足现代人的旅游需求，尤其是年轻群体更多的趋向于自由行。基于 GIS 强大的空间分析及数理统计功能，不仅能够窥探出旅游者的时空分布特征，进而能够为区域旅游产品的开发，不同线路产品的组合提供一定的指导意义。

“马蜂窝”——国内最大的旅游攻略社交网络平台，项目拟依托“马蜂窝”平台上大量自由行旅游者出游攻略，将旅游攻略文本、图片等信息按照旅游者客源地与目的地之间的时空流动特征转化为研究所需的量化数据，攻略相关数据收集时间维度跨度为 2014 年 1 月～2015 年 8 月。基于此，再借助 GIS 空间分析中的核密度法、重心分析模型、空间转移态矩阵、入境旅游流空间集中指数以及旅游流流量的时空演化分析等方法，窥探出国内 34 省（自治区、直辖市）间自由行旅游者旅游流时空分布特征。

项目尝试将旅游攻略文本数据转化为空间分析所需量化数据，并首次将这一方法用于旅游者主体特征分析下所开展的旅游流研究，以国内自由行旅游者群体为研究对象，从旅游者主体研究出发折射旅游流客体特征，“主客转化”“时空共析”。研究内容涵盖以下几方面：

（1）时间维度上，演绎出国内 34 省（自治区、直辖市）自由行旅游者旅游流空间分布规律。

（2）空间维度上，窥探出旅游者旅游流流量特征。

（3）以季度为时间跨度，时空结合，探究在时间尺度上旅游者空间分布的规律性。

（4）机制分析：通过建立不同时段、不同区域旅游者时空分布数据库，模拟出国内自由行旅游者旅游流时空分布模型、旅游流流量分布重心模型，试图探索出 34 省（自治区、直辖市）间自由行旅游者旅游流空间分布差异性产生的相关机制。

研究项目注重学术探究与社会实践两方面的意义：首先，项目关注新常态大众旅游时

代下自由行旅游者旅游流时空分布特征，研究内容较为创新；将旅游攻略定性文本转化为GIS空间分析手法并用于旅游者旅游流研究，研究方法多元且创新。其次，项目注重社会实践指导；借助GIS空间分析方法探析国内34省（自治区、直辖市）间自由行旅游者群体的旅游流时空分布特征，立足区域、时段差异，有助于国内区域间旅游产品的合理开发与有效整合，进而为旅游行业内合理规划开发、旅游决策制定与管理提供科学的理论依据。

立项背景：

1. 研究意义

（1）本研究项目的学术意义。通过定性的分析方法来描述旅游流在时间、空间尺度上各自的特征以及二者之间的耦合程度，进而探究新常态大众旅游时代下自由行旅游者旅游流时空分布特征。

（2）本研究项目的实践意义。通过GIS监测国内游客在不同时段、不同区域的时空分布特征，正确理解和准确预测目的地与客源地之间的旅游流流量、流向，以及连接模式对于旅游业及相关产业、旅游规划、旅游决策制定和管理提供科学的理论依据，进而为旅游行业内合理规划开发、旅游决策制定与管理提供科学的理论依据。

2. 研究现状

旅游流是游客在旅游空间场内的迁移现象，可分为广义旅游流与狭义旅游流。旅游流在狭义上是指旅游客流；广义上包括游憩流，以及与此相关或伴生的相关流，如资本流、信息流、货物流、技术流等（刘军胜，2013；庞闻，2011）。自旅游研究开始，旅游流作为旅游学与地理学的交叉学科，学者们便对该领域进行了较多关注（张佑印，2013）。旅游流的研究是一个热点，对于旅游流流量这样一个核心要素的研究也是一个重点（李振亭，2012）。

（1）研究的内容上。迄今为止，国外旅游流研究内容上主要包括旅游流的规模、分布、流向、运动模式、距离衰减规律、影响因素、旅游流模拟、预测等，研究尺度包括全球、大洲、国家及目的地四大类（张佑印，2013；吴晋峰，2013；阎友兵，2013）。如，莫琳和艾玛努埃拉（Maureen & Emanuela）研究了旅游流对区域影响的作用和大小。莫琳分析了权利、关系及社区对旅游流空间模式的影响。艾玛努埃拉分析了旅游流所携带的各种信息流及其对区域的影响（张佑印，2013）；而在国内，近来，旅游流已成为旅游地理学研究的核心内容，形成了一系列卓有特色的研究成果（保继刚，2011），国内旅游流的集散、时空结构与分布特征、旅游客流空间行为、场效应以及国内旅游流的影响因素等。

（2）研究方法上。主要以归纳法和实证研究为主（张佑印，2013），早期在对旅游流相关理论框架及概念特征研究时，埃代内尔·卡纳克（Erdener Kaynak）、詹姆斯·马考利（James A. Macaulay）和朱安尼塔·刘（Juanita C. Liu）等国外学者，以及郭来喜、保继刚、张凌云、马耀峰等国内学者主要采用了定性的研究方法。其中，应用较多的方法主要包括观察法、访谈法、归纳总结法、对比分析法、德尔菲法和头脑风暴法等，这些方法为旅游流理论框架的构建提供了坚实的基础（张佑印，2013）。计量统计方法作为基本量化分析手段在旅游流相关研究中得到广泛运用，如运用模糊综合评价分析区域内部旅游流份额关系（卞显红，2007）；运用Zipf指标和差异度指标分析旅游流的空间结构和差异特征（马耀峰，1999）。然而，对于运用GIS结合国内最大旅游攻略网站——“马蜂窝”旅游攻略平台来研究旅游流时空分布特征的案例尚不多见。本研究用 GIS 的方法来检测年轻群体的旅游行为来窥探对于不同时段、不同区域该群体的时空分布特征，尝试将定性文本转换为定量的数据，从而为旅游产品的开发与整合、旅游业及相关产业、旅游规划、旅游决策制定和管理提供科学的理论依据。

研究内容和拟解决的关键问题：

1. 研究内容

项目以 ArcGIS 软件为分析工具，运用核密度法、重心分析模型、空间转移态矩阵、入境旅游流空间集中指数以及旅游流流量的时空演化分析，从空间、时间以及空间与时间二者之间耦合程度三个维度探究中国游客境内旅游目的地选择的时空规律，分析出旅游者在目的地的选择上受季节和地域的影响的大小的变化规律，进一步找出变化较大的省份旅游快速发展或者下降的机制及探索在不同时段、不同区域，对于旅游产品开发、不同线路之间旅游产品的结合的可能性。

2. 拟解决的关键问题

(1)核密度、重心流向、空间相关等模型与拟合分析法之间相结合时是否可取。

(2)如何利用现有的数据高效地分析出国内部分省份旅游快速发展或下降的机制。

项目特色及创新点：

(1)运用 GIS 软件同旅游攻略网站——"马蜂窝"相结合。过去的研究一般都只选用单一的定性方法，而通过运用 ArcGIS 软件与国内最大的旅游攻略网站——"马蜂窝"相结合的方式，来探究中国游客境内游目的地选择时空分布特征，以及旅游快速发展或者下降的机制方法尚不多见。通过 GIS 手段分析造成这种空间格局的原因对于旅游产品开发、不同线路之间旅游产品的结合具有特殊的指导意义。以下是通过"马蜂窝"旅游攻略网站所整理的数据，图 7-3 为省级流向数据汇总，图 7-4 为时间计数的数据汇总。

	北京（客源地	上海	天津	重庆	黑龙江	吉林	辽宁	内蒙古	河北	山西	山东	河南	陕西	宁夏	甘肃	新疆	青海	西藏	湖北	安徽	江苏	浙江	江西	湖南	福建	广东	广西
北京（省级旅游目的地）	38	15	26	15	28	24	30	14	25	29	28	35	9	8	13	7	16	18	26	29	38	29	18	19	4	23	28
上海	12	20	14	14	4	16	14	13	11	7	17	15	12	18	16	14	16	7	15	17	10	14	15	17	10	9	13
天津	18	4	15	6	21	14	14	11	8	14	14	12	7	17	15	13	14	4	15	20	15	11	15	20	15	7	3
重庆	25	19	9	16	11	17	14	8	11	19	22	27	14	14	12	12	17	14	12	18	27	28	12	18	19	13	20
黑龙江	10	22	12	1	3	14	9	8	20	6	13	7	9	12	15	14	15	11	14	4	16	20	14	4	16	14	21
吉林	29	39	30	9	20	19	13	24	21	15	28	17	18	13	17	11	27	18	8	17	15	21	6	21	14	23	18
辽宁	5	19	15	6	5	18	5	9	5	13	3	9	17	8	12	11	14	8	11	2	15	9	11	4	7	12	7
内蒙古	7	17	10	9	3	13	15	31	18	5	12	16	8	2	3	5	11	11	8	5	2	15	0	5	13	2	3
河北	6	13	13	12	5	13	9	12	15	14	15	11	14	4	16	11	0	3	2	13	9	7	22	16	14	21	19
山西	13	12	5	6	15	7	10	9	4	5	4	3	9	11	9	5	9	11	6	4	4	2	8	14	14	8	11
山东	18	8	18	3	11	2	4	7	13	8	2	14	10	4	5	11	5	11	8	5	7	4	5	13	7	11	6
河南	11	6	16	6	12	18	3	13	8	3	12	1	8	14	1	5	15	10	10	9	4	5	2	11	5	11	3
陕西	19	15	2	11	9	4	16	2	13	11	7	17	2	13	3	4	15	11	3	7	13	8	13	4	11	5	5
宁夏	12	16	11	9	6	9	14	13	2	8	14	5	12	12	2	14	12	15	3	13	8	16	14	11	6	6	4
甘肃	11	8	19	8	10	16	14	12	12	6	12	11	14	15	2	18	6	11	14	14	4	8	14	11	15	10	9
新疆	13	3	12	7	2	11	4	10	5	13	9	10	7	1	6	5	9	4	9	6	7	5	5	6	8	8	5
青海	7	3	8	2	11	5	8	13	14	13	14	4	7	5	10	13	5	19	2	14	5	13	2	15	3	15	7
西藏	5	19	2	7	4	7	11	5	4	8	8	9	4	15	3	8	10	4	11	2	3	6	5	12	5	10	4
湖北	17	11	7	14	13	12	8	7	10	11	2	11	5	11	11	8	15	4	1	11	12	13	2	14	4	11	7
安徽	19	8	18	13	10	18	4	8	13	11	8	17	11	8	11	3	19	7	18	2	0	12	5	6	3	14	14
江苏	7	5	4	8	15	16	15	4	18	16	14	7	15	14	8	5	9	18	8	6	5	8	13	8	11	7	8
浙江	15	10	11	14	3	5	11	11	8	8	5	11	3	2	17	14	11	16	7	11	11	2	13	7	16	14	12
江西	19	13	1	8	17	11	8	23	7	1	14	20	11	7	17	2	15	5	3	8	9	9	7	2	11	1	2
湖南	8	12	11	14	7	15	3	8	9	11	2	15	8	14	14	9	8	15	7	6	3	14	5	9	8	4	11
福建	18	19	2	16	10	2	3	12	12	14	5	10	13	9	12	9	9	10	13	15	11	5	3	11	3	8	7
广东	11	19	19	13	14	7	11	6	14	17	15	11	15	12	11	14	10	18	13	10	16	14	14	18	16	7	11
广西	4	11	15	11	6	13	4	11	21	20	11	11	13	8	10	8	3	1	1	15	11	8	4	12	5	3	7

图 7-3　省级流向数据汇总

(2)研究方法的创新。针对过去旅游流的研究方法过于单一化的问题，本研究运用核密度法、重心分析模型、空间转移态矩阵、入境旅游流空间集中指数以及旅游流流量的时空演化分析等方法相结合，将定性文本挖掘方法转换为 GIS 所支持的定量数据的分析方法，从空间、时间以及空间与时间二者之间耦合程度三个维度探究中国游客境内旅游目

省级旅游目的地	1月份	2月份	3月份	4月份	5月份	6月份	7月份	8月份	9月份	10月份	11月份	12月份	总数
北京	45	25	28	71	127	128	128	723	11	20	1	9	1316
上海	21	33	36	22	42	46	131	519	2	13	7	3	875
天津	30	33	54	46	103	49	91	153	11	13	20	28	631
重庆	10	23	14	80	17	125	167	584	3	10	6	3	1042
黑龙江	145	75	51	172	60	55	70	11	2	6	11	17	675
吉林	72	19	43	182	77	51	47	83	30	53	21	32	710
辽宁	52	35	42	37	36	59	36	57	17	21	23	12	427
内蒙古	23	13	16	19	25	35	103	111	18	27	12	16	418
河北	19	23	45	39	58	65	68	88	22	27	10	7	471
山西	27	19	25	46	45	30	52	60	12	19	10	4	349
山东	19	15	30	14	57	34	41	66	15	18	18	13	340
河南	27	21	41	24	40	27	57	50	16	17	16	21	357
陕西	39	15	21	58	51	30	55	64	13	21	14	6	387
宁夏	35	13	16	13	50	61	48	95	30	30	14	3	408
甘肃	21	13	16	14	30	55	74	164	20	20	16	5	448
新疆	19	9	19	18	41	33	31	66	21	19	6	4	286
青海	20	13	17	18	30	18	60	128	22	20	8	5	359
西藏	20	15	18	12	33	30	30	72	15	17	10	9	281
湖北	37	21	39	49	36	43	58	64	15	20	15	7	404
安徽	28	37	38	67	56	26	39	60	12	18	19	13	413
江苏	36	27	36	58	63	74	35	56	14	4	16	14	433
浙江	54	21	40	44	58	41	51	55	6	21	14	14	419
江西	19	31	36	42	45	47	32	51	20	11	26	23	383
湖南	30	17	47	37	40	30	40	75	10	16	14	12	304
福建	39	31	52	30	53	32	40	60	15	21	8	21	402
广东	56	29	61	49	84	52	52	68	19	21	18	25	534
广西	52	21	24	41	40	38	50	61	19	21	8	7	382
四川	48	31	33	29	25	41	41	58	18	16	7	11	358
贵州	26	23	33	40	28	30	71	125	15	22	3	8	424
云南	27	31	44	28	36	37	23	53	13	14	7	10	323
海南	40	51	68	43	38	28	20	30	10	12	5	9	354

图 7-4　时间计数的数据汇总

的地选择的时空规律。不仅能够演绎出旅游者在时间维度上流向的空间分布规律，同时为大众旅游时代的旅游者提供一种旅游方式参考。

项目实施方案：

1. 实施方案

(1)前期准备工作：资料的收集、数据的获取。

(2)论文分析方法的选取。

(3)根据分析方法在相应软件上成图。

(4)初步分析成图并撰写论文初稿。

(5)综合分析并完善论文、项目报告及出图。

2. 技术流程

技术流程如图 7-5 所示。

项目的研究内容构思新颖，视角独特，并做了大胆尝试。数据获取及处理上结合ArcGIS软件空间分析和数理统计功能，以及“马蜂窝”平台上大量自由行旅游者出游攻略，将旅游攻略文本与图片信息相结合，保证了数据的丰富性。项目尝试将旅游攻略文本数据转化为空间分析所需量化数据，用于旅游者主体特征分析下所开展的旅游流研究。本研究以国内自由行旅游者群体为研究对象，从旅游者主体研究出发折射旅游流客体特征，主客转化、时空共析，立足区域、时段差异，有助于国内区域间旅游产品的合理开发与有效整合，进而为旅游行业内合理规划与开发、旅游决策制定与管理提供科学的理论依据。项目内容创新，方法新颖，研究结果对于当前实现全域旅游打造旅游精品路线具有重要意义。下面将对案例处理的优点与不足进行详细讨论并提出相应的建议。

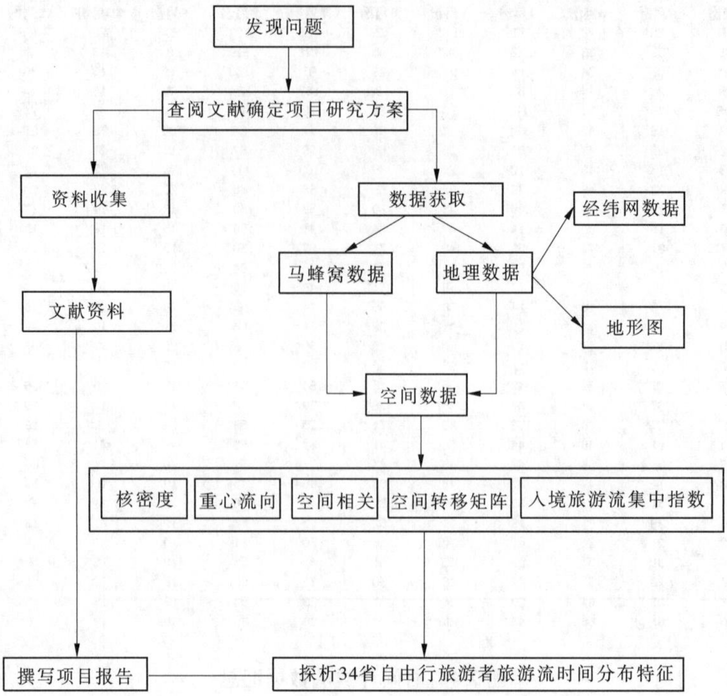

图 7-5　技术流程

一、案例的优点

(1)出发地与目的地之间的单双向旅游流、信息流、资金流、物质流、能量流和文化流的集合。旅游者是旅游活动的主体,也是形成信息流、资金流、物流、文化流的根本动因,探究旅游者旅游活动的时空分布特征具有很强的时空动态性,从而也大大增强了建立国内自由行旅游者旅游流时空分布模型和进行机制分析的难度,但正是这样严密的数据追踪和数据处理手段使项目脱颖而出,对于研究人员的逻辑思维和软件操作技能也是一个很好的自我检测和锻炼的机会,真正达到了大学生创新训练思维的目的。

(2)数据处理方法上的大胆尝试。"将旅游攻略文本数据转化为空间分析所需量化数据,并首次将这一方法用于旅游者主体特征分析下所开展的旅游流研究"。将文本数据转换为空间数据使数据有了更丰富的内涵,赋予了文本数据多维的空间定义和地理意义。运用 ArcGIS 软件同旅游攻略网站——"马蜂窝"相结合,与过去的研究相比,本项目舍弃了单一的定性方法,而通过运用 ArcGIS 软件与国内最大的旅游攻略网站——"马蜂窝"相结合的方式来探究中国游客境内游目的地选择时空分布特征以及旅游快速发展或者下降的机制的方法尚不多见。因此,项目采用 ArcGIS 手段分析这种空间格局的演变机制,对于不同时段、不同区域的旅游产品开发、精品旅游路线打造、不同线路之间旅游产品的结合具有特殊的指导意义。

(3)研究方法站上新高度。为避免出现以往研究方法单一化的现象,案例运用核密度法、重心分析模型、空间转移态矩阵、入境旅游流空间集中指数以及旅游流流量的时空演化分析等多种方法进行数据分析，从空间、时间以及二者之间耦合程度三个维度探究中国游客境内旅游目的地选择的时空规律，对于当前流行的自由行旅游方式选择具有重要的指导意义。

二、案例的缺点及建议

（1）案例研究数据时间维度跨度为2014年1月～2015年8月，约为一年半的时间，对于研究我国境内自由行旅游者旅游流流量的时空演化机制来说，由于数据较少，很难有说服力。建议可增加研究数据的时间跨度至5年，可对比分析每一年区域的旅游流流量的时空变化机制，这样不仅提高了研究的学术探讨价值，同时在实践过程中旅游者参考更具科学性。

（2）项目所研究的成果不能直接应用于实践。本研究项目成果在一定程度上可以为旅行者提供理论指导，相对来说，这种研究成果较为隐形化，不利于直接用于实践，具有一定的局限性。

第三节　地理信息科学类项目申报案例分析

2000年以来星巴克在华时空演替规律及影响因素分析

项目简介：

1. 项目理论意义

通过查阅相关文献资料，我们发现国内绝大多数学者致力于对以星巴克为代表的外国餐饮品牌的企业文化、本土化经营模式、产品设计等方面的综合研究，较为广泛。如鞠惠冰探究过星巴克事件与全球化商品美学的扩张；王钰研究过星巴克的成功对中国茶馆的经营启示；周全对星巴克的回归价值之道有过探索；任健、何清探讨过星巴克的文化营销；蒋元元研究过星巴克的品牌营销策略案例等。

目前来看，国内还没有学者利用ArcGIS对星巴克在大陆地区空间分布进行研究的先例，本团队将结合专业知识，在大量收集相关数据的基础上，对数据进行定量分析，通过平均最近邻距离分析、空间自相关分析、空间插值、核密度估计（KDE）、空间聚类分析等方法，从全国范围、省际、南北、东西不同地域，以及区域经济文化差异等尺度研究星巴克的时空演替特征和影响因素。

2. 项目现实意义

近些年来，中国国内的咖啡店数量增长迅速，星巴克就是这些咖啡品牌中的典型代表。星巴克是美国一家连锁咖啡公司的名称，1971年成立，其总部坐落于美国华盛顿州西雅图市。星巴克旗下零售产品包括各式糕点食品以及丰富多样的咖啡机、咖啡杯等商品。星巴克在近20年的时间成为全球最大的咖啡连锁店，其中有一项就是得益于它的市场定位。

与之相对的是，国内一些餐饮企业举步维艰，数据显示茶馆的数量增长逐年下降，这对于一个具有上千年茶文化历史的国家来说，是一个必须引起重视的问题。2012年全球专业市场调研公司英敏特发表的《英敏特中国消费者及行业综合报告——茶馆和咖啡馆》报告显示，中国国内的咖啡店数量从2007年的15 898家上升到2012年的31 783家，几乎翻了1倍，而茶馆的数量仅增长4%。我们根据本专业视角，依托于ArcGIS技术，利用空间分析对星巴克在大陆的空间扩张进行数据化、图像化，更加清晰直观地反映其时空演替规律，分析其影响因素。以期为优化国内餐饮业发展的空间格局，缩小竞争差异增强产业经济提供决策参考。

研究内容和拟解决的关键问题：

1. 研究内容

以星巴克店面分布和现有概况为依据，以城市为单位，主要调查：①大陆地区各所在城市的开店数量、开店时间、位置情况；②大陆地区各所在城市店面的经营情况；③利用ArcGIS对所得数据进行空间分析；④对星巴克大陆扩张规律进行总结。

拟分析大陆地区的时空演替特征，利用平均最近邻距离分析、空间自相关分析、空间插值、核密度估计、空间聚类分析等方法，揭示空间核密度和空间自相关规律，试图探索产业发展对区域的空间依赖性与空间集聚模式，并进一步对星巴克发展的影响因素进行分析。

(1)星巴克店作为点状要素，有均匀、随机和凝聚3种空间分布类型，可用最邻近距离和最邻近点指数进行判别。最邻近距离是表示点事物在地理空间中相互邻近程度的地理指标。测定出每个点与其最邻近点之间的距离，取这些距离的平均值即为表征邻近程度的平均最邻近距离。当区域中的点状分布为随机型(Poisson分布型)时，其理论上的最邻近距离可用公式计算。

(2)ArcGIS的Kriging插值法是一种基于正态分布的精确局部插值方法。它是以空间自相关性为基础，利用原始数据和半方差函数的结构性对区域化变量的未知采样点进行无偏最优估计的插值方法，因而插值效果比较客观和精确。利用Kriging插值法对星巴克的密度程度，图像化显示区域差异。

(3)核密度估计法(KDE)认为地理事件可以发生在空间的任何位置上，但是在不同的位置上的概率不一样。点密集的区域事件发生的概率高，点稀疏的地方事件发生的概率低。

2. 拟解决的关键问题

(1)星巴克在华店面的相关数据采集较为困难，多渠道收集需要较多的时间精力。

(2)将ArcGIS技术利用充分化，以数理思想解决经济区域分布问题。

(3)采用合理有效的空间分析方式，保证结论的科学性和有效性。

项目实施方案：

1. 确立研究流程

在研究前期，首先，利用各种资源收集大陆地区各所在城市的店面情况，为后期的空间分析提供数据基础。其次，大量阅读与本研究相关的论文、综述、专著，查阅有关文献资料。在实地咨询的基础上，通过访谈的方式，得到星巴克更真实详细的资料。根据大陆地区星巴克咖啡店的分布特点，采用时间变迁的空间分析方法，通过对不同区域店面经营随时间变化的空间分析，提出星巴克空间扩展的规律，并确定研究时序。

2. 具体实施

(1)利用互联网、各类史籍等文献资料,查询所有涉及的开店城市,并对其进行统计分类。将地名当作离散点,通过 Google Earth、百度地图、官方网站等查询各店面的地理坐标及开店时间,并将其计入 Excel 中。

(2)将以上步骤获得的地理坐标导入 ArcGIS 中,ArcGIS 中进行空间可视化。

(3)对所有店面平均最近邻距离分析。在均匀、随机和凝聚 3 种点状分布类型中,均匀分布的最邻近距离均值最大,随机分布次之,凝聚分布最小。

(4)在空间自相关性的基础上采用 Kriging 插值法,对数据可视化处理。

(5)利用 GIS 中基于核密度估计法的空间平滑法(Spatial Smoothing),得到大陆范围内的核密度分布图,进而从空间可视化与量化角度分析星巴克的时空演替特征。

(6)根据空间分析所得各项数据结论,结合其他学科,分析星巴克的时空演替规律和影响因素。

案例有敏感的洞悉视角,研究成员充分了解当前星巴克在华发展前景越来越好,通过调查数据显示中国这样一个拥有上千年茶文化的国家,茶文化逐渐被新的星巴克文化取而代之,正是因为这样的市场背景凸显了在华开展此项研究项目的必要性。此外,研究人员在充分了解当前对星巴克研究的基础上进行了研究方法的创新,结合专业知识,借助 ArcGIS 软件平台,利用空间分析对星巴克在中国大陆的空间扩张进行数据化、图像化,更加清晰直观地反映其时空演替机制和分析其影响因素。通过多渠道收集星巴克在华店面的相关数据进行空间分析和数理统计分析,将数据进行可视化处理,从空间可视化与量化数据的角度分析星巴克在华的时空演替特征。总体来说,案例充分运用 ArcGIS 空间分析功能,通过广泛查阅资料、实地访谈等形式,保障了数据的可靠性,从而也保障了研究成果的科学性和有效性。下面将对案例处理的优点和缺点进行详细讨论并提出建议。

一、案例的优点

(1)研究对象的选择具有典型性。近年来,星巴克文化在华发展速度大幅提升,使得中国本土饮食文化受到很大的威胁,对区域经济文化具有很大的冲击力,因此开展星巴克在华时空演替规律及影响因素分析具有很大的研究价值。

(2)研究方法具有创新性。借助 ArcGIS 软件平台对星巴克文化进行空间分析。通过平均最近邻距离分析、空间自相关分析、空间插值、核密度估计、空间聚类分析等方法,从全国范围、省际、南北、东西不同地域,以及区域经济文化差异等尺度研究星巴克的时空演替特征和影响因素。

二、案例的缺点及建议

(1)研究数据获取困难。由于研究范围涉及整个中国这样一个大尺度区域,导致在实际研究中星巴克的门店数据较难获取,网络获取结果精度存疑,其他渠道难度大,同时也增加了研究成本,花费研究人员过多的精力,容易挫伤研究人员完成项目的自信心。若研究重点为外来文化对本土文化的冲击,可考虑将研究对象换为同为外来品牌的快时尚品牌无印良品作为替代对象,这样可以减小获取数据的难度,同时也建议学生在进行项目申报时应认真考虑，明晰思路，才能更好地完成项目，避免中途更换选题。

(2)本次项目研究较为表面化。由于研究人员缺乏扎实的自然地理、人文地理学理论基础，导致在简单的数理统计后没能进行较为深入的理论和原因探究。在参与科研的过程中，我们不仅要加强自己的软件操作技能，同时要加强基础理论知识的学习，才能从简单的数理统计图表中挖掘真正意义上的学术价值。

第四节　遥感类项目申报案例分析

观山湖区建设用地演变与生态安全格局构建

项目简介：

1. 研究背景

随着社会的发展，社会经济的进步，中心城市的人口越来越多，人均密度越来越小，人们也越来越追求生活质量，即更加追求生态的安全问题。生态安全是指生态系统的健康和完整情况，是人类在生产、生活和健康等方面不受生态破坏与环境污染等影响的保障程度，包括饮用水的食物安全、空气质量与绿色环境等基本要素。在不断的探索中出现了一个新兴的名词"卫星城"。卫星城作为主城区的分散所，发挥着不可小觑的作用。城市化问题的研究是学术界的热点，而不同的学科对城市化选取的指标不同，所以对城市化的定义也不尽相同，目前使用最广泛的用来表示一个国家或地区城市化水平的指标之一是城市人口占总人口的比例。随着观山湖区城市化进程的加快，人类活动的作用越来越明显，其中最明显的是土地利用的不合理，使得该区域的部分脆弱生态环境区面临着巨大的压力。例如：水土流失、空气污染、洪涝灾害加剧、生物多样性减少等生态环境问题上升到城市生态安全的层面。研究认为，城市生态系统遵循景观生态学"格局—过程—功能"原则，于是城市生态安全格局逐渐成为城市生态安全研究的新视角(滕明君，2006)。景观安全格局理论认为，通过景观过程模拟(如城市扩展、物种迁移、灾害扩散等)，能够识别出于景观过程安全健康有关的关键性景观元素、空间位置及联系。这些关键性景观元素、空间位置和联系所行成的格局就是生态安全格局。

自 20 世纪 90 年代以来，对生态安全的关注已经成为全球共识。近年来，国内外的学者对关于土地利用与生态安全方面的研究也在不断地增多，生态安全的理念在土地利用结构和布局优化中逐渐得以体现。苏伟等建立了土地利用格局优化模拟模型，进行了中国北方农牧交错带生态安全条件下的土地利用格局优化模拟研究。赵凯等在 GIS 技术支持下，选择坡度、地质灾害、河流、林地、耕地 5 个生态因子，将城市拓展区分为优先发展、适合发展、限制发展和禁止发展四个等级，对云南省福贡县城空间扩张的生态安全格局进行分析，并用以指导县城空间扩张。孙伟等通过生态服务功能和生态敏感性两方面评价，将无锡市区划为高、较高、中等和低四级自然生态约束类型区；高永年等选择地形条件、地质灾害、土壤侵蚀、生物保护、一般水体保护和太湖湖体保护 6 个要素作为城乡建设用地空间扩张的生态约束条件，基于 GIS 空间分析方法和"水桶效应"原理，最后得到湖州市现状城乡建设用地生态安全格局。然而之前对土地利用变化的研究相对较多，而以生态安全格局构建较少,如何从生态安全格局构建角度思考并指导现实生活,实现生态安全保障与土地利用优化配置的双赢,是一项迫切需要解决的科学与实践问题。生态安全格局对于指导城市建设用地布局具有重要意义。本次以观山湖区作为研究区,研究观山湖区的建设用地演变以及生态安全格局的构建,为观山湖区的发展提供科学依据。

1)观山湖区建设用地的演变

随着城市人口增长,城市规模也相应扩大,在主城区周边的卫星城用地便成了亟待解决的问题。如果不使用,那么卫星城很难再继续扩展,但如果使该处的土地变为建设用地,那么会给耕地保护造成巨大压力。观山湖区隶属于贵州省贵阳市,地处贵阳市西北部,东临黔灵山脉,南接三桥马王庙片区,西靠清镇市,北与白云区相接,并且贵阳绕城高速、贵昆高速、贵黄高速、贵遵高速穿越区境。贵阳轻轨从观山湖区始发,贵广高速铁路、沪昆高速铁路、成贵高速铁路、长昆高速铁路、渝黔高速铁路等在观山湖区汇集。贵阳市观山湖区作为一个新兴发展的区域,同时也处于城乡结合部的位置。近年来,观山湖区的发展也越来越迅速,通过对观山湖区建设用地空间格局的分析,可更进一步了解观山湖区的土地变化情况。虽然当前观山湖区的主体建设已经基本完成,但是局部仍存在着问题,通过 ArcGIS、IDRISI、ENVI 等软件对观山湖区的建设用地进行分析,可为观山湖区"十三五"土地整治规划提供科学依据。

2)观山湖区生态安全格局的构建

生态安全是指生态系统的健康和完整情况,是人类在生产、生活和健康等方面不受生态破坏与环境污染等影响的保障程度,包括饮用水的食物安全、空气质量与绿色环境等基本要素。随着观山湖区城市化进程的加快,人类活动的作用越来越明显,其中最明显的是土地利用的不合理,使得该区域的部分脆弱生态环境区面临着巨大的压力,水土流失、空气污染、洪涝灾害加剧、生物多样性减少等生态环境问题上升到城市生态安全的层面。景观安全格局理论认为,通过景观过程模拟(如城市扩展、物种迁移、灾害扩散等),能够识别出与景观过程安全健康有关的关键性景观元素、空间位置及联系,这些关键性景观元素、空间位置和联系所形成的格局就是生态安全格局。观山湖区作为城乡结合部,其土地利用活动对该区的生态安全具有一定的影响,同时生态安全格局的构建对合理配置该区土地资源利用具有一定影响。

2. 主要内容

1)观山湖区土地利用变化的时间/空间过程及特征分析

以不同分辨率的遥感影像(Landsat、Spot、Quickbird)、不同时期的土地利用变更数据为数据源(1990~2015 年为基础数据),(2016~2020 年为预测期,其中 2016~2017 年为验证期),运用 RS/GIS/GPS 集成技术,建立遥感解译标志,通过监督分类、面向对象分类、决策树分类方法,解译观山湖区的多时相、多尺度土地利用图;对多期土地利用图进行空间叠加、变化预测、转移矩阵、景观分离度分析,建立土地利用空间演变图谱,揭示宏观层面的土地利用变化特征。

2)观山湖区建设用地变化驱动机制分析

Logistic 回归模型主要是指在一个变量和多个自变量之间形成多元回归关系,用来预测某一区域中某一事件发生概率的大小,主要是指建立各土地利用与驱动因子之间的回归关系来预测某一区域演变为某一土地利用类型的概率大小。

3)观山湖区建设用地预测与优化研究

从利用的不同方面进行建设用地预测,进而采取对应的优化措施追求发展的协调性与持续性。

4)综合生态安全格局构建

A.地质灾害安全格局

近年来,随着城市化的发展,各种资源开发和工程建设活动等人类工程活动的力度普遍增大,给观山湖区本来就十分脆弱的地质环境带来了巨大的压力,地质灾害的频度和规模有逐年增加的趋势。为此,本次研究的内容就是为观山湖区构建完整的地质灾害格局。

B.水安全格局

近些年来,国内许多城市接连遭受洪涝灾害的侵袭,城市防洪安全受到严重威胁。观山湖区是新兴城市,做好水安全格局的构建是非常重要的举措之一。充分发挥湿地、湖泊、水库的洪水调蓄作用,从整个流域出发,留出可供缓冲的湿地和河道缓冲区,满足洪水自然宣泄的空间。

C.大气安全格局

城市规模过大和布局不合理是导致大气环境问题的主要原因之一,破解当前以及今后区域性大气污染问题,除要调整产业结构和减少污染排放外,还必须控制城市自身建设规模、合理推算和确定城市带之间的生态安全格局,为空气污染净化预留空间,从而达到构建大气安全格局的目的。

D.生物安全格局

随着观山湖区城市化的不断发展,面临着生物栖息地日益减少和破碎、迁徙廊道人类影响、生物种类不断减少等问题。本次研究以观山湖区特殊物种作为区域生物的指示性物种,在分析其各自生活习性的基础上,分别采用栖息地适宜性分析和阻力面分析两种方法,建立其生境安全格局,从而构建区域综合生物安全格局。

E.农田安全格局

城市的发展必然会导致农田的减少,观山湖区也不例外,在土地整理活动过程中,要因地制宜建立农田景观生态安全格局,才能最大限度地保证耕地的合理利用。本次研究正是以此为依据。

F.综合安全格局

将以上五类景观安全格局进行空间叠加,可得到区域综合生态安全格局。综合生态安全格局是全局、联系、系统地来分析某个区域最合适的区域景观格局,也就是最优状态下的安全格局。这对整个城市的合理、生态发展具有重要的意义,此次研究正是基于这样的一个理念而对观山湖区做出安全格局构建。

项目实施方案:

1.研究区概况

观山湖区隶属于贵州省贵阳市,地处贵阳市西北部,东临黔灵山脉,南接三桥马王庙片区,西靠清镇市,北与白云区相接。截至2014年11月,观山湖区辖区人口45万余人,下辖3个乡(镇):百花湖乡、金华镇、朱昌镇,9个社区服务中心,49个行政村,59个社区,面积 307 km^2。研究区区位见图 7-6。

图 7-6　研究区区位

2. 研究方法

1）综合生态安全格局构建

以人类生存安全和理想居住环境为目标，通过基础数据识别水安全、大气安全、生物保护安全以及农田安全等关键点，以生态过程作为驱动机制，构建包含水安全格局、大气安全格局、生物保护安全格局、农田安全格局，叠加构建观山湖区的综合安全格局。在现有建设用地的基础上构建"基本保障生态安全格局""缓冲生态安全格局""最优安全格局"，最后进行生态功能区划分。基本保障生态安全格局是指重要的生态要素或人类生命安全可以得到最基本的保障；缓冲生态安全格局是指缓冲人类活动对自然生态系统空间胁迫的格局；最优安全格局是指生态系统最完善，人类可以安全健康可持续发展。

2）目视解译

利用 ENVI 软件对所获得的数据进行目视解译和人机交互式解译以提高解译精度，目视解译是指专业人员通过直接观察或借助判读仪器在遥感图像上获取特定目标的过程。而人机交互则是以计算机系统为支撑环境，利用模式识别技术与人工智能技术相结合，根据遥感图像中目标地物的各种影响特征，结合专家知识库中目标地物的解译经验和成像规律等知识进行分析和推理，实现对遥感图像的理解，完成对遥感图像的解译。目视解译参考见表 7-1。

3）土地利用转移矩阵

土地利用转移矩阵来源于系统分析中对系统状态与状态转移的定量描述。通常的土地利用转移矩阵（见图 7-7）中，行表示 T1 时点土地利用类型，列表示 T2 时点土地利用类型。P_{ij}表示 T1 – T2 期间土地类型 i 转换为土地类型 j 的面积占土地总面积的百分比；P_{ii}表示 T1 – T2 期间 i 种土地利用类型保持不变的面积百分比。P_{i+}表示 T1 时点地类 i 的总面积百分比。P_{+j}表示 T2 时点 j 种土地利用类型的总面积百分比。$P_{i+} - P_{ii}$为 T1 – T2 期间地类 i 面积减少的百分比；$P_{+j} - P_{jj}$为 T1 – T2 期间地类 j 面积增加的百分比。

表 7-1 目视解译参考

种类	波段					
	单波段				假彩色	
目标物	4#	5#	6#	7#	(BGR)457	(RBG)457
雪	洁白	洁白	洁白	洁白	洁白	洁白
森林	暗灰	黑	白	白	红	绿
耕地、草地	灰	暗灰	白	白	粉	黄褐
裸地	灰	白	白	白	白	白
城市街地	灰	白	灰	暗灰	淡蓝色	红紫
湿地	灰	灰	黑	暗灰	淡蓝色	红紫
水域	暗灰	黑	黑	黑	深蓝	蓝紫

		T2				P_{1+}	减少
		A_1	A_2	…	A_n		
T1	A_1	P_{11}	P_{12}	…	P_{1n}	P_{1+}	$P_{1+}-P_{11}$
	A_2	P_{21}	P_{22}	…	P_{2n}	P_{2+}	$P_{2+}-P_{22}$
	⋮	⋮	⋮	⋮	⋮	⋮	⋮
	A_n	P_{n1}	P_{n2}	…	P_{nn}	P_{n+}	$P_{n+}-P_{nn}$
	P_{+j}	P_{+1}	P_{+2}	…	P_{+n}	1	
	新增	$P_{+1}-P_{11}$	$P_{+2}-P_{22}$	…	$P_{+n}-P_{nn}$		

图 7-7 土地利用转移矩阵

4) Logistic 回归模型

Logistic 回归模型主要是指在一个变量和多个自变量之间形成多元回归关系，用来预测某一区域中某一事件概率发生的大小，主要是指建立各土地利用与驱动因子之间的回归关系来预测某一区域中演变为某一土地利用的概率大小。

$$\text{Logit}(P_i) = \ln\left[\frac{P_i}{1-P_i}\right] = \beta_0 + \beta_1 X_1 + \beta_2 X_2 + \cdots + \beta_n X_n \tag{7-1}$$

式中：β_0 为常量；$\beta_1, \beta_2, \cdots, \beta_n$ 为回归系数；$X_1, X_2, \cdots, X_n$ 为驱动因子。

5) 项目研究技术路线

项目研究技术路线见图 7-8。

3. 项目研究与实施的基础条件

(1) 以 1990～2015 年的数据支撑作为实验基础。

土地利用的变化是一个长期的过程，而且土地利用变化也从侧面反映了一个区域的城市化进程，如果选取短时期的数据，也许分析的时候会出现偶然性，为了避免这样的偶

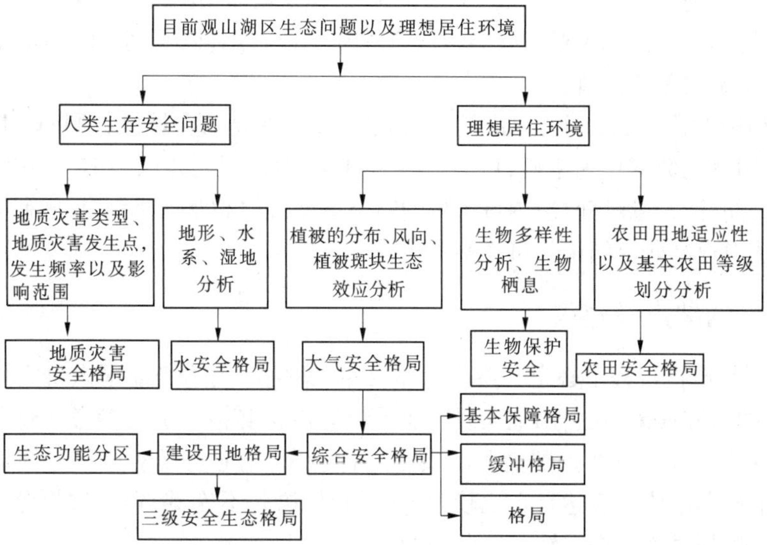

图 7-8　技术路线

然性，选取了从 1990 ~ 2015 年的土地利用变化数据提高科学性。

(2)通过实地调查确定数据的精确度。对于遥感图像上或其他我们不太熟悉的局部区域，采用外业实地调查的方式，进行实地确认之后回到内业对其进行分析操作，不然将对我们的后期分析造成一定程度的影响。

整体来说，案例研究观山湖区建设用地演变与生态安全格局构建具有重要的现实意义，尤其当前经济水平的快速增长，"卫星城"成为新时代城市格局发展演变的趋势，城市向外延伸对城市周边的地区造成了明显的影响。研究区的选择具有代表性，随着观山湖区城市化进程的加快，使得该区域的部分脆弱生态环境区面临着巨大的压力。通过相关文献资料的查阅，在总结前人研究成果的基础上决定对观山湖区土地利用方式时空演变机制和生态安全格局构建进行研究，为实现观山湖区生态安全保障和土地资源利用效益最大化提供了有力的支撑，具有一定的科学和实践意义。研究方法主要依托 ArcGIS 软件平台，且研究时段较长，具有说服力，分析多要素的影响使得研究成果具有更大的参考价值。下面将对案例的优缺点进行分析并提出建议。

一、案例的优点

(1)项目以当前观山湖区的城市化进程加快为立足点，土地利用问题是城市化过程中的重要问题，因此对建设用地的时空演变进行分析对于土地整治规划和合理利用具有重要价值。生态安全事关人类生活的方方面面，项目开展观山湖区土地利用变化的时空特征分析，建设用地变化驱动机制分析及预测优化。在构建观山湖区综合生态格局的过程中，充分考虑到相关影响因素，包括地质、水资源、大气、生物、农田等要素，整个项目思路清晰，逻辑严密，具有一定的创新性。

(2)在数据分析手段上，结合遥感数据和野外验证的方式提高判别精度。应用土地利用转移矩阵可定量分析研究区在研究时段内的土地利用方式动态演化，Logistic 回归模型可建立各土地利用方式与驱动因子之间的回归关系从而预测区内土地利用转变的概率大小和驱动机制。研究结果对于指导该区合理的土地利用,以及其他城市的土地利用变化研究具有一定的参考价值。

(3)在研究时段的选择上,观山湖区是近年来才兴起的新城区,项目以 1990 ~ 2015 年的土地利用变化数据作为基础,以 2016 ~ 2020 年为预测期并以 2016 ~ 2017 年的土地利用数据进行验证,开展该时段内城市用地时空演变规律和驱动机制,反映研究区域的城市化进程,从而提高研究结论的科学性。

二、案例的缺点及建议

(1)在项目申报过程中必定会参考大量文献,案例在阐述当前国内研究现状时引用了大量他人的研究成果,在引用他人研究成果时应用正确格式引用参考文献并将参考文献附后,可以让读者快速查找到借鉴的文献进行参考,同时也是对原作者知识产权的尊重。此外,申报书中语言表达存在比较大的问题,如语句不连贯、句子过长等。细节决定成败,在项目申报过程中必须注意这些小细节。

(2)项目申报的意义在于切实解决问题,必须阐明确实存在哪些问题需要迫切得到解决,提出问题才能更好地解决问题,所以在阐明问题的时候忌讳一笔带过。案例在阐述研究区土地利用演变时表达为“虽然当前观山湖区的主体建设已经基本完成,但是局部仍存在着问题”。这样的表述方式是欠妥的,应当具体阐明存在哪些问题,这样才能更好地支撑研究意义。

(3)案例在描述遥感影像数据时没有将遥感数据的分辨率明确,这是不恰当的,建议在使用遥感数据时遥感数据的分辨率等参数应该表述清楚。

第五节　环境类项目申报案例分析

北京高校道路尘土重金属污染健康风险评价

项目背景:

随着我国经济多元化的发展以及人口城镇化进程的加快,城市已是人类活动最强烈的地区,其环境受到工业生产、交通运输、城市建设和居民生活等因素的影响,导致城市街道尘土中积累大量有毒物质,如多环芳烃、重金属等(Xiang Li,2010;Han Y M,2006)。在外界环境活动下,这些污染物经地表径流、风力、沉降等途径而迁移到水体、土壤、大气等环境介质中,间接或直接地影响城市环境质量(Kose T,2008)。另外,还可以通过污染食物和饮用水间接危害人类健康(Aelion C M,008)。由于重金属元素具有持久性和难降解性,容易在动植物体内蓄积,Watt J 等(Watt J,1993)研究表明,儿童较多的手—口活动等原因,导致重金属在儿童体内出现不同程度地积累,并对儿童身体健康造成危害。

城市道路尘土是城市环境污染物的一种重要载体,对污染物在城市环境中的迁移转化及归宿起着重要的作用,并且城市道路尘土中含有的有毒有害的微量元素和有机物等,可能对城市生态环境和居民健康带来潜在的威胁(Liu W,2009)。有关城市环境中,地表尘土重金属污染等问题逐渐成为国内外研究的热点，不少学者借鉴于1983年美国环境保护署（USEPA）提出健康风险评价的概念与研究框架，对城市土壤重金属污染引起的健康风险进行研究，并取得了一定的成果（Lim H S，2008；Ivan G，2008）。目前，我国有关人类饮食中污染物暴露的健康风险评价研究较多，而对土壤污染物的研究较少，尤其是对城市土壤中重金属污染的健康风险评价鲜有报道。因此，城市道路尘土中重金属污染的健康风险问题亟待解决。

理论和实践意义：

北京地区是我国重要的政治、经济和文化中心，具有举足轻重的战略地位。北京作为全国最大的城市之一，截至2011年底，全市常住人口总数量已达到2019万人，机动车保有量（含摩托车）已达到520万辆。虽然北京市政府近年来实行了"摇号"政策，但今后一个时期，北京市机动车仍将以10%的较高速度增长。由于汽车大量增加、能源使用尚不够合理等原因产生的道路灰尘仍是城市环境的一大压力。机动车重金属颗粒物的排放在未来将是很严重的生态环境问题，应当引起有关部门的高度重视。

大学校园，是城市中人群密集的场所，是广大大学生集中学习生活的地方，校园道路尘土中重金属污染可能会对广大学生的身心健康造成影响。我国目前已基本建立重金属的分析技术（鲁如坤，1999），本研究拟以北京高校为研究对象，从12个高校采集数量不等的不同季节的道路尘土样品，利用电感耦合等离子体质谱仪（ICP－MS）分析道路尘土中重金属Cr、Ni、Cu、Zn、Cd和Pb的含量，初步评价不同区域、不同季节道路尘土中重金属的污染水平，并采用美国环保署（USEPA）提出的健康风险评价模型方法评价大学生在校期间通过道路尘土摄入重金属的健康风险，以期为我国城市环境污染研究提供背景数据和实际参考。

国内外现状分析：

1.国外研究概况

由于工业生产、交通运输、城市建设和居民生活等因素的影响，城市道路尘土中积累大量有毒物质，如重金属就是其中一大类。道路尘土中积累的重金属带来的环境问题已成为近年来欧美发达国家十分关心的问题。他们的工作内容主要集中在以下几个方面：道路尘土重金属的来源、存在形式、迁移转化规律及其影响因素，以及运用USEPA提出的健康风险评价概念对城市道路尘土重金属污染引起的健康风险进行评价。

美国环保署筛选出来自交通污染的21种主要有毒有害物包括Pb、Zn、Cu和Cd（US Goverment，2001）等在内。机动车辆直接排放的含重金属颗粒物及车辆行驶引起的二次扬尘，是大气粉尘中Pb、Zn、Cu和Cd含量升高的重要影响因素，同时也是公路灰尘和两侧土壤中重金属含量增加的重要因素（Harrision R M，2003）。汽车轮胎中通常含有二乙基锌盐或二甲基锌盐等抗氧化剂（Alloway B J，1990），润滑油中通常含有二硫代磷酸锌盐等抗氧化剂及分散剂，镉盐主要作为含锌添加剂的杂质存在于汽车轮胎和润滑油中（De Miguel，1997）。因此，汽车轮胎磨损及润滑油燃烧是公路Zn和Cd污染的主要来源（Sawyer R F，2000）。此外，防腐镀锌汽车板的广泛使用所产生的大量含锌粉尘，也是公路Zn污染的来源之一。刹车里衬的磨损不仅造成公路Cd和Pb污染，而且会导致Cu污染（Harrison R M，2003）。环境中的各种介质通常是不均匀的混合物（如土壤、水体沉积物)，含有无机矿物质(如 Fe 氧化物和 Mn 氧化物)和有机物等，重金属可以通过吸附、沉淀或共沉淀、络合等方式与这些物质结合(Weng,2001)，重金属元素的迁移和转化受到这些结合相态和结合机制的控制。道路尘土重金属污染与城市工业、交通活动密切相关(Fakayode S O,2003)，总体而言，城市人口越多，重金属(尤其是 Cd 和 Pb)污染越严重，在交通缓滞地段(如交通路口、红绿灯处)出现重金属污染峰值。Lim H S 等(2008)对韩国首尔卫星城镇进行的研究表明，雨季后道路尘土重金属含量有减小的趋势，尤其在污染较重的地区其含量下降得更明显。1997～2000 年，欧盟在伦敦、马德里、罗马、哥德堡等城市开展了道路尘土中铂族金属(PGE)污染及其对人体和生态系统的风险评价研究(Gomeza,B)。1999～2004 年，美国开展了关于室内地表灰尘铅的全国儿童健康和营养分析调查，着重研究室内地表灰尘铅负荷对儿童血铅的影响(Dixon S L,2008)。在非洲城市罗安达，Ferreira 等(2005)对儿童进行了街道灰尘重金属污染的健康风险评估。

2. 国内研究概况

我国目前对道路尘土重金属污染状况有比较多的研究，而对有关城市主要道路尘土的健康风险评估关注极少。在少量涉及灰尘重金属健康风险的研究中，仅有上海、乌鲁木齐、保定等几个地区有了初步的研究。郑小康等(2009)对保定市的研究结果显示，Cd 的平均致癌风险指数均达到了 1.25×10^{-5}，超过了美国环保署 1×10^{-6} 的标准，由此将导致每百万人增加 12.5 个癌症患者，已对当地居民的身体健康造成了严重的威胁。常静等(2009)研究表明，研究区域内地表灰尘重金属污染较为严重，Zn、Pb、Cu 和 Cd 平均值分别为上海市土壤背景值的 6～8 倍，Cr 和 Ni 超出 2～3 倍。暴露模型计算表明，重金属慢性每日平均暴露量为手—口接触摄入量 > 皮肤吸收量 > 吸入空气量，经手—口接触行为直接摄入是儿童地表灰尘暴露风险的主要途径。刘玉燕等(2009)研究表明，儿童的非致癌风险要大于成人；重金属对人体的总非致癌风险表现为：Cr > Pb > Cu > Zn。但儿童和成人各种重金属的 *HQ* 及 *HI* 值都小于 1，表明乌市地表灰尘重金属非致癌风险较小，不会对城市人群造成明显的健康危害。

3. 预见成果应用的影响与作用

鉴于国内针对道路尘土重金属污染的健康风险评价的研究刚刚起步，在此之际，项目所得到的北京市各高校道路尘土重金属含量的数据，可初步评价道路尘土中重金属的污染水平，并采用美国环保署提出的健康风险评价模型方法评价大学生在校期间通过道路尘土摄入重金属的健康风险，为今后制定北京城市区域内道路尘土重金属的调控措施提供科学依据，为我国城市环境污染研究提供背景数据和实际参考。

研究内容和拟解决的关键问题：

1. 研究目标

通过对北京市不同区域高校不同季节的道路尘土中重金属含量的研究，与北京的环境背景值和国内外相关研究结果进行对比，分析总结其时空分布特征，初步评价道路尘土中重金属的污染水平，并采用美国环保署提出的健康风险评价模型方法评价大学生在校期间通过道路尘土摄入重金属的健康风险，为今后制定北京城市区域内道路尘土重金属的调控措施等方面提供科学依据，为我国城市环境污染研究提供背景数据和实际参考。

2. 研究内容

(1)研究不同区域高校不同季节道路尘土重金属分布。

依据北京高校的分布情况及附近的交通道路情况,选取12所高校校内的道路尘土进行研究,分别为清华大学、北京大学、北京理工大学、北京外国语大学、北京师范大学、北京邮电大学、中国人民大学、中国矿业大学(北京)、中国科学院研究生院(玉泉路校区)、对外经贸大学、北京中医药大学和首都医科大学,并在在1月、4月、7月三个月采样,分别代表冬季、春季、夏季。分别将Cr、Ni、Cu、Zn、Cd和Pb的含量与北京地区尘土的环境背景值以及和其他做过相关研究的城市进行比较,得出北京市道路尘土重金属的污染水平,并对季节变化对环境中重金属含量的分布的影响进行研究。

(2)评价大学生在校期间通过道路尘土摄入重金属的健康风险。

采用美国环保署提出的健康风险评价模型评价大学生在校期间通过道路尘土摄入重金属的健康风险,拟得出北京高校道路尘土重金属的健康风险状况。

项目特色及创新点:

(1)项目有很好的实践性。该项目分析了北京市不同区域高校不同季节道路尘土中重金属的含量,从而探究北京市不同区域高校道路尘土中重金属含量的空间及季节分布规律。北京市作为经济、政治、文化中心,有其特殊的重要地位,选取北京高校作为采样点,交通方便,也相对较安全,便于样品的采集。

(2)项目具有较好的可拓展性。在该项目的基础上,可以进一步调查研究更大尺度上的问题,如对整个北京市市区范围内(不局限于高校校园)的道路尘土中重金属含量的污染水平进行研究并进行重金属健康风险评价。

项目实施方案:

1. 技术路线

技术路线见图7-9。

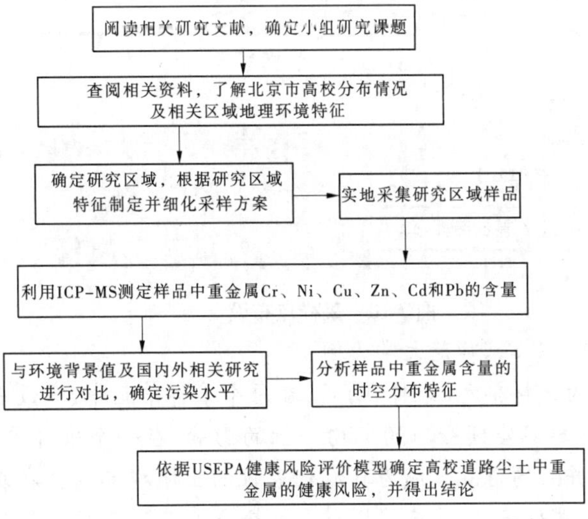

图7-9 技术路线图

2. 道路尘土样品的处理及重金属含量的测定

通过调查后，对北京城区内不同高校的道路尘土进行采样。如图 7-10 所示，对位于海淀区的清华大学、北京理工大学、北京外国语大学、北京师范大学、北京邮电大学、中国人民大学、中国矿业大学（北京）、中国科学院研究生院（玉泉路校区）、国防大学，朝阳区的对外经贸大学、北京中医药大学和丰台区的首都医科大学等高校道路进行尘土采样工作。在 1 月、4 月、7 月三个月采样，分别代表冬季、春季、夏季。采样工具有毛刷、聚乙烯铲和聚乙烯样品袋等，采样工具用稀硝酸清洗。用毛刷收集沿道路边 0.5 m 以内的道路尘土，聚乙烯铲截取后装入聚乙烯样品袋。尘土样品采集后自然风干，拣出石砾和动植物残渣，并充分混匀。再将样品用 63 μm 尼龙筛网过筛子，并用封口袋装好待用。准确称取样品 40 mg，置于容量为 10 mL 的聚四氟乙烯消解罐中，加入 2 mL HNO_3和 0.2 mL H_2O_2，超声 1 h 后放在电热板上 60 ℃保温 24 h。蒸干样品，然后加入 1.5 mL HNO_3，超声 1 h 后加入 1.5 mL HF，放在电热板上 60 ℃保温 24 h。放入高压釜中 190 ℃消解 48 h。取出蒸干样品，再加入 1 mL HNO_3和 4 mL 高纯水，超声 10 min，采用称重法，用高纯水稀释定容后待测。重金属 Cr、Ni、Cu、Zn、Cd 和 Pb 的测定采用 Elan DRC－e 型电感耦合等离子体质谱仪（ICP－MS，美国 PerkinElmer 公司）。

图 7-10　采样点布设

附：采样点布设——以北京师范大学为例

选择 12 所高校作为采样单元（采样点）后，在每个采样单元中，布设一定数量的采样点（采样分点）。为减少样品空间分布的不均一性的影响，在一个采样单元内，应在不同方位上进行多点采样，并且均匀混合成为具有代表性的土壤样品。拟在北京师范大学校园内选取 9 个采样分点进行采样，然后将 9 个采样分点样品混合后作为北京师范大学采样点样品。

3. 健康风险评价模型

1)暴露量计算与暴露参数

地表尘土重金属主要通过3种暴露途径进入人体,即手—口途径摄入、呼吸系统吸入和皮肤接触等。上述3种途径的暴露量计算公式(USEPA,1989,2002)为:

$$ADD_{\text{ing}} = c \times \frac{IR_{\text{ing}} \times CF \times EF \times ED}{BW \times AT} \tag{7-2}$$

$$ADD_{\text{inh}} = c \times \frac{IR_{\text{inh}} \times EF \times ED}{PEF \times BW \times AT} \tag{7-3}$$

$$ADD_{\text{derm}} = c \times \frac{SA \times CF \times SL \times ABS \times EF \times ED}{BW \times AT} \tag{7-4}$$

式中:ADD_{ing}、ADD_{inh}和ADD_{derm}分别表示手—口直接摄入、呼吸系统吸入和皮肤接触的日均暴露量,mg/(kg·d);c为尘土重金属含量,mg/kg;IR_{ing}表示手—口途径摄入的速率,mg/d;IR_{inh}表示呼吸吸入的速率,m^3/d;CF表示转换系数,kg/mg;EF表示暴露频率,d/a;ED表示暴露年限,a;BW表示平均体重,kg;AT表示重金属平均暴露时间,d;PEF表示颗粒物排放因子,m^3/kg;SA表示暴露皮肤面积,cm^2;SL表示皮肤黏着度,mg/(cm^2·d);ABS表示皮肤吸收因子。

暴露参数的选择对环境健康风险的评价十分重要,直接关系到评价结果的科学性、合理性。作为主要的技术参数,对于暴露参数的取值参考,目前很多国家和地区建立了适合于当地使用的暴露参数手册或数据库,包括美国、日本、韩国及欧洲国家等(Duan Xiao-li,2009)。相比而言,我国在暴露参数研究调查方面还处于初级阶段。本文参考USEPA健康风险评价方法(USEPA,1997,2004)和我国场地环境评价指南(Jian Lin,2004)以及国内外相关研究(Chen G L,2010;Li Ru-zhong,2011),暴露量计算模型公式中测参数取值见表7-2。

表7-2 暴露量计算模型参数取值

暴露参数	单位	取值		参考文献
		儿童	成人	
IR_{ing}	mg/d	200	100	(USEPA,1989)
IR_{inh}	m^3/d	7.63	12.8	(USEPA 2002; DUAN Xiao-li ,2009)
EF	d/a	350	350	(USEPA,2002)
ED	a	10	30	(刘玉燕,2009;USEPA,1989)
BW	kg	15	55.9	(USEPA,2002)
AT	d	$365 \times ED$	$365 \times ED$	(Duan Xiao-li ,2009)
PEF	m^3/kg	1.36×10^9	1.36×10^9	(USEPA,1997;USEPA,2004)
SA	cm^2	1 150	2 145	(USEPA,1989)
SL	mg/(cm^2·d)	0.2	0.7	(USEPA,2004)
CF	kg/mg	1×10^{-6}	1×10^{-6}	(USEPA,1997)
ABS	—	0.001	0.001	(USEPA,2004)

2）健康风险评价方式

本研究中6种重金属元素都具有慢性非致癌风险，其中Cr、Ni和Cd同时具有致癌风险。对于重金属元素非致癌风险和致癌风险的表征模型（USEPA，1997，1989；Chang Jing，2007）如下：

$$HQ = ADD/RfD \tag{7-5}$$

$$HI = \sum_{i=1}^{m}\sum_{j=1}^{n} HQ_{ij} = \sum_{i=1}^{m}\sum_{j=1}^{n} ADD_{ij}/RfD_{ij} \tag{7-6}$$

$$CR = ADD \times SF \tag{7-7}$$

$$TCR = \sum_{i=1}^{m}\sum_{j=1}^{n} R_{ij} = \sum_{i=1}^{m}\sum_{j=1}^{n} ADD_{ij} \times SF_{ij} \tag{7-8}$$

式中：HQ表示非致癌风险指数，即危害商；HI表示多污染物多暴露途径的非致癌总风险指数；ADD_{ij}和RfD_{ij}分别表示第i种污染物第j种暴露途径下的日均暴露量和参考剂量，mg/（kg·d）；当HQ或$HI<1$时，表示非致癌风险较小或可以忽略；当HQ或$HI>1$时，表示存在非致癌风险。CR表示致癌风险指数；TCR表示多污染物多暴露途径的致癌总风险指数；SF_{ij}表示第i种污染物第j种暴露途径的致癌风险斜率系数，kg·d/mg。通常情况下，致癌风险低于$10^{-6}\sim10^{-4}$是可以接受的。关于本研究中重金属元素的参考剂量RfD及Cr、Ni和Cd在呼吸吸入途径下的致癌斜率系数SF（Chang Jing，2007）。重金属不同暴露途径的RfD和SF见表7-3。

表7-3　重金属不同暴露途径的RfD和SF

参数	Cr	Ni	Cu	Zn	Cd	Pb
$RfDI_{ing}$[mg/（kg·d）]	3.00×10^{-3}	2.00×10^{-2}	4.00×10^{-2}	0.30	1.00×10^{-3}	3.50×10^{-3}
$RfDI_{inh}$[mg/（kg·d）]	2.86×10^{-5}	2.06×10^{-2}	4.02×10^{-2}	0.30	1.00×10^{-3}	3.52×10^{-3}
$RfDI_{derm}$[mg/（kg·d）]	6.00×10^{-5}	5.40×10^{-3}	1.20×10^{-2}	0.06	1.00×10^{-5}	5.25×10^{-4}
SF_{inh}[（kg·d）/mg]	42.00	0.84	—	—	6.30	—

案例抓住了关键的切入点，随着我国经济多元化的发展以及人口城镇化进程的加快，城市是人类活动最强烈的区域，其环境受到工业生产、交通运输、城市建设和居民生活等因素的影响，导致城市街道尘土中积累大量有毒物质，严重影响人体的身心健康。首先，通过罗列大量文献总结出当前已有研究成果，针对道路土壤污染研究较少，说明了开展本研究的必要性。其次，研究区的选择为北京12所高校，由于大学生群体的特殊性，开展研究评价大学生在校期间通过道路尘土摄入重金属的健康风险进行评估具有重要的意义。样品采集及数据分析方法上的严谨性保障了研究结论的可参考性，该项目所取得的研究成果有助于环境部门制订相应的治理措施。下面将对案例的优缺点进行详细的讨论并提出相应的建议。

一、案例的优点

（1）研究切入点的创新性。通过大量的文献阅读，发现目前我国主要集中在有关人类饮食中污染物暴露的健康风险评价研究较多，而对土壤污染物的研究较少，尤其是对城市土壤中重金属污染的健康风险评价鲜有报道。因此，城市道路尘土中重金属污染的健康风险问题需要迫切得到解决，以道路尘土污染作为研究内容同时体现了研究的创新性和应用价值。

(2)研究对象的特殊性。北京地区是我国重要的政治、经济和文化中心，具有举足轻重的战略地位，由于汽车大量增加、能源使用尚不够合理等产生的道路灰尘，超负荷的环境容量使得该区域人居环境及人体身心健康受到严重的污染。尤其大学校园这种特殊的场合，其环境安全事关广大学生的身心健康发展和保证学习效率的前提，因此本项目研究对象具有特殊性使得本项目具有重要的研究意义。

(3)样品采集的严谨性。在每个采样单元中，均匀布设一定数量的采样点(采样分点)。为减少样品空间分布不均一性的影响，在一个采样单元内，在不同方位上进行多点采样，并且均匀混合成为具有代表性的土壤样品。采样方案有效避免了较大的数据误差，从而保证了研究结果的可靠性。

(4)数据分析的科学性。在进行暴露量计算时，暴露参数的选择对环境健康风险的评价对评价结果的科学性、合理性产生重大的影响。当前我国在相关方面的研究尚处于初级阶段，在查阅大量文献资料的基础上参考 USEPA 健康风险评价方法和我国场地环境评价指南以及国内外相关研究，保证了数据分析结果的合理性是必要的。

二、案例的缺点及建议

(1)采样的时间间隔太大。案例中在 1 月、4 月、7 月 3 个月采样，分别代表冬季、春季、夏季，采样时间间隔太长导致研究结果出现一定的误差。为避免此类现象发生又能保证研究人员时间的高效分配，采样时间间隔既不能太长也不能太短，建议将采样时间间隔缩短至一个月，以月代替季度，这样能将研究内容深入到重金属含量的一个连续动态变化过程，将每个季度内 3 个月的平均值作为该季度道路尘土重金属含量，和案例原来的方案相比较，研究结果更具科学性和更高的参考价值。

(2)研究区范围选择过小，案例只选取了北京 12 所高校进行研究。建议将研究区扩展至北京市，研究尘土中重金属含量的分布规律，及其季节性的分布规律。对今后环境治理部门制订道路尘土重金属的调控措施等方面具有参考价值，为我国城市环境污染研究提供背景数据和实际参考。

针对当前大学生进行创新训练项目申报，编者提出以下几点建议：

(1)由于本科阶段刚开始接触科研工作，在最初参与地理专业相关研究工作时，应先对研究对象的背景、现状、发展有系统的了解，初步判断该研究方向是否有意义，避免为了研究而研究。

(2)利用 GIS 技术从事空间人文社科研究时，数据具有不可替代的作用，但数据获取是一大问题。如以星巴克在华时空演替研究项目为例，在实际研究中可能星巴克的门店数据较难获取，网络获取结果精度存疑，其他渠道难度也大。因此，可以考虑选择其他数据获取较为容易的品牌作为替代对象，数据来源及精度极其重要。同时，作为从事地理学相关研究的新手，选择基础数据较易获取的研究对象，有助于前期培养科研兴趣。

(3)初入科研的学生容易陷入追求技术的沼泽，一叶障目。过分追求“高大上”，导致偏离了研究的目的和初衷,最新颖的技术不一定就是最合适的研究方法。对于本科初期阶段,培养科学严谨的科研逻辑思维比技术重要,手段是为科研思维和研究方向服务的,作为学生在研究中不应本末倒置。

(4)科研是严谨有序的工作,与平时基于个人兴趣的小练习不一样,仔细认真和潜心钻研是必须的。而平时课余练习的小习惯会在不知不觉中影响正常科研进程。数据处理是一个较为枯燥的过程,马虎或者不必要的错误带来的就是不必要的返工,这样可能挫伤学生初期科研的信心和耐心。

(5)本科期间初涉科研是一个模仿创新的过程,基于必要的论文阅读量,通过归纳总结可以拓宽学生的研究思路和眼界。大学生应开拓自己的视野,打好理论基础。

第八章　大学生科研论文与报告撰写

本章主要是撰写科研论文和研究报告的基础知识，总结了在科研论文和研究报告写作过程中应注意的问题及每个部分的基本要求。从论文的选题、摘要、关键词、插图编绘和图表的排版等内容的基础知识和易出现的问题进行分析，对论文和研究报告的写作知识进行总结，希望能对论文写作的初学者有所帮助。

第一节　科研论文撰写基础知识

科研论文是指作者为了一定目的（发现、发表、学位、完成任务），对某一问题研究思考有创新性的结果或有了新的见解而写成的专门的文章。主要形式包括科学技术报告、学术论文、学位论文等（延军平，2000）。科研论文是作者向读者分享自己研究成果的一种重要形式，因此文章要有足够的论据，分析过程中要实事求是，用数据说话，切勿无中生有，无形夸大，避免使用有歧义的表达方式，要给读者直观的结论。论文写作要逻辑严密，结构严谨，表达规范。

一、论文的选题

选题是论文写作过程的首要环节和核心要素之一，它既决定着论文写作的主要方向和目标，同时对文章的写作思路和方法有一定的局限（刘洁民，2008）。所谓"题好一半文"，就是说一个好的论文选题相当于论文写作已经成功了一半，选题对于科研论文的写作重要性不言而喻。那么在论文选题中应注意哪些细节？如何才能选好题呢？下面就选题过程中应注意的问题进行讨论。

（一）选题的创新性

好的期刊一般都要求论文是具有创造性或高水平的，而且把对论文的创新性要求放在首位（李加林等，2017）。作者在选题时应大量阅读相关研究领域发表的学术论文，避免自己的选题和他人发表的成果重复。在文章中要明确当前的研究现状、存在的问题以及自己的研究区别于他人的地方。创新不是一味地追求标新立异，而是作者通过自己的思考，提出新观点、新方法、新视角与新材料，以更快地寻求到解决问题的办法（刘洁民，2008）。选题的创新包括研究方向、研究方法和研究内容上的创新。例如使用新的采样方法、构建新的评价体系、提高获取数据的精度，基于学科基础理论的研究方向创新和基于学科交叉融合的研究方向（姚鲁烽等，2007）等，都属于创新的范畴。一味地生搬硬套他人的方法和理论而不考虑研究区和研究对象的适用性是绝对不行的。

要实现选题的创新性，即开拓性，可通过以下几点实现：①关注研究内容的主流期刊。这样可以帮助我们了解最新的研究进展及前沿动态，当然不是说排斥非主流文献，而是指在阅读的精力和时间上有一定的倾向。②关注研究领域的主流学者。主流学者是指活跃在科研工作第一线,代表当前国内外研究水平的学者。通过阅读主流学者的文章、著作等可以快速了解前沿术语和概念,快速掌握大量有用信息。一般主流学者的参考文献都是极具代表性的,通过阅读这些参考文献了解当前主流研究的情况就差不多了。③了解前沿动态。了解前沿动态的途径和方法是非常多样的,例如阅读主流文献、主流学者的著作、参加学术研讨会、聆听学术报告等方式。同时,还可通过阅读统计年鉴帮助我们系统地了解相关领域的年际动态变化(袁毓林等,2017)。

(二)选题的可行性

在进行论文选题、项目申报时要考虑完成任务的可能性。应结合自己的专业特长与优势、个人兴趣与课题研究的必要性进行课题的选择,对研究内容具有一定的知识储备,可使自己的潜力得到最大程度的发挥,从而避免选题的盲目性。

(三)选题的时代性

可选择社会关注度较高的话题,解决当今社会面临的较为棘手的问题,既富有时代意义也能增强研究内容的实用性。例如,选择气候变暖、地区环境问题、经济发展问题等(延军平,2003)。由于学生的知识储备有限,在选题过程中一定要多思考,多加工查阅的资料,在确保选题具有一定时代性的同时也要确保科学性。科研工作中要具有解决问题的意识,结合时代背景选择切合实际的题目,找准突破点,这样的选题才真正具有科研意义和学术价值(王佩,2008)。

(四)选题的适度性

尽量选择较小的题目,小题目可以做出大文章,以小的点进行切入,综合国内外在相关研究领域内的研究成果,深入思考可能解决的问题,将一个小问题做到通透,而不是为了科研而科研。如果题目太大,往往会花费大量的时间和精力,但研究内容只能流于形式,难以取得实质性的进展(贾洪伟等,2016)。

(五)选题的注意事项

(1)应在阅读大量文献的基础上进行选题,避免因参考文献太少,对前人的研究成果了解得不够深入,使得选题没有意义。

(2)避免在选题过程中太倾向于个人主观意识,不选择具有争议性的选题(朱源,2003)。

(3)避免陌生区域选题。地理学研究工作的区域性是非常强的,作者在论文写作前应在研究区开展工作,对研究区有全面了解(姚鲁烽等,2015)。

二、论文的体例

论文的组成部分主要包括标题、摘要、关键词、引言、正文、结论与讨论、参考文献这些内容。每一部分的写作需要按照一定的规范进行撰写,作者在论文写作前应先熟悉格式要求,在投稿前应参照投稿期刊的格式要求进行规范化处理。

(一)论文的标题

论文标题即论文所要表述的核心主题。题目最基本的要求是表述确切、简明,文题相符,长短适宜。“长短适宜”是指论文的标题不宜过长或过短,按国家出版要求,标题字数一般控制在20字以内,如果提炼后字数仍然太多,可以考虑加副标题的形式来说明(王树婷等,2013;李小玲,2017)。标题中最好不加顿号、逗号、引号、问号等标点符号。论文的标题体系由各级标题构成,反映了文章的行文结构及分析脉络,能够帮助读者更好地抓住要点和掌握框架结构。同时图表标题应具有自明性,这样可以帮助读者不用读完文字也可以大致了解文章的内容(姚鲁烽等,2015)。

(二)论文的摘要

摘要是论文核心内容的准确提炼。中文摘要一般不宜超过200~300字,外文摘要不宜超过250个实词。其基本要素包括研究目的、方法、结果和最终结论。为了加强国际交流,一些论文还附有外文摘要(多为英文,外文摘要须附文章外文标题)。摘要通常置于题名和作者之后、正文之前,外文摘要有时也放在论文的结束后。由于篇幅有限,摘要的表达要简明、清晰、完整(王树婷,张敏,2013)。《科学技术报告、学位论文和学术论文的编写格式》(GB 7713—87)和《中国学术期刊(光盘版)检索与评价数据规范(修订版)》(CAJ-CDB/T1—2006)对于摘要编写有明确规范:浓缩文章观点,重点展示研究结论、突出创新点;具有独立性与自含性,读者不需要通读全文就能得知论文主要内容,可以作为完整短文供文摘与论点摘编等二次文献采用或独立存在;一般不出现图表、非公知公用符号、简称与缩写、公式等;当使用相邻专业的读者所不熟悉的简称、缩略语、符号、代号时要做出必要的注释。要注重高度概括和深度挖掘,不要对文章进行自我褒贬评价,所述内容应力求客观真实(李小玲,2017)。

(三)关键词

关键词也称主题词,是能准确反映研究内容和主题信息的词语,对于论文的学科划分,网络查询等具有重要作用,可帮助读者迅速、准确地检索和了解论文的核心内容。一般3~6个,置于摘要之下,正文之上,字数一般不超过15个字(王树婷等,2013)。关键词主要分为:研究主题、研究方法、研究区、研究时序4种类型。一般是较为具体的名词而不是过于宽泛的通用词语,比如原则、探讨、分析、意义、影响等通用词语就不适合关键词。因为地理学研究的区域性,要使读者能够快速捕捉到研究开展的情况,应将研究区的地名作为关键词以提高其识别度,方便读者能快速筛选到感兴趣区域的研究论文。一般地名关键词放置在关键词的最前面或最后面。注意关键词使用的学术名词一定要准确,在全文行文中要统一(姚鲁烽等,2015)。

(四)引言

引言又叫前言,起引入论述的作用,此部分要将开展问题研究的原因、背景和研究意义等做简短的说明,准确反映论文的创新性和科学性。王小唯等提出了学术论文引言,结构模型包括层次模型(指出论文的创新性、体现论文的科学性)和结构模型(总结和分析相关研究成果、找出研究中的未解问题、提出论文要解决的问题、阐明研究问题的思路、简述研究问题的方法)(王小唯等,2003)。因此,在引言部分的撰写应该体现以下几点:

(1)总结前人的研究成果。

引言中要简述和分析国内外当前研究现状,说明哪些人在什么地方,用了什么样的方法进行研究,在引用他人研究成果时应注明引用并列出相关文献,尊重和学习他人的研究成果可以深化和拓展对研究问题的认识。

(2)分析相关研究的不足。

对相关领域的研究成果进行系统总结和分析,找出他人的研究存在的不足,可以更好地指导研究工作的开展。在对他人研究成果进行评价时,应力求客观,在充分查阅国内外相关文献的基础上进行评价,谨言慎行。

(3)指出本研究与他人的异同及创新点。

说明本文研究与前人研究在地区、方法、内容、数据处理手段等方面的异同,将本文的先进性、科学性、实用性、创新性阐述翔实。明确本文的新思路,提出本研究所待解决的科学问题和切入点。

(五)正文

正文主要包括研究区概况、数据的获取、方法的论述、论证的过程、结论和讨论等几部分内容(姚鲁烽等,2015)。

1.研究区概况

研究区概况主要就是说明研究的区域背景,包括自然条件、社会经济条件、历史沿革等。在写作时要注意选择能够说明在该区域开展研究的代表性和科学意义的背景知识,以及讨论该区域研究成果对于其他区域的适用性。在研究区概况中,对研究要素影响较大的地理背景要进行着重说明(姚鲁烽等,2015)。例如,当研究喀斯特地区土壤水分的时空变化时就应重点说明该地区的地形地貌、土地利用状况、植被覆盖状况、石漠化程度、降水量、温度、太阳辐射等影响土壤水分变化的因素。

2.数据的获取

在阐述野外采样方法时,要明确说明采集样品使用的工具,采集数据的周期,样点分布的尺度大小,并且要说明进行这样布设的依据以保证结果的合理性和科学性。如果是获取遥感数据,需要说明数据的影像类型、精度及分辨率等参数,同时要说明数据筛选的依据,要进行校正,目视解译完成后要进行野外验证。在引用他人实验数据或统计年鉴时要做好标注,并在参考文献部分详细列出参考文献和书籍的信息。

3.方法的论述

一般情况下,研究方法分为采用前人的研究方法、改进他人的研究方法和创造自己新的一套方法三种情况。第一种情况常用几句描述性的语言进行介绍,第二种情况应说明对前人的方法进行改进的原因和依据,以及通过改进后能够获得哪些好处。如研究环境导致的地域差异,研究数据的类型及原来方法本身存有的不足需要改进等。第三种情况下作者自己想出来的一种新方法就应做详细的交代,并说明自己的方法与前人的方法相比较所带来的科学性和先进性(姚鲁烽等,2015)。

4.结果分析

研究结果与分析的重点是指出本研究的现象、规律、因果关系。主要内容包括:① 现象揭示。数据表现出来的自然现象。② 规律分析。将本文所分析的研究要素与前人不同地区的同类研究结果进行区域比较。③ 因果关系。将本文所分析的现象与前人的同地区其他相关要素的研究结果进行比较(何书金等,2007)。分析过程中文字与图表结合进行,此部分内容的写作要注意行文整体的协调性,避免文章形式突兀、不美观等,主要包括文字与数字的一致性、文字与图表的协调、图表的协调等(姚鲁烽等,2015)。

1）文字与数字的一致性

在论文的写作过程中一般在定性描述的前后要给出相应的定量数据，或对实验数据进行数理统计，对研究要素的升降幅度、变化趋势、离散程度等做定量分析。文字描述要与数字传递的信息相对应，所有的论点都要有数据支撑。

2）文字与图表的协调

在文章中要对每幅图进行必要的分析，否则插图将没有意义。在对研究要素变化进行描述时，要对节点变化进行必要的解释，尤其是最高值、最低值、转折点的数据。文字的内容要与图表传递的信息相对应，不能无中生有。

3）图表的协调

在论文的撰写过程中，图表表达的内容要具有一致性，同时要用文字对图表所表达的内容进行阐述。根据实际需要选择图表的形式，不必变化形式重复表达。

（六）结论

结论的写作主要包括创新性、可靠性、明确性和条理性四个方面（姚鲁烽等，2007）。

（1）结论的创新性。论文的结论部分，即阐述通过本次研究所发现的地理规律。因此，在结论部分不应出现引用参考文献的现象，科研的意义不在于去证实前人的研究成果是否正确，而在于人们能够基于前人研究的基础上，探索到解决问题的办法。在此部分内容中，作者应将自己的研究成果与前人的研究成果进行对比分析，指出本研究与他人的研究有哪些不同，相比于他人的研究，自己的研究有哪些特色和创新，只有通过不断的探索，才能使科研的意义得到升华，使我们的研究有实践意义和学术意义。

（2）结论的可靠性。科研论文的结论应在论文中有论据支撑而不能是作者的揣摩，不要将文中的论证部分得出的小结作为结论再次呈现，否则会让论文出现无论据且研究结果不严谨的现象。为了提高论文的质量，结论部分的总结应注意用语的科学性，不能随意或肆意夸大研究成果。在没有充分的论据时，作者不应进行自我臆测的延伸。因为地理研究的显著区域差异，不能将某一研究区的研究成果去讨论其他区域的概况。

（3）结论的明确性。在进行结论写作时应力求语言凝练精准，简明易懂，不应该出现“大概”“估计”等带有猜疑色彩的词语。应尽可能得出定量的结论而不是简单的文字堆砌。

（4）结论的条理性。在结论部分，建议将结论分条阐述而不是大篇幅的文字让读者自己提炼结论。不仅会造成读者的视觉疲劳，同时也会使文章的质量大打折扣。如果使用级标题将论文进行分论点阐述，并且每一个级标题与文章论证部分的内容相对应，这样既能保证不遗漏论文研究的要点内容，而且能增强文章的条理性，更好地帮助读者理清全文的行文脉络。

（七）讨论

文章的讨论部分是文章的核心内容，是衡量文章质量好坏的标尺（王通州，2013）。

（1）讨论本研究成果具有什么样的意义及应用价值，同时提出本研究尚未解决的问题，探讨今后研究开展的方向。

（2）对研究中存在的问题进行自我反思，提出改进的建议，为今后的工作树立目标。出现研究结果有悖于前人的研究结果时，应对数据的计算、标准划分、规范的适用性等进行检验和讨论，并说明造成此类现象的原因。

（八）参考文献

参考文献是指论文中所引用或借鉴过的文章、书刊或其他资料等，通常按照文中出现的顺序罗列在正文的末尾。论文中列出的参考文献要实事求是，录入时必须遵守学术论文写作格式文献录入规范（王树婷，2013）。在文献中主要有 5 个地方需要标注参考文献：①各类数据资料；②实验分析方法；③数学模型的使用；④分级分类标准；⑤学术观点、结论。在引用文献时应注意三点：相关性、广泛性、可靠性（刘春凤等，2009；姚鲁烽，2008）。

1. 参考文献的相关性

应广泛查阅相关学科、相关区域、相关方法的文献，避免重复前人的研究，同时也可以给我们提供参考。参考文献最好参考最新发表的期刊文章，这样可以避免使用陈旧过时的结论进行论证而导致文章的不严谨，尽量引用近 5 年的期刊论文。

2. 参考文献的广泛性

由于地理学研究的综合性特点，各地表要素都与其他要素之间相互影响。因此，在撰写论文时要注意广泛阅读研究区其他相关学科的研究成果。同时，由于地理研究的地域差异，要注意当前国内外的研究进展，参考文献最好要包括国内外相关的期刊文章。广泛阅读前人的文章，会对撰写论文提供很大的帮助。

3. 参考文献的可靠性

最好引用高水平期刊文章，论文质量可以得到保障。在引用他人的研究数据和研究方法时一定要是最原始的文章，切记不能间接引用他人的文献。同时还要注意参考文献要是在中国知网、维普、万方等网站能够查找到的文献。

（九）文字的表达

论文的写作还应注意文字的表达，要做到概念明确、条理清晰、逻辑严密、表达适宜等。那么如何才能做好以上几点呢？下面将进行详细讨论。

1. 书面语言的表达

科研论文的写作一定要注意用词，必须使用书面化语言，忌讳语言口语化。文字描述要精确凝练，减少赘余，尽量用较少的文字传递出更多的信息，同时又能使读者较好地理解所表达的内容。

2. 专业术语的使用

在使用专业术语时要注意规范，当不能确定或心有疑虑时要查阅相关的图书或文献，不能自作主张，或想当然地进行词汇乱用。

3. 学术语言的表达

对论文中出现的专业术语进行解释时应用较为简短的语言进行解释。论文中要避免使用存在分歧的语言，不宜在语言表达上进行过分的修饰。论文的质量并不是取决于辞藻多么华丽，而在于对问题认识的深度和分析是否全面。

4. 英文表达的缩写

专用名词的缩写在文中第一次出现的时候要写明英文的全称和相应的中文，如 VC（variable coefficient，变异系数）。

三、论文的数据处理

在地理学论文中,数据的处理是全文的核心内容,在地学研究中经常需要引用他人的数据进行论证。论文中的数据一般包括观测数据、实验数据、统计数据、遥感数据、调查数据5种类型。数据检查的内容包括:来源、即时程度、时间尺度、空间范围、选取类型、完整程度、处理过程和精度验证等(姚鲁烽,赵歆,2002;姚鲁烽等,2015)。

(一)数据的来源

凡是论文中的数据一般都应说明数据源。引用他人论文或著作中的数据时必须标注参考文献出处,避免出现剽窃他人研究成果的行为。要检查文稿所列数据是否与被引文献的源数据相符。数据来源标注的要求如下:

(1)数据原始出处的标注。标注数据出处应该直接引用该数据最初的文献出处,而不是间接引用后人再使用的文献。数据要从已发表的正式出版的期刊论文或者著作中选择,以保证数据的准确性和可靠性。

(2)数据由相关机构提供。明确数据的观测统计者、出版机构、数据获取和发布年份,在论文中要对提供数据的相关工作人员和机构进行说明和致谢。

(3)网络共享数据。若使用数据为网络共享数据应对获取数据的网站、主管单位、许可人员进行说明。在引用普查数据或统计年鉴数据时要说明年份。

(4)数据的获取方法。文中要对获取数据的方法途径进行必要的说明,对数据进行合成时要各类数据的来源以及处理的依据,具体用到的某个软件、处理技术等都需要做详细的说明。

(二)数据的即时程度

科技论文的数据资料的即时性是论文内容新颖性和即时性的重要表征(姚鲁烽,赵歆,2002)。一般情况下,气象、水文、国民经济统计资料等有统计年鉴出版的资料数据和环境污染、遥感解译等数据在论文中应有最新至3年前的数据;大面积的耕地、林区、草场等土地利用面积以及水土流失数据应包括最新至5年前的数据;人口普查、工业普查资料等全国性普查资料应包括最近一次的普查资料数据。

(三)数据的时间尺度

科研论文要以充分的数据进行论证,这就对数据获取的时长有一定的要求。因各类自然要素特性存在差异,对数据时间长度的要求也因研究要素差异各异。如欲研究某地方历史文化演化、历史人口迁移规律等问题时就需要至少几百年的资料。若要研究气象要素,水文要素等自然要素变化需要至少近50年的数据资料。在预测性的论文中,实测数据时段应是预测时段的5倍以上,推测的可靠性才能较高(姚鲁烽等,2002)。

(四)数据的空间范围

数据的空间跨度关系着数据的代表性和科研成果的可推广性。地理环境的区域差异性,使得同一自然要素在不同的区域环境的演化机制存在差异。所以在研究许多自然因素的空间变化时,要在足够大的空间范围进行研究才能保证其研究成果的可靠性,如研究气候、植被、土壤、水文等要素的空间分布特征就需要在一个相对大的区域范围内开展研究。

另外,为保证研究的合理性,数据的空间密度的选择要具有代表性方能提高研究结果的可信度。比如,由于中国地域辽阔,降水、气温、植被组合状况、土壤条件等自然要素的变化受经纬度与海拔等的影响,从而引起很大的区域差异,因此数据要采用全国不同区域的数据进行对比分析而不是简单的采用全国平均数据进行代替。在进行野外数据采样时,如研究的是大尺度范围内的空间演化机制,如果样点过少,代表性差,研究结果就缺乏说服力。

(五)数据的处理

在进行数据处理时要交代清楚数据的处理方法。在数据的转换过程中要严格按照国家有关标准进行,如可参考 GB/T 17798—2007 地理空间数据交换格式标准。当进行数据合成时,要对采用的数据来源进行全面的说明。对多种来源数据合成的图表要分别说明各地、各类数据的来源。采用的资料数据较多时,应对其合成的方法与合成的过程,以及选用方法的原因进行详细的阐述(姚鲁烽等,2015)。

1. 数据的数字化处理

从已有图件资料数字化得到研究所需的数据,如年日照时数、地形图、年平均降水量分布图、植被覆盖度图等,要对这些图件资料的比例尺、生产时间、不同类型的数据在空间尺度上是否存在差异,运用何种方法实现匹配的过程进行详细的说明,可借助 GIS 平台实现。

2. 数据的异常值检测

在进行实验数据分析时,运用 SPSS 等软件对采样数据进行异常值分析,分析产生异常值的原因,去除异常值保证研究结果的科学性。

3. 数据的参数化处理

数据的参数化处理是地理学用于建立相关模型研究的方法之一,在使用时应注意对数据参数化进行相关说明。如对气象观测数据进行参数化处理要说明处理后的数据有何用途及其与未进行参数化处理的数据有何区别。

(六)数据的检索收集

中国的很多气象数据、环境数据、统计数据等都在国家相关部门网站上可公开获取。地理学主要数据网站例举见表 8-1。

表 8-1 地理学主要数据网站例举

网站名称	网址	数据内容
中国生态系统与生态功能区划	www. ecosystem. csdb. cn	中国生态数据
地球系统科学数据共享平台	www. geodata. cn	地球信息科学数据
中国资讯行搜数网	www. sohoo. com	中国和各国经济和社会统计数据
地理空间数据云	www. gscloud. cn	卫星遥感影像数据
国家气象科学数据共享服务平台	Data. cma. cn	中国气象数据
GIS 空间站	www. gissky. net/soft/	国家卫星数据服务中心
地理国情监测云平台	www. dsac. cn/DataProduct/Detail/200804	土地资源数据、生态环境类数据、灾害监测类数据等数据
喀斯特科学数据中心	www. karstdata. cn/index. aspx	喀斯特专题数据库和普定喀斯特生态系统观测研究站数据等数据
中国生态系统评估与生态安全格局数据库	www. ecosystem. csdb. cn	中国生态系统评估数据库、中国陆地生态系统数据库等
寒区旱区科学数据中心	westdc. westgis. ac. cn	世界寒区旱区科学数据平台

四、论文的插图规范

地图是地理学科研成果的重要表现形式之一,也是能够直观反映地理要素的空间分布、空间组合、空间相关、时空演化机制最简化的方式,论文中对插图有严格的要求(姚鲁烽等,2007;姚鲁烽等,2015)。

(一)插图底图的选择

(1)地图的边界线有明确的界定,凡是涉及国界线的地图都要严格按照国家测绘地理信息局和中国地图出版社最新标准地图绘制,绝不能犯国土信息不全的致命错误。

(2)底图类型的选择。底图一般要选择能够反映研究内容的地图。例如,在制作样点分布图时可选择地形图或土地覆盖类型图为底图。

(二)地物的标注

地图应标绘出相关地名、样点位置、边界线等论文涉及的相关地理要素。

(1)地名的标注。地图中应该标绘出在论文中提到的地名、河流、山峰以及周边重要的城镇等,使读者能够了解研究地点的空间位置。对研究要素分布密度高低的地区要进行标注方便读者核实。

(2)样点的位置标注。地图中应标绘出论文采用数据的位置,例如气象、水文、生态等观测站点的位置,以及土壤、植物、水系等采样点的位置分布,使读者能够了解论文研究要素的空间分布状况。

(3)边界线的标注。在论文插图制作时要标绘出边界线,帮助读者更好地理解研究区的地理分布格局。

(三)插图的经纬度格式

论文中的研究要素若以经纬度为分界,则地图应有经纬度的标绘。经纬度数值要有单位,如108°50′30″,即在数值的上方要有单位符号。此外,在制图过程中,要保证研究要素内容得以充分表达,经纬网格的调整要保证经纬线至少有两条及以上(见图8-1)。当插图经纬度的分或秒数值皆为零时,可以省略分值或秒值的标注。如当纬度为45°00′00″时,直接用45°表示即可。

(四)插图的比例尺

比例尺是反映图上距离与实际距离比值的工具。在地理学论文的写作过程中,地图通常用于反映研究要素的空间密度、覆盖面积等。习惯性使用线段比例尺的形式以便于地图的缩放,比例尺单位通常用英文小写字母的缩写进行标注。

(五)插图的字体字号

插图的字体一般使用宋体,在地图中若涉及水体的标注要使用斜体字体。通常使用小5和6号字体较为适宜,因为字号太小容易给读者带来阅读困难,字号过大影响美观。地图中的省、市、县、乡等不同级别行政区地名的字号大小应该相差半个字号。插图中的文字尽量不与地图线段重叠,文字的底色不宜用深色进行填充。

(六)插图的图例要求

地理学论文插图反映的地理要素一般都需要有相应的图例表示,一般情况下对图例的要求包括以下几个方面:

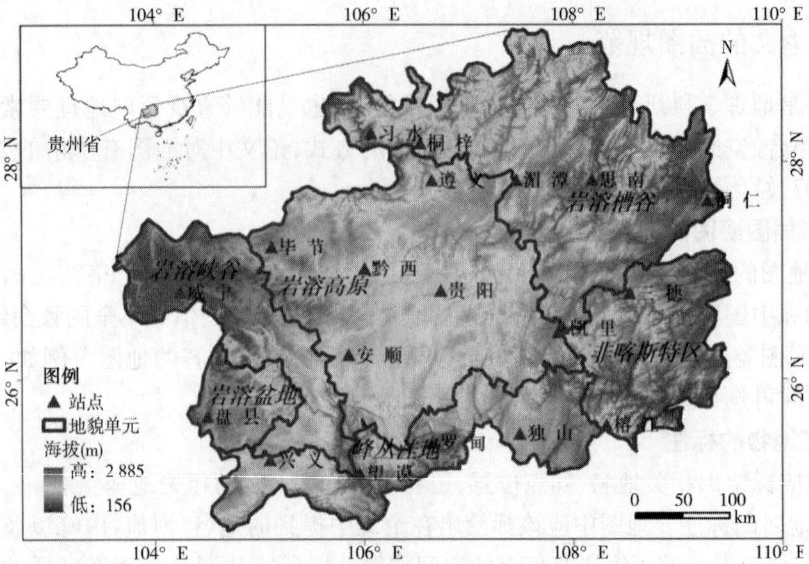

图 8-1　插图经纬度标注示例

(1)图例类型不能空缺。图例应该包含需要空间分布状况的所有地理要素。插图中出现的所有要素、线段、色调等,图例中都要包含,不能遗漏。

(2)图例的设置要符合惯例。分类图例的设计要符合惯例,不能任由个人喜好随意设置。如铁路的图例设置要选择 railway 名称的图例,水系的图例设置要选择 river 名称的图例,景点的图例设置可以选择相应的点的图例。如系统内的图例不满足制图者个性化的需要,还可根据自己的要求制定相应的图例。

(3)计量单位要明确。数字系列图例标题要有计量单位,一般不用“图例”二字简单进行标注,而要用数字的具体名称作为计量单位标注。如降水量(mm)、气温(℃)、高程(m)等。

(4)图例的标注。图例中的相关说明应该是用图的方式进行表达,而不是在文章中解释,更不要在插图标题下进行解释,直接图例解释即可。此外,图例标注应该明确,不应存在表达模糊的现象。如应标注“气象站”“水文站”而不是简单地标注成“观测站”。

(七)插图的使用说明

1. 插图意义的说明

在论文中应该对插图使用的意义、绘制的方法进行必要的说明。对插图的意义、特征进行阐释,同时要与结果分析的过程相协调。在论文中一般不用对插图的标题进行重复说明,通常情况下使用括号将插图的序号标示在文中相应的地方即可。

2. 插图数据的说明

(1)插图的地点和时间段。插图的标题要对插图涉及的地点和时间段进行说明,使读者在脱离文字的条件下能够看懂插图。比如,“图 3# 1995 ~2000 年贵州喀斯特石漠化演化分布图”,不能简单表达成“图 3#喀斯特石漠化演化分布图”。

(2)绘图的方法。例如,在对地表土壤水空间变异特征进行空间插值时,要说明插值的方法是克里金插值还是样条函数插值,为什么要选择这样的插值方法及其有什么优点。

(3)遥感影像数据的时间和波段。当论文使用的插图为遥感影像时,要在文中或者插图的标题中说明影像拍摄时间、波段和分辨率等参数。

(八)插图的来源

插图分为自己作图或引用他人的图,根据他人插图进行改绘的图或引用他人的科研数据进行绘图。

(1)引用他人插图时需要列出相关的文献并在插图标题后标注插图出处的参考文献号。示例:(据文献[××])。

(2)依据他人的插图进行改绘时,如发现不足之处应进行修正和完善,并且要在插图标题后标注参考文献号。示例:(据文献[××]改绘)。

(3)如果插图是根据他人的数据进行绘制,要列出相关的参考文献,并在插图后标注参考文献。示例:(本图根据×××的数据进行绘制[××])。

五、论文表格的排版

表格主要起到对研究数据的集合、对比、分类和排序作用。表格编制的总体要求是:

(1)表格的题名、表头、数据、计量单位、出处注释要相符,做到排列层次分明。

(2)表格的符号、单位、数值等要与正文保持一致,在正文相应位置要有表格引用标识。

(3)表格应具有自明性(姚鲁烽等,2007,2015)。

按照表格所要表达的内容将表格分为文字表格和数字表格。

(1)文字表格在论文中的主要作用是将资料来源、研究方法、分类标准、项目类别进行排列。

(2)数字表格主要是对论文中研究数据的集合、对比、分类等进行罗列,是进行数据分析的一种重要表现形式。

(一)表格的基本格式

表格的总体要求:表格的基本要素完备,在文中的位置标注正确,资料齐全。

1.表格的基本要素

表格主要由题名、表线、表头(行表头和列表头)、数据和标注组成。计量单位、出处等注释要明确,使读者在没有阅读正文的情况下也能大致理解文章所要表达的内容。

2.表格的位置标注

应在正文的相应位置明确标注表格序号,并且做出相应的表格数据说明。示例:"近50年来贵州省土地利用方式变化……(见表1)"。

3.表格的资料列举

表格中各项资料的列举应表达完善。如果表格中有数据空缺处,可用横线代替,并说明数据空缺的原因。

(二)表格的形式

论文的表格形式一般采用国家期刊出版规定的"三线表"形式。三线表由顶线、隔线和底线等三条线段构成。三线表样式见表8-2。

表 8-2　三线表样式

列表头	列表头	列表头
行表头		
行表头	表格数据或表文	
行表头		

（三）表头的项目

（1）行列表头的项目说明要清晰。表头不宜仅用符号字母，还应有中文说明和计量单位，使不同专业的读者都能够理解符号的含义。表格中缩写符号、计量单位、数值等要与正文保持一致（见表 8-3）。

表 8-3　表头项目的正确形式示例（有中文术语和计量单位）

土壤侵蚀模数[t/(km^2 · a)]
……

（2）公用的计量单位应标于表题中不必列于表中导致表格不美观。计量单位采用英文缩写的国际标准形式（见表 8-4）。

表 8-4　× × 城市 × × × × 年生态质量分级面积统计　（单位：km^2）

差	较差	一般	良	优
2 168.54	7 116.31	7 212.01	4 804.72	5 267.43

（3）同行列数据计量单位一致时，将计量单位列在表头，而不是重复在表中列出（见表 8-5）。

表 8-5　同列数据计量单位一致时的计量单位列举方式示例

土壤含水量（%）
30
43
25

（四）表注的说明

表注通常位于表格之下，内容主要包括以下几个方面：

（1）说明表格中获取的实验方法、统计方法、数据来源等信息。

（2）说明表格中相关缩写符号的含义及有些地方出现空缺的原因。

(3)说明表格中数据不同信度的标注,“ * ” “ * * ”等标注符号的意义。

(五)表格的数据格式

数据表格主要用于数据的集合、排序和对比分析。所以,表格中数据的排列方式应该是有利于数据分析。

1. 数据的集合

表格是数据的集合,只有将各类数据尽可能地排列在一个表格中,才能起到数据分类、对比和排序的作用。在表格数据集合的形式上做以下几点要求:

(1)一个表格要排在同一版面上,以保持表格的完整性和可读性。

(2)表格应尽量横排,避免竖排,以方便读者从电脑网络上阅读。

(3)当表格横向数据少而纵向数据多时,可将表格截为两个表并列,中间用双线分隔。

(4)只有一列或一行数据时,改用文字说明代替表格。

2. 数据的排序

表格中的数据应注意有序排列,避免无序任意堆放。

(1)数据的行排序。按地理方向(自南向北或相反)、数值大小、分区等级等自上而下进行排序。

(2)数据的列排序。按区域行政隶属、逻辑关系、数据类型自左向右进行排序。

六、参考文献及其著录标准、范围及示例

首先需要说明的是,下述参考文献著录规范,是多数期刊的通常要求,不同期刊可能有小范围差异,个别期刊著录要求可能不一致。读者应在投稿前,仔细阅读各期刊的参考文献著录要求。

(一)著录标准

1. 排列次序

依在正文中被首次引用的先后次序列出各条参考文献。

2. 具体要求

项目齐全、内容完整、顺序正确、标点无误。

3. 注意事项

(1)只有 3 位及 3 位以内作者的,其姓名全部列上,中外作者一律姓前名后。

(2)共有 3 位以上作者的,只列前 3 位,其后加“,等”或“,et al”。

(3)外文文献中表示缩写的实心句点“. ”一律略去。

(4)原本就缺少某一项目时,可将该项连同与其对应的标点符号一起略去。

(5)页码不可省略,起止页码间用“-”相连,不同的页码引用范围之间用“,”相隔。

(6)正文中参考文献标引一律用上标形式的方括号内数字表示,方括号和数字不必用粗体。

(二)著录范围

(1)已在国内外公开出版的学术期刊上发表的论文。

(2)由国内外出版公司或出版社正式出版的学术著作(有 ISBN 号)。

(3)有 ISBN 号的会议论文集及论文集中的析出论文。

(4)博士和硕士学位论文。

(5)专利文献。

(6)国际标准、国家标准和部颁标准。

(7)报纸文章。

(8)电子文献。

其他性质的资料可以作为正文的随文脚注,非纸张型电子文献应注明载体类型,见后述。

(三)参考文献类型及其标志

根据《信息资源的内容形式和媒体类型标识》(GB/T 3469—2013)规定,对参考文献类型在文献题名后应该用方括号加以标引,以单字母方式标志各种参考文献类型(见表 8-6)。

表 8-6　参考文献类型

参考文献类型	期刊文章	专著	论文集	学位论文	专利	标准	报纸文章	报告	资料汇编	其他文献
类型标志	J	M	C	D	P	S	N	R	G	Z

(四)电子文献类型标志

对于数据库(database)、计算机程序(computer program)及电子公告(electronic bulletin board)等电子文献类型的参考文献,以表 8-7 中字母作为标志。

表 8-7　电子文献类型标志

电子参考文献类型	数据库	计算机程序	电子公告
电子文献类型标志	DB	CP	EB

对于非纸张型载体的电子文献,当被引用为参考文献时需在参考文献类型标志中同时标明其载体类型,采用双字母表示电子文献载体类型:

磁带(magnetic tape)——MT; 磁盘(disk)——DK; 光盘(CD-ROM)——CD; 联机网络(online)——OL。

以下格式表示包括了文献载体类型的参考文献类型标示:

[电子文献类型标示/载体类型标示],如:[DB/OL]——联机网上数据库(database online);[DB/MT]——磁带数据库(database on magnetic tape);[M/CD]——光盘图书(monograph on CD-ROM);[CP/DK]——磁盘软件(computer program on disk);[J/OL]——网上期刊(journal serial online);[EB/OL]——网上电子公告(electronic bulletin board online),以纸张为载体的传统文献在引作参考文献时可不必注明其载体类型。八类参考文献的著录格式及示例见表 8-8。

表 8-8　八类参考文献的著录格式及示例

文献类型号	文献类型	格式示例
1	学术期刊	[序号]作者. 题名. 刊名,出版年份,卷号(期号):起页-止页.
		[1]高景德,王祥珩. 交流电机的多回路理论[J]. 清华大学学报,1987,27(1):1-8.(完整的) [2]高景德,王祥珩. 交流电机的多回路理论[J]. 清华大学学报,1987(1):1-8.(缺卷的) [3]Chen S,Billing S A,Cowan C F,et al. Practical identification of MARMAXmodels[J]. Int J Control,1990,52(6):1327-1350.(完整的)
2	学术著作	[序号]作者. 书名. 版次(首版免注). 翻译者. 出版地:出版社,出版年:起页-止页.
		[4]竺可桢. 物理学[M]. 北京:科学出版社,1973:1-3. [5]霍夫斯基. 禽病学[M]. 胡祥壁,等译. 北京:农业出版社,1981:7-9. [6]Aho A V,Sethi R,Ulhman J D. Compilers Principles[M]. New York: Addison Wesley,1986:277-308.
3	有 ISBN 号的论文集	[序号]作者. 题名. 见:(In:)主编. (,eds.)论文集名. 出版地:出版社,出版年:起页-止页.
		[7]张全福,王里青. "百家争鸣"与理工科学报编辑工作[C]. 郑福寿. 学报编论丛:第 2 集. 南京:河海大学出版社,1991:1-4. [8]Dupont B. Bone marrow transplantation in severe combined inmunodeficiency[C]. In:White H J,Smith R,eds. Proc. of the 3rd Annual Meeting of Int Soc for Experimental Hematology (ISEH). Houston:ISEH,1974:44-46.
4	学位论文	[序号]作者. 题名[学位论文]. 保存地点:保存单位,年份.
		[9]张竹生. 微分半动力系统的不变集[D]. 北京:北京大学,1983. [10]余勇. 劲性混凝土柱抗震性能的试验研究[D]. 南京:东南大学,1998.
5	专利文献	[序号]专利申请者. 题名[P]. 国别,专利号,发布日期.
		[11]姜锡洲. 一种温热外敷药制备方法[P]. 中国专利:881056073,1989-07-26.
6	技术标准	[序号]起草责任者. 标准名称:标准代号 标准顺序号—发布年. 出版地:出版社,出版年.
		[12]全国文献工作标准化技术委员会第六分委员会. 文摘编写规则:GB 6447—86[S]. 北京:中国标准出版社,1986.

续表 8-8

文献类型号	文献类型	格式示例
7	报纸文献	[序号]作者. 文献题名[N]. 报纸名,出版日期(版面次序).
		[13]谢希德. 创新学习的新思路[N]. 人民日报,1998-12-25(10).
8	电子文献	[序号]作者. 文献题名. 电子文献类型标示/载体类型标示. 文献网址或出处,更新/引用日期.
		[14]王明亮. 标准化数据库系统工程新进展[EB/OL]. http://www.cajcd.edu.cn/pub/980810-2.html, 1998-08-16. [15]万锦坤. 中国大学学报论文文摘(1983-1993)(英文版)[DB/CD]. 北京:中国大百科全书出版社,1996.

第二节　研究报告撰写基础知识

研究报告是记录某一科研项目调查、实验、研究的成果或进展情况的一种文体(孙东雷等,2016)。其种类大致包括可行性研究报告、开题报告、阶段性研究报告、结题报告等(王树婷等,2013)。

一、研究报告的组成部分

研究报告组成部分主要包括:标题、引言、研究方法、研究结果、讨论、参考文献和附录等。研究报告的内容要回答好三个问题:一是"为什么要研究?",即提出问题,这项课题提出来的背景,研究这项课题的理论意义和现实意义是什么。二是"怎样研究?",即分析问题,要着重讲清研究的理论依据、目标、内容、方法、步骤,研究的主要过程。三是"解决了什么问题?",即解决问题,取得了哪些研究成果,对解决现实问题的促进作用,不仅要具体陈述课题研究出了什么具体的成果,如公开发表的论文、出版的教材、专著等,还要提炼重要的观点,把特色和创新点重点阐述(张箐等,2013)。

(一)标题的拟定

要求简明扼要反映研究主题。有三种表达式:①点题式,即用研究课题的名称作为标题,研究内容、范围、对象和方法一目了然。②概括式,即用一句话作标题,言简意赅,反映课题研究的核心问题。③结合式,即用主标题和副标题结合组成标题,用副标题把主标题补充完整(中国基础教育发展中心,https://mp.weixin.qq.com/s)。

(二)引言的写作

此部分内容包括研究问题概述、研究假设与研究目标、研究的目的与意义、文献综述等。要求根据原有方案和情报资料,实事求是介绍课题研究的理论意义和实践价值。要求交待清楚为什么要研究这一问题,即课题研究提出的原因和研究的意义;要研究什么,即课题研究的假设、研究目标及关键概念的界定;课题研究的时代背景,即目前国内外该课题的研究情况，包括前人研究成果与观点的综述、研究现状等（中国基础教育发展中心，https://mp.weixin.qq.com/s）。

（三）研究方法的写作

研究方法主要指研究对象、研究工具与材料、测量方法与程序等。要求交待清楚研究的操作定义，研究采用的特殊工具、设备和方法手段，研究对象的确定；调查的方法与项目，实验因素的操作、无关因素的控制，资料的收集和处理等。研究方法交待要具体，要有条理性。

（四）结果分析部分的写作

研究成果主要指概述研究发现与结果，对假设、问题、目标的结果描述，统计检验的结果等。要求将收集到的原始资料与数据进行数量统计，做出定量分析；对非数量化的资料，要进行整理、分析、比较、归纳，开展逻辑推理，用文字进行定性分析。数据要严格核实，要注意图表的正确格式。

（五）讨论部分的写作

讨论的内容主要指对结果的诠释、研究的局限性、对理论和实践的意义、展望等。要讨论课题研究结果的科学性，对研究结果做理论上的分析，对不同于他人研究结果的地方要做出解释。还有必要讨论课题研究方法的科学性、可行性、研究数据的可靠性，以便为后面的相关研究提供参考。

（六）结论部分的写作

研究报告的结论部分包括对结果的概括和推论，针对问题提出建议与措施等。要求简明归纳研究成果的基本要点，即研究了什么问题，有什么结果，说明了什么问题。要求客观真实、简洁明确、观点鲜明。

（七）附录和参考文献

附录是指内容太多、篇幅太长而不便于写入研究报告但又必须向读者交代的一些重要材料。参考文献是指在实验报告中写清参考和引用别人的材料和论述。应注明出处、作者、文献标题、书名或刊名及出版时间。这既是表示对他人研究成果的尊重，也方便读者查找文献。

二、研究报告写作中应注意的问题

科研报告要有“三严”的精神，即严肃的态度、严谨的学风、严密的方法。报告必须达到“五性”要求，即科学性、客观性、公正性、确证性、可读性（中国基础教育发展中心，https://mp.weixin.qq.com/s）。因此，在研究报告撰写过程中需注意以下问题：

（1）研究内容充实饱满，尽量囊括研究范围、对象、内容、方法、结果。要注意避免内容空泛。重点应放在介绍研究方法和研究结果方面，只有研究方法是科学的，才能保证研究结果是可靠的。人们阅读科研报告，主要关心的是如何开展研究，在研究中发现了什么问题，这些问题解决是否解决，如何解决以及未来的研究方向等。这样可增加报告的说服力和可读性。

（2）观点的表述依靠数据的支撑，要做到论点与事实相结合。科研报告一定要有具体材料，尊重事实，从事实中提炼出观点。

(3)研究缺失,没有实现理论层次上的升华。研究报告不应该停留在实验数据的数理统计分析,要对数据背后的机制进行思考。这也要求研究我们要深化理论知识的学习,平时要注意对知识点的梳理和概括。

(4)实事求是。研究结论不要夸大,在下结论时要注意前提和条件,不要绝对化,更不要以偏概全。

第三节 地理学大学生研究报告中常见的问题

一、格式不规范

撰写研究报告,和撰写论文一样,是有规定的格式的。撰写的方向不一样,内容、要求都会不一样。所以要细心注意格式要求,不要在这种最基础的小细节上出问题(吴丽等,2017)。

二、把握不好内容

在大学生撰写地理学的研究报告的过程中,往往对每个部分内容的把握不到位,主要表现为分不清每个部分的主次。在写研究报告时,建议先拟题纲,这样可以及时发现错误并进行改正。建议不要大篇幅地表述常识性的内容,最好简洁鲜明,抓住重点。

三、语言表达口语化

大学生还没有形成较为系统的学术思维模式,写研究报告时常会出现表达口语化、不会使用学术性语言,对专业术语感到陌生的问题。这可以通过大量的阅读文献来提高,在阅读过程中,要注意对专业名词的理解和记忆。可以找素材经常练练笔,提升语感。

四、题目中存在的问题

题目中心不突出、不鲜明,不能让读者一看题目就知道想要表达的内容,不明白研究报告的价值取向。有的题目存在研究视角不佳,只停留在当前的状态,缺乏前瞻性眼光。

五、缺乏科学写作的基本功底

这主要体现在如下几个方面:

(1)不会查找资料。根据自己的研究报告选题,部分学生不知道如何查找资料和应该查阅哪些相关资料。

(2)不会正确运用资料。查阅有关资料后,不能正确理解和引用。在引用资料容易时断章取义,或引用的资料不能充分支撑自己的观点。

(3)缺乏一定的学术逻辑思维能力,行文逻辑思路不清晰,论述层次不分明。

六、文献的收集、阅读、评价和提炼方面

大学生在撰写研究报告时发现的主要问题是:文献范围不够开阔、文献资料陈旧、创新性不足,在阅读文献的过程中缺乏独立思考和辨析,习惯摘抄现成的观点和数据(朱勇等,2013)。

在对文献收集时应注意权威性、代表性和新颖性，文献来源尽可能广泛化以及多样化（欧阳建超，2011）。文献阅读中要保持积极思考，对于其研究方法、论据和论证过程、观点的形成和推导、文献的信度、可靠性和有效性等核实和辨析，不要脱离文献做自我臆测。

参考文献

[1] 延军平. 简析地理科学论文的写作方法[J]. 陕西师范大学继续教育学报，2000(4)：88-89.

[2] 刘洁民. 论学术论文写作的选题原则[J]. 探索与争鸣理论月刊，2008(5)：129-131.

[3] 李加林，何书金，朱晓华. 基于同行评审视角的地理学论文写作[J]. 地理学报，2017，72(9)：1717-1728.

[4] 姚鲁烽，何书金，赵歆. 地理学论文的数学模型写作要求[J]. 地理学报，2007，62(5)：555-560.

[5] 袁毓林，王恩旭. 怎样形成具有开拓性的博士论文选题[J]. 中国大学教学，2017(5)：42-48.

[6] 贾洪伟，耿芳. 方法论：学术论文写作[M]. 北京：中国传媒大学出版社，2016.

[7] 延军平. 如何写好地理科学研究论文[J]. 陕西师范大学继续教育学报，2003，20(3)：119-121.

[8] 王佩. 学术论文选题的可持续性原则[J]. 四川教育学院学报，2008，24(177)：34-38.

[9] 朱源. 论文写作规范与研究生学术研究能力[J]. 外语与外语教学，2003(7)：25-27.

[10] 姚鲁烽，何书金，赵歆. 地理学论文写作[M]. 北京：科学出版社，2015.

[11] 王树婷，张敏. 地理教学研究成果如何表述——谈地理教学研究报告与论文的撰写[J]. 湖北科技学院院报，2013，33(9)：153-155.

[12] 李小玲. 研究型论文中的常见问题——基于《热带地理》近年的同行评审意见[J]. 热带地理，2017，37(6)：880-886.

[13] 王小唯，吕雪梅，杨波，等. 学术论文引言的结构模型化研究[J]. 编辑学报，2003，15(4)：247-248.

[14] 何书金，姚鲁烽，赵歆. 地理学论文的写作规范与要求[J]. 地理学报，2007，62(6)：669-672.

[15] 王通州. 科技论文中"讨论"的写作[EB/OL]. [2013-10-06]. http://blog.sciencenet.cn/blog-96298-541844.html.

[16] 李小玲. 学术论文中引言与讨论的核心内容及其对应关系[J]. 热带地理，2014，34(1)：130-132.

[17] 刘春凤，何书金，赵歆，等. 地理学论文中常见的格式问题[J]. 地理科学进展，2009，28(3)：478-480.

[18] 姚鲁烽，何书金，赵歆. 地理学论文参考文献的规范[J]. 地理学报，2008，63(6)：669-671.

[19] 姚鲁烽，赵歆. 地学论文审稿中的数据分析[J]. 编辑学报，2002，14(1)：34-35.

[20] 姚鲁烽，何书金，赵歆. 地理学论文的插图[J]. 地理学报，2007，62(1)：104-111.

[21] 姚鲁烽，何书金，赵歆. 地理学论文的数学模型写作要求[J]. 地理学报，2007，62(5)：555-560.

[22] 何书金，姚鲁烽，赵歆. 地理学论文的表格要求[J]. 地理学报，2007，62(2)：222-224.

[23] 孙东雷，陈超. 浅谈撰写科研报告的基本要求[J]. 应用写作，2016，4：29-31.

[24] 张箐，肖玲莉，薛凌云. 教育科研结题研究报告，需要回答好"三个问题"[J]. 湖北经济学院学报（人文社会科学版），2013，10(5)：157-164.

[25] 吴丽，宋峥嵘，王佳莹，等. 科技报告的认识和撰写误区[J]. 兰台世界，2017，22：61-63.

[26] 朱勇，杨蕾. 提高地方高校硕士学位论文质量的对策研究[J]. 价值工程，2013(28)：273-275.

[27] 欧阳建超. 创新能力培养视角下的大学生科技信息素质教育分析[J]. 中国科技信息，2011(13)：154-156.

第九章　大学生创新发明与专利申请

大学阶段的学生思想较为活跃,他们不仅能够利用工具对地理事物和现象进行探究,而且在探究的过程中,能够对已有工具进行改进,或者直接创造出前人没有的新工具,从而更加方便地理工作者对地理过程和规律进行探索。本章主要介绍了创新发明的基本技法和专利申请的相关知识,学生通过本章知识的阅读,能够了解到发明和专利申请的相关知识,从而进一步激发学生创新发明的兴趣,为今后开展发明工作和专利申请奠定良好基础。

第一节　地理学大学生创新发明[1]

一、地理学大学生创新发明的目的与意义

创新教育是高层次的素质教育,是培养大学生综合素质的最终目标。创新意识和创新能力的培养就是要在坚实的理论和综合实践的基础上,突破常规的思维模式。

(一)树立创新观念,提升创新能力

创新教育涉及大学生的心理、生理、智力、思想、人格等诸多方面,并且多方交织、相辅相成。地理学在当今社会创新创业大发展的社会背景下,更需要凸显地理学的创新。而地理学的创新不仅体现在地理科学理论与实践的创新,更体现在对地理学大学生的创新意识培养和创新能力提升。地理学大学生积极参与创新教育和实践,提升个人的综合素质、创新创业能力及意识,可对地理学大学生毕业之后的工作和生活提供更多的思维、方法和理论的帮助,也能为地理学大学生的继续深造提供更良好的理论与实践创新基础。

众多高校的地理专业或多或少都存在重视专业知识的传授而忽视综合能力培养的现象。通过在大学生中开展创新发明教育,将有助于高校地理学专业从注重传授知识转向注重实践能力培养和综合素质提高。

(二)培养大学生创新精神,唤醒学生的创新意识

在如今信息和知识大爆炸的时代,知识增长和转化的速度不断加快。尤其在大数据蓬勃发展的背景下,学习和接受知识固然十分重要,但是更重要的是对于信息的选择和整合,以及信息的转换和运作。简而言之,就是对于信息的加工处理能力的提高日趋重要。培养合格的地理学大学生并非单靠课堂上知识的传授,更要通过对学生的思维进行启发、引导以及加强地理实践力来促进学生的学习思维和学习方式转变,因此培养地理学大学生创新意识和创新能力尤为重要。目前,许多高校已经把培养大学生的创新精神、创新思维和创新能力作为高校教学方式转变的突破口。在众多的实践中已经表明,参加创新实践活动对于大学生的学习能力和综合素质的提高具有很大的促进作用。地理学是一门讲

---

[1] 本部分主要引自文章《十种最常用的发明创造技法》,http://dxmt.blog.sohu.com/147925582.html.

究理论与实践相结合的学科,参加实践创新活动对于提高地理学大学生的综合能力具有重要作用,并且对于高校提高自身的教学质量、培养具有创新意识和创新能力的人才均有较大的益处。

二、地理学大学生创新与发明意识的培养

强烈的创新意识是地理学大学生开展创新实践活动的动力和先决条件。没有创新意识,就不可能产生创新的需求和萌发创新的动机;没有创新意识,即使具备创新的能力,也不一定能产生创新活动。强烈的创新意识是优秀人才必备的基本素质,地理学大学生要在学习和生活中养成良好的创新意识。

(一)树立正确的问题意识

世界上的每一个个体都是不一样的,不同的个体看待问题也会有不同的角度。有些人能一眼就发现问题所在,有些人即使问题摆在眼前也会视而不见。人们在认识活动中,对客观存在的事物矛盾具有较强的敏感性,能够把握一些令人困惑的难题,进而产生一种怀疑的精神,这种怀疑的精神又会在人们的认识过程中不断地促使人们进一步探究新事物。创新的前提条件是发现问题,而问题的发现又是由创新思维决定的,因此一个缺乏问题意识或者问题意识不足的人是无法进行创新活动的。在知识更新迅速的今天,良好的问题意识是地理学大学生主动汲取知识的强大动力,是培养地理学大学生创新能力的基础。

(二)激发创新动机

人类的任何行为都有其动机,有些动机是显性的,即人们已经意识到了;有些动机是隐形的,还没有被人们意识到。

在心理学上,动机对人的活动有三种功能:

(1)激活功能:引发某一项活动。

(2)指向功能:指导这一项行动向一定的目标进行。

(3)强化功能:维持和调整这一项行动。

大学生的创新动机直接影响着大学生对创新活动的期待,对创新结果的评价和体验,并进一步影响着大学生创新意识的发展和从事创新活动的积极性。

(三)培养创新兴趣

心理学认为,当人们对某一事物产生了兴趣,就会在头脑中形成一种叫“优势兴奋中心”的东西,从而使人保持高度集中的注意力,并维持很长一段时间。当个体探究的是自己心中向往的东西时,个体在这个过程中就会保持良好的精神状态。兴趣是培养创新意识的重要条件,兴趣对培养大学生的创新意识起着非常重要的作用。

1. 兴趣的培养

创造培养兴趣的环境是兴趣培养不可忽视的环节。当前,利用环境激发学生的学习兴趣已被广泛运用于教学当中,大学生作为学习的主体,要主动创造环境,激发创新意识,培养兴趣。

2. 探寻培养兴趣的途径

在许多人眼中,创新是一种遥不可及的能力,认为创新是少数天才的表现。其实创新并不一定非要是伟大的发明创造,对事物的任何一种不同认知或任何一个问题的不同解

决办法都是创新的表现。大学生要学会用自己独特的眼光去观察世界,多思考自己的问题,多学习知识,拓展自己的兴趣面,培养符合自身的广泛兴趣爱好。

三、发明创造技法

发明创造技法是从发明创造中总结出来的一切有利于人们运用创新思维规律去实现发明创造的方法。“创造有法,但无定法”,发明创造技法可以帮助人们从事发明创造,但不能代替人们的发明创造。发明创造技法的重点是研究怎样充分发挥创造思维的作用来促进发明成果的产生。发明创造技法主要分为两大类:一是发现问题的技法,即产生创造性设想的技法;二是解决问题的技法,也就是实现创造性设想的技法。有的技法既可以用于产生创造性的设想,也可以用于实现创造性设想。这都要根据发明创造的实际需要来熟练掌握。

(一)开拓性发明法

开拓性发明,是指一种全新的技术方案,在技术史上未曾有过先例,它为人类科学技术在某个时期的发展开创了新纪元。开拓性发明同现有技术相比,具有突出的实质性特点和显著的进步,具备创造性。例如,中国的四大发明——指南针、造纸术、活字印刷术和火药。此外,作为开拓性发明的例子还有:蒸汽机、白炽灯、收音机、雷达、激光器、利用计算机实现汉字输入等。

(二)组合发明法

把两种或两种以上的事物进行巧妙的组合,形成新的事物或使原事物更先进、更实用的创造发明技法叫组合发明法。

1. 多功能组合

多功能组合是通过将不同功能组合在一起提供给用户,以方便用户使用的方法。这种组合又分为近似功能组合和相反功能组合。前者如瑞士军刀,后者如带起钉器的锤子等。

2. 增强功能组合

单一的产品或者技术不能达到效果,可以通过组合几个比较同类功能来达到目的的方法即增强功能组合。比如多芯电池等。

(三)分解发明法

分解发明法是指将一个整体事物进行分解后,使分解出来的那部分,经过改进完善,成为单独的整体,形成一个新产品或新事物。例如,普通的螺丝刀,刀把、刀头是固定的,遇到不同规格的螺钉就要准备不同的螺丝刀。通过分解,把刀把、刀头分开,分别做了改造后发明出多用活动螺丝刀。

1. 原功用分解

将某个整体分成若干部分或分出某一部分作为一个新整体时,其功能结构同整体时的功能目的一样,这样的分解创新叫作原功用分解。虽然原功用分解的功能目的、功能结构基本不变,但由于经过分解,功能的性能、效果、表现形式、载体、代价、寿命、意义等发生了变化,就可能产生新的价值。

2. 变功用分解

将某个整体分成若干部分或分出某一部分,作为一个新的整体和新的组合整体时,结构基本不变，而功能却不同于整体原来的功能，这样的分解创新叫作变功用分解。变功用分解创新，追求的是功能的变化。例如，将自行车进行分解成为独轮自行车，虽然其功能结构基本不变，但是其功能目的发生了变化，其用途不再是代步，而成为杂技表演的道具，供演员使用。

（四）缺点列举法

日常生活中，所使用的东西不可能都是十全十美的。即便是工厂里正在生产的各种产品或是市场上正在销售的各种商品，也并不是完美无缺的，它们都或多或少地存在着这样或那样的缺点。但是人们往往有一种惰性，就是对于常见的事物，顺其自然，很少研究它们有什么缺点和不足。如果人们对经常使用而又十分熟悉的物品采取“吹毛求疵”的态度，并且深究它们的缺点，分析这些物品在使用时不尽合理的地方，开动脑筋，找出它们缺点，并对这些物品存在的缺点加以改革，就会成功地搞出一项发明来。这种发明的方法叫缺点列举法。缺点列举法要围绕一种现有的物品列出它的缺点，再针对列出的缺点，提出改革设想，而这些设想是用现有物品的原型作“模特儿”，是一种既简单又有效的方法。

列举缺点时，要敢于大胆怀疑。当然，这种怀疑应当有科学的根据，要从各个不同的角度去观察、去质疑。列举缺点实际上就是发现问题，发现创造正是为了解决存在的问题。所以，每当发现一个缺点，提出一个问题的时候，也就是找到了一个发明的课题。

能不能使用缺点列举法，关键在于不断克服安于现状、得过且过、凑凑合合的惰性心理，努力培养和提高善于发现问题、提出问题、解决问题的能力。

（五）探索需要法

有人说，希望和需要是发明的母亲。这句话实际告诉人们，了解社会的需求和人们的希望，是寻找发明目标的重要途径。在仔细观察和充分调查的基础上，从生活、工作、学习的需要出发，根据人们的某种希望，下功夫去探索、研究，就会创造出成功的发明来。人们外出旅行，希望携带轻巧方便、能一物多用的用品，于是多种旅行用品应运而生。例如：“旅行剪刀”，体积小，可折叠，刀尖不外露，既轻便又安全；“旅行洗漱用具盒”，在一个小方盒里，能将牙刷、牙膏、香皂、盒式口杯、化妆用品都放在里面，携带方便；“方便擦鞋器”，由塑料小盒、泡沫塑料海绵和适量的上光滋润皮革的油剂组成，一个小盒具有了鞋油、揩布、鞋刷、包装等多种用途。

探索需要法和缺点列举法是不同的技法。缺点列举法是以现有事物的缺点作为基础，提出种种改进设想，这些设想一般不会离开现有事物的原型，往往受到现有事物的束缚；而探索需要是从人们（包括发明者本人）的意愿出发，提出新的设想，不受现有事物的束缚。

（六）联想发明法

把不同的问题、不同现象、不同的科学原理或不同的技术，统一起来进行考虑的思维方法就是联想。联想能力就是把旧观念同现实结合，进而产生新观念的能力，联想能力强的人，在发明道路上往往有更大的成功可能性。

联想是随时随地可能在人们的头脑里产生的。联想有相似的联想、接近的联想和对比的联想三种。这三种联想，可以用一个简单例子说明：

对比联想、接近联想、相似联想：山→河→鱼→虾。

（七）检核表法

根据需要解决的问题，或者需要发明创造的对象，列出有关问题。然后一个一个来核对讨论，从中获得解决问题的方法和发明的设想。可以从以下几个方面进行检核：

（1）转化：这件东西能不能做其他用途？或者稍微改变一下，是否还有其他用途？

（2）适应：有别的东西像这件东西吗？是不是可从这个东西想出其他的东西？

（3）改变：改变原来的形状、颜色、气味、形式等，会产生什么结果，还有其他的改变方法吗？

（4）放大：这件东西上可以另加些什么东西吗？需要更多的时间或更多的次数吗？强一些、高一些、长一些或厚一些行吗？加些"佐料"怎么样？复制又怎么样？

（5）缩小：在这件东西上减少些什么怎么样？变小、浓缩、袖珍化、放低、变短、弄轻、省略、流线化、分裂会有什么结果？

（6）代替：有没有其他东西可以代替这样东西？有其他成分、其他材料、其他过程或其他方法可以代替吗？

（7）重组：变换一下零件怎么样？其他模式、其他布置、其他序列、改换因果关系、改变速率或改变时间，会产生什么结果？

（8）其他方面等。这些都可以作为发明时自我质问之用。其主要作用在于破除固执发生性，使思维变得更富于伸缩性、灵活性、新颖性。

（八）信息交合法

信息交合法就是一个由多维信息标组成全方位信息反应场，在这个反应场中，信息和信息交合可以产生新的信息。例如，一般在谈到曲别针有多少用途时，往往只从它的勾、挂、别等方面考虑，不超过 10 种用途。然而有的人可以说出几千种、几万种用途。这就是按多维思维的方法，把曲别针先分解为材料、重量、体积、长度、截面、韧性、颜色、弹性、硬度、直边弧等 10 个要素，分别与人类各式各样的实践活动交合，构想出进行四则运算，外文字母，汉语拼音，做成导线、指针、小环……成千上万种用途。这种方法对发明创造，开发新产品具有重要的作用。

（九）智力激励法

智力激励法就是召开"畅谈会""诸葛亮会""神仙会""独创意见发表会"等会议，会上想谈什么就谈什么，畅所欲言。

这种会议有如下规矩：在会上，绝不允许批评或指责别人提出的设想；提倡任意自由思考，想法越新奇越好；在会上，任何人不得对提出的创造性设想做判断性总结，待会议结束后再进行评估和整理；每次讨论会要针对问题，集中注意力，但题目不得太小、太窄或带有限制性；提出的设想越多越好；参加会议的人员，不分上级、下级，一律平等对待；在会上，不允许用集体提出来的意见来阻碍个人的创造性思维；可以用别人的想法来刺激自己的灵感，或结合几个人的构想另创新的想法；各人提出的创造性设想不分好坏，一律记录下来。

这种会议可以使创造性思维产生共振反应、连锁反应和杂交反应，从而会诱发出更多的创造性设想。一般来说，讨论一小时会产生数十个至几百个设想，虽然这些想法大部分不是新的或是不切实际的，但往往有几个设想是新颖而有价值的，可供进一步仔细研究，这就达到了预期的效果。

(十)无穷组合法

在发明活动中,人们还经常采用组合的方法。这种方法就是将一种事物同其他一种或几种事物结合起来,产生新的构想,形成新的产品。运用组合的方法,就是把分散的、已有的物品,进行巧妙的调节,并重新恰当地进行组织合成。这样就形成了产品。巧妙地组合无穷无尽,它可以给发明者提供创造性的想象天地,特别是对刚刚参加发明的青少年来说,利用这种方法去进行发明就会比较容易打开发明的大门。

(十一)类比借鉴法

发明活动中的类比借鉴法指的是跟别的已有的事物或方法相对照取长补短,借用别的事物或方法的某些属性、功能,推出另外一个新的事物或方法的技法。例如,从一种能划破衣服和皮肤的带齿的茅草或是鱼的脊骨、蛇的腭骨类比借鉴,发明了锯子。发明往往是从类比借鉴开始,进入独创。只要稍加注意身边的事物,勤于思索,通过类比借鉴,往往可以搞出新颖独特的发明来。

(十二)倒转逆向法

在进行发明活动的时候,如果绞尽脑汁也想不出好办法来,不妨改变一种思考方法,从事物的反面去思考一下,也可能会有所收获。因为,当人们按照常规去思考问题时,常常受到传统经验的约束,不能全面、正确地分析事物,倒转过来从反面去想一下,就能够全面地看问题,使用倒转逆向法灵活、机动、变化多端,一种东西,可以把上面的变成下面的,把左边的变成右边的,把横的变成竖的,把弯的变成直的,把热的变成冷的,把向前的变成向后的,把里面做外面,把方的改成圆的,把正面变成侧面或反面,可以倒因为果,由果寻因。从各个角度去想,常常会产生奇妙的发明方案。

(十三)扩展用途法

"这种东西还有其他用途吗?"经常向自己或周围的人们提出这样的疑问,往往可能搞出一项新的发明来。扩展物品的新用途,可以导致新发明(陈淮民,张和平,2017)。

发明创造技法源于创新思维,各种方法的思路有时会互相交叉,同一种方法有时候会有多种表现形式,很难严格分类,一项科技成果在发明创造过程中往往会运用到多种技法,所以在运用技法时应注意创新思维的发挥,不必过分强调技法的类型。

第二节　地理学大学生专利申请

一、专利基础知识

(一)专利的含义

"专利"是英文单词 patent 的中文意译,即"利益专有"的意思(北京岳成律师事务所,2014)。通常所说的专利,实际上有三种不同的解释,分别是专利权、专利技术和专利文献,其中专利权往往是对某人就某一项发明创造享有的专有的权利,而专业技术实际上是指获得了专利权的技术,专利文献则是对发明创造的文献记录。这里讨论的专利,是专利权。作为一种专有的利益,专利权具有专有性、地域性和时间性的特点,专利权的拥有是要通过专利的申请人向国家知识产权局以书面申请的形式就自己的发明创造进行全面的书面解释和说明，待国家知识产权局进行审查后认定符合授权条件才予以专利权的授予，专利权受到《中华人民共和国专利法》（简称《专利法》）的保护。

（二）专利的类型

《中华人民共和国专利法》第二条规定，本法所称的发明创造是指发明、实用新型和外观设计。发明，是指对产品、方法或者其改进所提出的新的技术方案；实用新型，是指对产品形状、构造或者其结合，所提出的实用的、新的技术方案；外观设计，是指对产品形状、图案或者其结合，以及颜色与形状、图案的结合所做出的富有美感并适于工业应用的新设计。由此，可以清晰地看出，在中国，专利的类型就是发明、实用新型和外观设计。

（三）专利的作用

专利对于不同的对象具有不同的作用，但归结起来，专利对于技术所有人、公众、技术研发者和投资人具有重要意义。其中，对于技术所有人，专利可以明确技术的归属权，可以保证权利人通过专利的实施获得收益权，可以使专利权人具有竞争优势；对于公众来说，能够了解到最新的技术动态、学习到最新的技术；而对于技术研发者和投资人，专利可以避免研发的重复性，并且通过已有专利能够找到新的研发方向，在新的方向上获得新的突破。

哪些内容能够申请专利，哪些内容又不能申请专利？依照《中华人民共和国专利法》中关于发明、实用新型和外观设计的定义，可以明晰地看出，能够申请发明专利的是产品、方法或者其改进所提出的新的技术方案；能够申请实用新型专利的是对产品形状、构造或者其结合所提出的适于实用的新的技术方案；能够申请外观设计专利的是对产品形状、图案或者其结合以及颜色与形状、图案的结合所做出的富有美感并适于工业应用的新的设计。而不能申请专利保护的主要有以下几方面的内容。

1. 不能适用专利保护的科技成果

（1）科学发现。

（2）智力活动规则和方法。

（3）疾病的诊断和治疗方法。

（4）动物和植物品种。

（5）原子核变换方法和用该方法获得的物质。

（6）对平面印刷品的图案、色彩或者二者的结合做出的主要起标识作用的设计。

2. 不能授予专利权的发明创造

（1）违反国家法律的发明创造。

（2）违反社会公德的发明创造。

（3）妨害公共利益的发明创造（张亮亮，2009）。

（四）申请专利的基本条件

《中华人民共和国专利法》第二十二条规定，授予专利权的发明和实用新型，应当具备新颖性、创造性和实用性。其中，新颖性是指该发明或者实用新型不属于现有技术；也没有任何单位或者个人就同样的发明或者实用新型在申请日以前向国务院专利行政部门提出过申请，并记载在申请日以后公布的专利申请文件或者公告的专利文件中。创造性是指与现有技术相比，该发明具有突出的实质性特点和显著的进步。实用性是指该发明或者实用新型能够制造或者使用，并且能够产生积极效果。本法所称现有技术，是指申请日以前在国内外为公众所熟知的技术（庄晓文，2014）。上述三个特性也是专利申请的基本条件。

二、申请专利前的准备

一项能够取得专利权的发明创造需要具备多方面的条件。首先是具备实质性条件；其次还要符合专利法规定的形式要求以及履行各种手续（国家知识产权局专利局初审及流程管理部，2010）。因此，在专利申请前做好各项准备，能够避免专利申请的盲目性，有效节约专利申请人与专利局双方的时间、精力等。为此，专利申请人在申请专利前，应着重做好如下几个方面的工作。

（一）了解专利申请的基本流程

由于专利类型的不一样，不同种类的专利申请流程不一样。发明专利的申请与审批包括五个阶段，分别是受理、初步审查、公布、实质审查和授权；而实用新型或者外观设计专利的申请与审批只有受理、初步审查和授权，没有公布和实质审查。具体而言，发明专利的申请大致程序是当申请人提出发明专利申请以后，国家知识产权局受理申请人提出的申请，随后进行保密、分类、初步审查。若初步审查合格，就将公布申请文件，申请人请求实质审查，之后进入实审程序。待到实审结束后，发出审查意见通知书，申请人在规定的期限予以答复。若申请人逾期不答复，则被视为撤回，申请人在限定的时间内答复后，国家知识产权局将做出驳回或发出授权通知书的决定，申请人这时需要在规定的期限内缴纳授权登记费，之后可以获得专利证书。若申请人逾期不缴纳授权登记费，则被视为放弃取得专利权。若初步审查不合格，国家知识产权局将发出补正通知或审查意见，申请人在规定期限内予以答复，国家知识产权局则依据答复做出驳回或初审合格的决定。只有初审合格才可进入下一步流程，如申请人没有在规定的期限内做出答复，则被视为撤回。

（二）确定申请哪种专利

不同的专利类型，其对应的保护内容、保护期限、收费标准和所要提交的申请文件也不同。因此，在专利申请前应仔细参看相关要求，决定申请哪种类型的专利。

（三）专利检索

专利检索，是对拟申请专利的相关内容是否具有新颖性或者创造性进行判断，以免造成时间、精力和财力的浪费。即使是对于具有良好的授权前景和经济收益的发明创造，在申请专利前进行专利检索也是有必要的，这样不仅可以使申请人内心有一定把握，而且检索到的相关文献有利于专利申请文件的撰写。

（四）分析研究市场前景和经济收益

分析研究专利申请的市场前景和经济收益是十分必要的，原因在于专利的申请以及申请后，会产生一笔与专利申请及维持相关的费用。因此，在专利申请前，专利申请人应当认真分析研究专利申请的市场前景、竞争力以及可能带来的经济收益，权衡获得与支出的关系后再决定是否申请专利，申请哪一类型的专利。

(五)了解相关专利申请的基本原则

专利申请的基本原则主要包括五个方面,即禁止重复授权原则、先申请原则、单一性原则、审查原则和公开原则。在专利申请前,对这五个原则要熟知于心,这关系到专利申请的成败。

三、专利申请文件的撰写

一项发明创造,必须由有权申请的人员以书面形式或国家知识产权局规定的其他形式向国家知识产权局专利局提出申请,才有可能取得专利权。这些以书面方式或国家知识产权局规定的其他方式提交的材料称作“专利申请文件”(吴观乐,2011)。

由于申请不同类型的专利所需要提交的文件不同,在专利申请前,就要按照规定准备申请材料。不同类别的专利,准备材料的方法也不同。发明、实用新型、外观设计专利申请文件都分别有着明确的规定(北京岳成律师事务所,2014)。

《中华人民共和国专利法》规定,说明书中的技术方案必须清楚完整,以所属技术领域的技术人员能够顺利实现为准,即专利必须充分公开。在有些专利申请中,由于申请人在技术方案中的关键问题上有所保留,致使专利申请失去专利性而被专利局驳回。但如果某一点技术秘密确实需要保留的话,应当在有完整的、必要的技术特征的基础上,至少有一种方式或实施里可以实现该项发明创造,而将另一种更好的特征方式作为技术秘密加以保留。这需要根据具体问题进行具体判断。

(1)申请发明专利的,申请文件应当包括发明专利请求书、说明书摘要(必要时应当提交摘要附图)、权利要求书、说明书(必要时应当提交说明书附图)。

涉及氨基酸或者核苷酸序列的发明专利申请,说明书中应当包括该序列表,把该序列表作为说明书的一个单独部分提交,并单独编写页码,同时还应提交符合国家知识产权局专利局规定的记载有该序列表的光盘或软盘。依赖遗传资源完成的发明创造申请专利的,申请人应当在请求书中对遗传资源的来源予以说明,并填写遗传资源来源披露登记表,写明该遗传资源的直接来源和原始来源。申请人无法说明原始来源的,应当陈述理由(孙鑫,2011)。

(2)申请实用新型专利的,申请文件应当包括实用新型专利请求书、说明书摘要及其摘要附图、权利要求书、说明书、说明书附图。

(3)申请外观设计专利的,申请文件应当包括外观设计专利请求书、图片或者照片(要求保护色彩的,应当提交彩色图片或者照片),以及对该外观设计的简要说明。

申请专利是在市场经济条件下保护发明创造知识产权的一项法律制度。凡具备专利条件的发明创造都应及早申请专利,以获得国家的法律保护。申请专利必须按照规定向国家知识产权局提交必要的申请文件。申请发明或者实用新型专利,应当提交请求书、说明书、权利要求书、说明书摘要和必要的附图等文件。申请外观设计专利,应提交请求书、该外观设计的图片或照片、简要说明等文件。专利申请文件可以由申请人自己撰写,也可以委托他人撰写。

各种手续文件都应当按规定签章,签章应当与请求书中填写的姓名或者名称完全一致。签章不得复印。涉及权利转移的手续,应当有全体申请人签章,其他手续可以由申请人的代表人签章办理，委托专利代理机构的，应当由专利代理机构签章办理。

办理手续要附具证明文件或者附件的，证明文件与附件应当使用原件或者副本，不得使用复印件。如原件只有一份，可以使用复印件，但同时需要附有公证机关出具的复印件与原件一致的证明。

专利申请文件的纸张质量应相当于复印机用纸的质量。纸面不得有无用的文字、记号、框、线等。各种文件一律采用A4尺寸（210 mm×297 mm）的纸张。申请文件的纸张应当纵向使用。文字应当自左向右排列，纸张左边和上边应各留25 mm空白，右边和下边应当各留15 mm空白，以便于出版和审查时使用。

专利申请文件各部分的第一页必须使用国家知识产权局统一制定的表格。这些表格可以在专利局受理大厅的咨询处索要，也可以向各地的专利局代办处索取或直接从国家知识产权局网站下载。

专利申请文件各部分一律使用汉字。外国人名、地名和科技术语如没有统一中文译文，应当在中文译文后的括号内注明原文。申请人提供的附件或证明是外文的，应当附有中文译文，申请文件（包括请求书在内）都应当用宋体、仿宋体或楷体打字或印刷，字迹呈黑色，行高应当在3.5～4.5 mm，行距应当在2.5～3.5 mm。要求提交一式两份文件的，其中一份为原件，另一份应采用复印件，并保证两份文件内容一致。申请文件中有图的，应当用墨水和绘图工具绘制，或者用绘图软件绘制，线条应当均匀清晰，不得涂改。不得使用工程蓝图。

（一）请求书

请求书是确定发明、实用新型或外观设计三种类型专利申请的依据，应谨慎选用；建议使用专利局统一表格。请求书应当包括发明、实用新型的名称或使用该外观设计产品名称，以及发明人或设计人的姓名、申请人姓名或者名称、地址（含邮政编码）以及其他事项。

其他事项是指：

（1）申请人的国籍；申请人是企业或其他组织的，其总部所在地的国家。

（2）申请人委托专利代理机构，应当注明有关事项。申请人为两人以上或单位申请，而未委托代理机构的，应当指定一名自然人为代表人，并注明联系人姓名、地址、邮政编码及联系电话。

（3）分案专利申请（已驳回、撤回或视为撤回的申请，不能提出分案申请）类型应与原案申请一致，并注明原案申请号、申请日，否则不按分案申请处理。要求本国优先权的发明或实用新型，在请求书中注明在先申请的申请国别、申请日、申请号，并应于在先申请日起一年内提交。

（4）申请文件清单。

（5）附加文件清单。

（6）当事人签字或者盖章。

（7）确有特殊要求的其他事项。

（二）说明书

说明书应当对发明或实用新型做出清楚、完整的说明，以所属技术领域的技术人员能够实现为准。

（三）权利要求书

权利要求书应当以说明书为依据说明发明或实用新型的技术特征，清楚、简要地表述请求专利保护的范围。

（四）说明书附图

说明书附图是实用新型专利申请的必要文件。发明专利申请如有必要也应当提交附图。附图应当使用绘图工具和黑色墨水绘制，不得涂改或易被涂擦。

（五）说明书摘要及摘要附图

发明、实用新型应当提交申请所公开内容概要的说明书摘要（限300字），有附图的还应提交说明书摘要附图。

（六）外观设计的图片或者照片

外观设计专利申请应当提交该外观设计的图片或照片，必要时应有简要说明。以上所有提交专利申请文件应当使用专利局制订的统一表格，使用计算机中文打字或者印刷（包括表格中文字），一式两份。

四、专利申请文件的递交

（一）专利申请的受理部门

申请人申请专利应当向国家知识产权局递交专利申请文件，国家知识产权局的受理部门包括专利局受理处和专利局下辖的各地方代办处。专利局受理处负责受理各类专利申请及其他有关文件，各代办处按照专利局相关规定受理某些专利申请及其他相关文件。专利复审委员会可以受理并复审和无效宣告请求有关的文件。

申请人在申请专利时可以直接向国家知识产权局受理处递交申请文件，也可以就近向国家知识产权局受理处设在各地的代办处递交申请文件。代理处不受理涉外申请、分案申请、要求国内优先权的申请，也不受理其他中间文件。这些类型的申请和文件只能直接向国家知识产权局受理处递交（中华人民共和国国家知识产权局，2010）。此外，申请人可以通过以下方式递交专利申请文件：①直接递交。直接递交即在受理处或代办处的办公地点直接递交打印或印刷的纸件专利申请文件。②邮寄递交。邮寄递交是通过邮局转交纸质申请文件。在邮寄时可以选择直接寄给受理处，也可以寄给就近的代办处。③电子递交。电子递交是要依据与国家知识产权局之间的《电子专利申请系统用户注册协议》通过互联网进行递交。

（二）受理处办理受理程序

申请人递交到国家知识产权局受理处或各地方代办处的申请文件，受理处或代办处的工作人员当时就对申请是否符合受理条件进行审查，对符合受理条件的专利申请，当场办理受理手续；不符合受理条件的，受理处或代办处当时就把申请文件退还给申请人，并解释不受理的理由。申请人在向国家知识产权局受理处或代办处递交申请文件之后，国家知识产权局会及时向申请人或代理机构发出受理通知书或者不受理通知书。申请人应当及时向国家知识产权局专利局查询，以免申请文件或通知书在邮寄中丢失。

（三）申请日的确定和申请号的给予

受理是一项重要的法律程序。专利申请被受理之后，从受理之日起就成为在国家知识产权局专利局正式立案的一件正规申请，并具有了一定的法律效力。

受理程序中最重要的法律手续有两项：一是决定申请能否受理，二是确定被受理申请的申请日并给予申请号。

申请日的确定具有极其重要的法律意义：①申请日确定了提交申请时间的先后。②申请日是确定现有技术或现有设计的时间点。③申请日是审查程序中许多法定期限的起算点。

申请日的确定：申请者向专利局或者代办处窗口直接递交的专利申请，以收到日为申请日；申请者通过邮局递交到专利局受理处或者代办处的专利申请，以信封上的寄出邮戳日为申请日；寄出邮戳日不清晰导致无法辨认的，以专利局受理处或者代办处收到日为专利申请日。

申请号的给予：申请号是给予每一件被受理的专利申请的代码，它与专利一一对应。所以，申请号是申请人在提出申请之后向国家知识产权局办理各种手续时，指明该申请的最有效手段。国家知识产权局专利局将确定的申请日，给予的申请号记录在受理通知书上，通知申请人。国家知识产权局专利局确认受理申请人的专利申请文件之后，将会向申请人办理受理通知书，所以受理通知书可以作为曾向国家知识产权局专利局提出某项专利申请的一种证明。

（四）申请费的缴纳与减缓

专利缴费包括申请费、发明实质审查费、复审费和著录事项变更费等。申请人要求恢复权利或延长专利期限需要缴纳相应的费用。当事人对多缴、重缴、错缴的专利费用，可以自缴费之日起 3 年内，提出退款请求。申请人或者专利权人缴纳专利费用确有困难的，可以请求减缓。专利时间以年度为单位，需要缴纳年费；未按时缴纳或缴纳不足需及时补交并缴纳滞纳金（国家知识产权局专利局初审及流程管理部，2010）。

申请费的缴纳期限是自申请日起算两个月内。与申请费同时缴纳的费用还包括发明专利申请公布印刷费、申请附加费，要求优先权的，应同时缴纳优先权要求费。未在规定的期限内缴纳或缴足的，专利申请将视为撤回。

说明书（包括附图）页数超过 30 页或者权利要求超过 10 项时，需要缴纳申请附加费，金额以超出页数或者项数计算。

优先权要求费的费用金额以要求优先权的项数计算。未在规定的期限内缴纳或缴足的，视为未要求优先权。

五、专利的审批和申请后的手续

依据《专利法》，发明专利申请的审批程序包括受理、初审、公布、实审以及授权五个阶段。实用新型或者外观设计专利申请在审批中不进行早期公布和实质审查，只有受理、初审和授权三个阶段。

申请人提出专利申请之后，国家知识产权局专利局应当依照《专利法》及其实施细则的规定，对专利申请进行必要的审查和法律事务的处理。审批过程可能长达几个月到几年，在此审查过程中，申请人应当依据《专利法》及其实施细则的规定，或者依据国家知识产权局专利局的通知办理若干必要的手续。

（一）发明专利的审批

1. 发明专利的初审和公布阶段

时间：法定公布时间是申请日之后的 18 个月。

流程：发明专利获得初审合格（如果不合格，专利局下发补正通知书，申请人在规定期限内完成补正的答复提交）→ 专利进入公布阶段（法定 18 个月后公布，如果申请人提出“提前公布”，大约 6 个月即公布）；“提前公布”为申请人自愿行为，不需缴纳“提前公布”的费用；如果担心自己的技术过早被他人看到，可以不提出“提前公布”；“提前公布”的好处是可以使专利尽早进入实审阶段。

2. 发明专利的实审阶段

时间：视审查意见的下发次数而定，一般实审过程在 1 年左右。

流程：专利案件公布后进入实审阶段（此阶段需要申请人在申请日起 3 年内主动提出实审请求，如果不提出，专利将被视为撤回；通常，是在专利申请时提出实审请求）→ 发明专利下发审查意见通知书（一般 1～2 次，也可能多次，初次答复审查意见的时限是 4 个月）→ 答复审查意见（结果分两种：审查员认同，专利进入授权阶段；如果审查员不认同，专利将被驳回）。

3. 发明专利的授权阶段

时间：一般 2 个月左右。

流程：专利局下发专利授权通知书，申请人按规定期限缴纳证书费和授权当年的年费（专利局收到费用后，一般 2 个月左右下发专利证书）。

（二）实用新型和外观设计专利的审批

实用新型和外观设计场的审批包括三阶段：受理阶段、初审阶段、授权阶段。

1. 实用新型和外观设计专利的受理阶段

时间：大约 1 个月左右。

申请人获得专利受理通知书；如果通过电子提交方式申请专利，一般提交日的第二天即可获得申请日和申请号。

流程：申请人提出专利申请 → 专利局受理（获得申请日和申请号）→ 专利局下发专利受理通知书 → 申请人缴纳申请费（申请日起 2 个月内缴纳）→ 专利局对专利案件分类 → 专利进入初审阶段。

2. 实用新型和外观设计专利的初审阶段

时间：大约 6 个月左右。

流程：实用新型和外观设计专利获得初审合格（如果不合格，专利局下发补正通知书或审查意见通知书，申请人在规定期限内完成相应的答复提交）→ 专利进入授权阶段。

特殊情况：近几年，专利局对实用新型的审查力度加强，类似发明专利的实审阶段，因此申请人在准备资料时最好提高实用新型的技术含量，以此提高获授权概率。

3. 实用新型和外观设计专利的授权阶段

时间：一般 2 个月左右。

流程：专利局下发专利授权通知书，申请人按规定期限缴纳证书费和授权当年的年费（专利局收到费用后，一般2个月左右下发专利证书）（中华人民共和国国家知识产权局，2010）。

根据国家《专利法》规定，发明专利申请经实质审查没有发现驳回理由的，由国务院专利行政部门做出授予发明专利权的决定，发给发明专利证书，同时予以登记和公告。发明专利权自公告之日起生效。

实用新型和外观设计专利申请经初步审查没有发现驳回理由的，由国务院行政部门做出授予实用新型或者外观设计专利的决定，发给相应的专利证书，同时予以登记和公告。实用新型和外观设计专利自公告之日起生效。

发明专利权的期限为20年，实用新型和外观设计专利权的期限为10年，均自申请日起计算。

六、专利申请成功后要注意的几点要求

（1）需要保存好所有专利申请的材料底稿、收据。申请后地址、名称等变更，应及时向专利局办理变更手续，填写“著录项目变更申报书”。从申请开始到专利权终止，要办理多次缴费手续。

凡提出发明专利申请的，自申请日起3年之内，随时可向专利局提出实质审查请求，请求书一式两份，并缴纳审查费。

（2）申请文件可以直接递交或邮寄给中国专利局或上海分局及沈阳、济南、长沙、南京、成都各代办处。邮件必须寄挂号并保存好收据，邮件上标明“专利申请”或写“中国专利局审查一处收”。

（3）申请日的确定。申请日对申请人来说是至关重要。它确定了申请时间的先后顺序，也确定了审查程序中现有技术的范围，同时也是今后一系列有关期限的起点，如计算提出实质审查请求日期、计算专利权日期等。

注意：如递交的说明书中写有对附图的解释，实际并没交上附图，专利局通知申请人在指定期限内补交附图，交图日为新申请日，原申请日作废。如以补正方式说明取消附图，则保持原申请日。此外，原申请发明专利，后要求变更为实用新型，原申请日撤销，以后递交的日期为新申请日（北京岳成律师事务所，2014）。

七、专利申请案例

一种可调雨强的便携式人工模拟降雨装置

（一）权利要求书

1.一种可调雨强的便携式人工模拟降雨装置。其特征在于：包括连接有横管9的主体支架8，主体支架8的底端通过卡箍2与供水管道6连接。横管9的另一端利用两个三通管分出三个出水管，出水管处分别接上一个闸阀1，闸阀1的出水口接上喷头10。水泵7的出水口经供水管道6与主体支架8连接，供水管道6中间安装流量表5。水泵7的电

源插头插在电压调节器11上,使水泵的供电电压受电压调节器11控制。

2.根据权利要求1所述可调雨强的便携式人工模拟降雨装置,其特征在于:所述主体支架8为金属管道,设计为两段,中间用卡箍2连接。

3.根据权利要求1所述可调雨强的便携式人工模拟降雨装置,其特征在于:所述横管与主体支架8之间连接一根轻质的支撑杆3,使主体支架8与横管9以及支撑杆3之间构成三角形。

4.根据权利要求1所述可调雨强的便携式人工模拟降雨装置,其特征在于:所述主体支架8下端设有三脚支架4。

5.根据权利要求1所述可调雨强的便携式人工模拟降雨装置,其特征在于:所述横管9的出水端分出三个出水管,每个出水管口均接上一个闸阀1。

6.根据权利要求4所述可调雨强的便携式人工模拟降雨装置,其特征在于:所述闸阀1的出水端均接上一个喷头10。

7.根据权利要求1所述可调雨强的便携式人工模拟降雨装置,其特征在于:所述喷头10为下喷式实心锥喷头。

8.根据权利要求1所述可调雨强的便携式人工模拟降雨装置,其特征在于:所述水泵7为变频式自吸泵或潜水泵。

9.根据权利要求1所述可调雨强的便携式人工模拟降雨装置,其特征在于:所述流量表5为液体流量表。

10.根据权利要求1所述可调雨强的便携式人工模拟降雨装置,其特征在于:所述供水管道6为高压管。

11.根据权利要求1所述可调雨强的便携式人工模拟降雨装置,其特征在于:所述电压调节器11调节电压的范围为0~220 V。

申请人:贵州师范大学

机构代码:42920352-1

地址:贵州省贵阳市云岩区宝山北路116号(邮政编码:550001)

发明人:郭兴房,周秋文,张蒙蒙

(二)说明书

一种可调雨强的便携式人工模拟降雨装置

1.技术领域

本实用新型涉及一种可调雨强的人工模拟降雨装置,特别是一种便携式人工模拟降雨装置。

2.背景技术

目前,在利用天然降雨对土壤的地表径流进行研究时,常会遇到研究时间长、样地环境气候复杂等问题,给研究工作带来很大的阻碍。通过人工模拟降雨的方法,控制实验条件、模拟不同环境,可缩短实验周期,加速雨水入渗和土壤侵蚀规律的研究进程,有效地克服了天然降雨测定地表径流的缺点。然而,目前使用的很多模拟降雨装置普遍存在着体积比较大、搬运困难、操作复杂、设备成本较高等问题,在实际的运用当中推广困难。

3. 实用新型内容

本实用新型的目的在于,提供一种可调雨强的便携式人工模拟降雨装置。可方便快速地调至所需雨强,体积小、质量轻、容易操作、稳定性高、拆卸和运输方便。

本实用新型的技术方案:一种可调雨强的便携式人工模拟降雨装置,由水泵、电压调节器、供水管道、流量表、主体支架、横管、喷头组成,电压调节器与水泵电源线连接,水泵的出水口通过扣件与管道连接,管道中段安装流量表,管道的末端通过扣件与金属水管制成的主体支架连接,支架的另一端连接横管,横管末端利用三通管分出三个出水管,出水管口经闸阀与实心锥喷头连接。

前述可调雨强的便携式人工模拟降雨装置中,所述水泵是变频水泵。

前述可调雨强的便携式人工模拟降雨装置中,所述电压调节器适用于交流电压 220 V,调节器接于供电电源线末端,水泵用电经调节器输出。

前述可调雨强的便携式人工模拟降雨装置中,所述供水管道为高压软管。

前述可调雨强的便携式人工模拟降雨装置中,所述流量表为液体流量表,接在供水管道中。

前述可调雨强的便携式人工模拟降雨装置中,所述主体支架用直径 25 cm 的钢管制成。

前述可调雨强的便携式人工模拟降雨装置中,所述主体支架为可拆卸的两段,中间用卡箍连接。

前述可调雨强的便携式人工模拟降雨装置中,所述喷头为下喷式实心锥喷头。

前述可调雨强的便携式人工模拟降雨装置中,所述喷头可根据实际需要选择不同技术参数的喷头。

前述可调雨强的便携式人工模拟降雨装置中,所述喷头进水端均设有独立的闸阀。

前述可调雨强的便携式人工模拟降雨装置中,所述横管用不易变形的轻质水管制成。

与现有技术相比,本实用新型在进行需要模拟降雨的土壤侵蚀实验、土壤入渗试验以及其他需要人工模拟降雨的实验时,可以通过该装置技术或其原理很好的解决问题。该装置体积小、质量轻、容易操作、稳定性高、拆卸和运输方便。目前,主要用于土壤侵蚀、土壤入渗等科学实验方面。本实用新型设有三个喷头,每个喷头的进水口分别设有独立的闸阀,可方便利用不同的喷头组合获得较大的雨强区间。本实用新型的三个喷头之间的间距相等,相距 8 ~ 10 cm,可使各个喷头喷出的水滴较好地叠加,从而提高模拟降雨的均匀性。本实用新型通过大量的模拟降雨实验得出不同的电压、流量与降雨强度的规律,实验中通过电压调节器调节电压,改变水泵的转速,调节水泵出水口的流量,从而方便、准确、快速地调到所需的降雨强度。

4. 附图说明

图 9-1 是本实用新型的结构示意图。

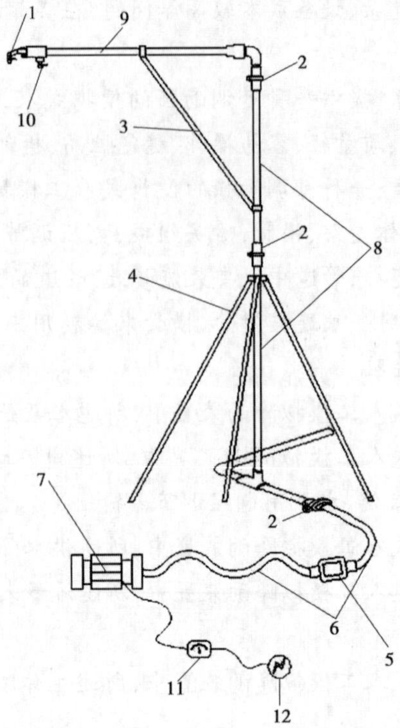

1—闸阀;2—卡箍;3—支撑杆;4—三脚支架;5—流量表;6—供水管道;
7—水泵;8—主体支架;9—横管;10—喷头;11—电压调节器;12—电源插座

图9-1　说明书附图:一种可调雨强的便携式人工模拟降雨装置

5. 具体实施方式

下面结合附图和实施例对本实用新型做进一步的详细说明,但不作为对本实用新型进行任何限制的依据。

实施例。如图9-1所示,一种可调雨强的便携式人工模拟降雨装置,包括通过卡箍2与横管9连接的主体支架8,主体支架8下端设有三脚支架4,主体支架8的底端通过卡箍2与供水管道6连接。横管9的另一端利用两个三通管分出三个出水管,出水管处分别装上一个闸阀1和喷头10。为了使横管9保持水平,横管和主体支架之间装一根轻质不锈钢管,作为支撑杆3。水泵7的出水口经供水管道6与主体支架8连接,供水管道6中间安装流量表5。水泵7的电源插头插在电压调节器11上。电压调节器11的插头插在电源插座12上。

6. 本实用新型的工作原理

本实用新型主要用于需要模拟降雨的土壤侵蚀试验、土壤入渗试验,以及其他需要人工模拟降雨的方面。如图9-1所示,它包括通过卡箍2与横管9连接的主体支架8,为保持装置的平衡,主体支架8下端设有三脚支架4,主体支架8的底端通过卡箍2与供水管道6连接。横管9的另一端利用两个三通管分出三个出水管,出水管处分别装上一个闸阀1和喷头10。横管和主体支架之间装一根轻质不锈钢管，作为支撑杆3。水泵7的出水口经供水管道6与主体支架8连接，供水管道6中间安装流量表5。水泵7的电源插头插在电压调节器11上，使水泵的供电电压受电压调节器11控制。电压调节器11的插头插在电源插座12上。

在具体实施时，本实用新型通过大量的模拟降雨实验得出不同的电压、流量与降雨强度的规律，实验中通过电压调节器11调节电压，改变水泵7的转速，调节水泵7出水口的流量，从而方便准确、快速地调到所需的降雨强度。

（三）说明书摘要

本实用新型公开了一种可调雨强的便携式人工模拟降雨装置。包括连接有横管9的主体支架8，主体支架8的底端通过卡箍2与供水管道6连接。横管9的另一端利用两个三通管分出三个出水管，出水管处分别装上一个闸阀1和喷头10。水泵7的出水口经供水管道6与主体支架8连接，供水管道6中间安装流量表5。水泵7的电源插头插在电压调节器11上，使水泵的供电电压受电压调节器11控制。电压调节器11的插头插在电源插座12上。本实用新型的横管与主体支架之间、主体支架与供水管道之间、流量表与供水管道之间均采用卡箍连接，密封性好，拆装方便。本实用新型通过电压调节器调节电压，改变水泵的转速，调节水泵出水口的流量，从而方便准确、快速地调到所需的降雨强度。

（四）说明书附图

说明书附图见图9-1。

（五）摘要附图

摘要附图同图9-1。

参考文献

[1] 陈淮民，张和平. 大学生创新发明与专利申请教程[M]. 合肥：合肥工业大学出版社，2017：3-40.

[2] 点线面体. 十种最常用的发明创造技法[EB/OL]. [2010-04-08]. http://dxmt. blog. sohu. com/147925582. html.

[3] 北京岳成律师事务所. 如何申请专利[M]. 北京：北京大学出版社，2014：61-111.

[4] 张亮亮. 我国专利权无效宣告制度研究[D]. 长春：吉林大学，2009.

[5] 庄晓文. 对《专利法》抵触申请条款的探讨——应恢复抵触申请标准中的“他人申请”原则[J]. 法制博览，2014(3).

[6] 国家知识产权局专利局初审及流程管理部. 专利申请须知[M]. 北京：知识产权出版社，2010：72-77.

[7] 吴观乐. 发明和实用新型专利申请文件撰写案例剖析[M]. 北京：知识产权出版社，2011：3-25.

[8] 孙鑫. 我国专利制度效率的立法对策研究[D]. 长沙：湖南师范大学，2011.

[9] 中华人民共和国国家知识产权局. 中华人民共和国专利法实施细则(2010修订)[Z]. 2010.

第十章　大学生科研论文案例分析

本章以案例的形式分析了地理学科研论文的各部分内容。第一节至第六节分别分析了地理学论文的摘要、引言、结果分析、讨论、结论及参考文献，第七节分析了科研论文中的图、表的规范化问题。需要说明的是，本章中的案例均直接引用自期刊论文、书稿编辑中不对案例中的语言表达问题、科学问题进行修改、调整。此外，本部分对案例的评述仅基于编者的认识，对于论文的优劣，不同的人可能有不同的理解。

第一节　摘要的案例分析

摘要中应写的内容一般包括研究工作的目的、方法、结果和结论，而重点是结果和结论（郑霞忠，黄正伟，2012）。

（1）此例比较符合这一要求。

摘要：土壤水分的观测对于地表参数化的发展以及气候变化的研究有着重要的作用。本文对大尺度区域土壤水分的估值进行了尝试：采用1987年中国102个气象站点1 m土层四个季节的土壤水分值作为样本，运用KRIGING方法，通过对半变异函数的计算和分析，得出了所研究7个采集日的拟合函数，发现均符合球状模型，对模型有关的参数进行了拟合。并将插值结果与距离反比法进行了对比性检验，同时给出了KRIGING方法的估值精度。检验结果表明平均相对误差和标准偏差均比距离反比法较小，以样本量较大的地时段为例对检验结果进行了深入分析。由此得出了KRIGING方法内插估值的优势和不足，简要给出了提高估值精度的可能方案。最后对中国东半部地时段的土壤水分值进行内插成图。

（2）摘要不是结论的重复，因此摘要中结论应再简化。此摘要中结论占了很大的篇幅且摘要总字数偏多。

摘要：基于Priestley－Taylor模型估算蒸散量，使用GIS技术统计剖析涟江流域2005～2014年间实际蒸散发（ET）时空演变特征及不同土地覆盖类型、土壤类型的蒸散差异。结果表明：①Priestley－Taylor模型在涟江流域数据精度良好，验证相对误差为10.47%；②涟江流域多年ET均值为901.08 mm/a，从空间分布来看，整个涟江流域均呈增长趋势，春季、夏季、秋季ET与多年情况基本一致，冬季与多年空间分布略有不同；③ET空间分布受地表覆盖类型影响明显，各地类蒸散强度排序依次为常绿针叶林（936.22 mm/a）＞永久湿地（908.09 mm/a）＞落叶阔叶林（872.83 mm/a）＞裸地或低植被覆盖地（851.22 mm/a）＞城市和建成区（840.4 mm/a）；④土壤类型对涟江流域蒸散分布有显著影响，各土类蒸散强度排序为石灰土（912.38 mm/a）＞黄壤（901.72 mm/a）＞红壤（901 mm/a）＞水稻土（870.25 mm/a）＞紫色土（865.24 mm/a）；⑤涟江流域ET年际变化趋势以2.29 mm/a的速率增加，空间分布呈东南、东北高，西部和中部地区较低，且呈带状分布；涟江流域年内各月 ET 基本呈先升后降的单峰变化形式，且蒸散量主要集中于夏季。

(3)这篇摘要中，研究背景和意义占较大篇幅，但是很少提及研究方法。

摘要：贵州喀斯特山地野外地形比较复杂，具有地势崎岖、土层薄、岩石多的特点，该地貌最典型的特点就是水资源缺乏。步入 21 世纪，我国相关部门虽然加大了对土壤流失的研究和治理力度，但有关于喀斯特山地次生林坡面径流与土壤流失的研究资料很少。故而，本课题旨在研究贵州喀斯特山地次生林坡面径流、土壤流失与坡度、降水强度之间关系，进而总结出喀斯特山地次生林坡面径流与土壤流失的规律和特点。经过试验得出：同一坡度、降水强度下：地下径流量 > 地表径流量；地表土壤流失量 > 地下土壤流失量。在一定条件范围内，坡面径流、土壤流失量与坡度、降水强度成正相关。

(4)这篇摘要对研究期间降雨数据的统计结果进行了详细的描述，但是不直接反映结论和创新的数据一般不出现在摘要中，而且此论文中降雨数据只能反映研究期降雨状况，可放在正文的研究数据中，摘要中不应出现。

摘要：采用定位观测的方法对贵州师范大学地理与环境生态试验站喀斯特针叶林降雨再分配特征进行研究。整个观测期收集并记录到 23 次降雨，大气总降雨量 264.5 mm，单次降雨量最大值 61.3 mm，最小值 0.8 mm，降雨雨量级以小雨($P_C \leqslant 10$ mm)居多，达 15 次，中雨(10 mm $< P_C \leqslant 30$ mm)5 次，大雨($P_C > 30$ mm)2 次，暴雨($P_C > 50$ mm)1 次，且小雨集中在 10 月下旬至 12 月、中雨集中在 9～10 月上旬，其中小雨、中雨、大雨和暴雨在观测期内所占比例分别为 65%、22%、9%、4%。表明：各种林冠截留率分别为林冠截留 22%，穿透雨 77%，树干流 2%，灌木截留 59%。截留量表现为：穿透雨 > 灌木截留 > 林冠截留 > 树干流；树干流量最少，径流率低于 3%；降雨通过针叶林林冠、灌木、树干流截留后，进行重新分配，各层截留总量为 26%，即平均每场降雨有 74% 的降雨进入土壤层，用于补充土壤水分、下渗或产生径流。降雨特征和各层乔冠特征是喀斯特针叶林降雨再分配特征的重要影响因子。

(5)也有研究方法部分不够简练，结论部分不够详细的例子，如此例。

摘要：随着城市化的不断推进，在低强度土地利用类型逐步向高强度土地利用类型转移的过程中，土地利用受地形因子的制约性越显突出。以乌江上游地区为例，利用土地利用数据和 DEM，综合研究分析 2000 年和 2015 年两期乌江上游各类土地利用在高程、坡度这两个地形因子影响下的分布变化。参照 LUCC 分类体系，在遥感影像的基础上，将土地利用分类重新生成比较准确的 2000 年和 2015 年两期的土地利用数据。将 2000 年和 2015 年的土地利用现状数据分别和 dem 坡度分级数据以及高程数据结合，生成各类土地和坡度等级、高程等级的链接数据，利用公式进行计算和分析。研究表明高程和坡度这两个地形因子在一定程度上决定着各类用地的分布及其变化，导致土地利用及其变化在地形上有所分异。

(6)摘要是对论文基本内容的简短陈述，是一篇完整的短文(史长磊，2013)。在提炼论文内容形成摘要的过程中比较容易出现内容顺序和标点的错误，或者语言不够简练。例如这篇摘要的部分标点和句子顺序需要调整。第一个句子应一分为四(“土地生态环境……”“中国城镇化……”“贵州岩溶峡谷地区……”“对该区……所服务”)，并将“对该区……所服务”置于“……生态环境评价图”之后。

摘要：土地生态环境作为人类赖以生存和发展的基础，随着社会经济的发展，中国的城镇化进程也在逐渐的加快，大部分城镇土地生态环境已经遭到不同程度的破坏，贵州省岩溶峡谷区土地生态环境脆弱，对该区 2010～2015 年土地生态环境质量变化分析，为进一步土地资源合理利用和发挥土地生产潜力所服务。根据研究区域土地资源环境的特点，应用 GIS、RS 和层次分析(AHP)技术获取评价因子土地利用程度、植被覆盖度、起伏度、年均温、土壤指数、土壤肥力，年降水经过图形叠置，加权计算生成贵州省岩溶峡谷区土地生态环境评价图。2010～2015 年间岩溶峡谷区的土地生态环境中正向变化较大，整体提升了 34.35%，提升为较优占的比重最大为 27.70%，负向变化主要在星散状地区。

(7)这篇摘要包括研究目标、研究方法和结论，但是提炼的内容对研究方法的创新点和结论的重点体现不够。应根据该论文的结论(1)将研究方法简化并写出重点，并从结论(2)、(3)中提炼结论的重点。

摘要：以贵州省贵阳市为研究对象，采用 GIS 空间分析技术和变异系数法，选择高程、坡度、土地利用、河流、径流路径、自然灾害、植被覆盖度和生物栖息地与迁徙廊道作为评价因子，给各个敏感因子赋予相应的权重，对贵阳海绵城市生态敏感性进行研究。按海绵城市生态敏感度高低将贵阳市划分为低敏感区、较低敏感区、一般敏感区、较高敏感区和高敏感区五个不同的区域。研究分析表明，高敏感区占贵阳市面积的 1.7%，较高敏感区占 10.3%，一般敏感区占 28.8%，较低敏感区占 38.1%，低敏感区占 21.1%。结合海绵城市综合敏感性分析评价得出结论。

这篇论文的结论如下：

(1)以贵阳市为研究区域的海绵城市生态敏感性分析，不同于以往的分析，加入汇流路径、生物栖息地与迁徙廊道和河流等海绵城市因子，更加关注水敏感研究，将多个因子叠加分析，得到的综合结果更具有科学性，为构建海绵城市提供有力保障。

(2)从单因子的权重和分析可以看出，汇流路径和生物栖息地与迁徙廊道所占比重最小，对生态敏感性影响较小。由于海拔比较高，DEM 因子低敏感区较少，但所占权重也不高。其他因子所占权重比较平均，但各因子的生态敏感性各不相同。

(3)贵阳市近年来发展迅速，从综合敏感性分析可以看出，目前高敏感区占地面积较少，但大部分地区有向高敏感区演化的趋势，在发展的同时更应注意生态环境的保护，控制人口增长，减少水土流失灾害，保障雨水行泄通道，防止城市内涝。

(8)摘要的结论部分语言表述不清，如将“以现状为基础”改为“以……现状为基础”，将“对乌江上游区域提出”改为“为乌江上游生态保护提出”较好。将不适宜在学术论文中出现的“希望”删去。

摘要：在日益关注下，生态红线已然成为国家和众多学者的焦点。文章以乌江上游为研究区域，结合生态保护红线划定技术指南，从生态功能重要性和敏感性两大方面着手，得到乌江上游区域的多种类生态红线区。以 GIS 技术作为支持，对水源涵养、水土保持、生物多样性保护功能的重要性，水土流失、石漠化敏感性，做出评价。通过叠加分析，得到乌江上游区域综合红线区为 633.58 km^2，占区域面积的 3.64%。以现状为基础，对乌江上游区域提出建议和保护措施，希望对乌江上游区域的后续发展提供一定基础数据。

第二节 引言的案例分析

引言作为论文的开端，一般包括下述三项内容：研究本课题的理由，包括研究工作的目的、范围、相关领域的前人工作和知识空白；本课题的理论和实验依据、研究设想、研究方法和实验设计、可能出现的问题和解决办法等，必要时还应对采取的方法和使用的概念、术语做出解释或说明；简要地说明获得的研究结果或结论及其意义（陈燕，陈冠华，2004）。

(1)例如，论文“地统计方法学研究进展”的引言，首先是该文研究背景——地统计学的描述，之后是地统计学的国内外发展概况及其应用，最后是该论文的研究目的、研究方法、研究意义。

作为空间统计学的一个分支，地统计学（又称地质统计学）在空间预测与不确定性分析方面具有显著优势，主要用来研究那些在空间上既有随机性又有结构性的自然现象。在20世纪50年代初期，南非矿山工程师D. G. Krige等在金矿储量估计上提出了该方法的雏形[2]，之后法国统计学家G. Matheron对早期零散研究归纳、整理和系统化，在60年代提出区域化变量和半变异函数，形成了地统计学的理论基础。相比经典概率论与数理统计，地统计学研究的变量$Z(x)$在采样前是经典随机变量，即满足$p = \text{Prob}\{Z(e) \leq z\}$，而采样后是特定的空间三维函数值$Z(x) = Z(x_u, x_v, x_w)$，且表现出空间结构性[3]，即一定距离的$Z(x)$和$Z(x+h)$具有某种程度的空间自相关性[4]。由于地统计学可在有限的离散数据基础上无偏最优预测（或模拟）连续的空间分布，且得到预测的不确定性估计，因此其应用领域也从地质、矿业逐渐拓展到土壤、水资源、农业、气象、海洋、生态、环境等领域[5-10]，其方法体系也从稳态、单变量、线性、参数和空间静态演化到非稳态、多变量、非线性、非参数和时空动态层面。

1977年桂林冶金地质研究所情报室率先把地统计学引入我国，之后侯景儒、王仁铎、孙洪泉等深化了地统计学方法在我国地质、矿业领域的应用，然而相比其他国家，我国在环境、水资源、生态等领域应用依旧甚少。此外，以往的研究综述多局限在单一领域或研究主题，如景观生态格局、地下水水文过程、土壤、遥感、时空地统计学，尤其缺乏地统计学自创立以来的系统性综述。

鉴于此，本文针对1967～2005年的地统计学开展全面且系统的综述研究，旨在利用文献计量学从宏观角度分析地统计学方法的发展趋势、应用领域与模式，并在此基础上归纳地统计学方法的演化规律、适宜性和选择原则，最后提出未来研究发展方向，为我国地统计学的方法与应用研究提供指导性基础。

(2)论文“喀斯特地区不同林型的地表径流和土壤侵蚀效应”的引言如下，包括了上述的各个层次。

森林作为自然界的重要组成部分，具有良好的水土保持功能（韩勇刚、杨玉盛，2007）。森林的林冠层、枯落物层对降雨起到了降低雨滴下落动能，以削减雨滴对地表土壤的溅蚀作用。此外，枯落物层的腐殖质还可以改善土壤结构，以增加水分的入渗，减少地表径流。研究表明，森林对地表径流和土壤侵蚀的影响能力高低取决于林分或群丛的内部结构，以及植物群落的数量（面积）的多少及其分布。因此，研究不同林型的地表径流和土壤侵蚀效应具有重要意义。

以上内容为森林地表径流和土壤侵蚀效应的研究背景。

目前，许多学者从不同的视角，不同的研究区域开展了大量的森林地表径流和土壤侵蚀效应研究。从空间尺度和研究手段划分，主要可分为流域或集水区研究（肖金强等，2006；柳思勉，2015；王莺等，2016；史晓亮等，2016）、原位径流小区观测研究（黄茹等，2102；储双双等，2013；梁宏温等，2016）、控制实验研究（Fu et al, 2009；Zhao et al, 2014；Cao et al, 2015）三个方面。从研究的区域来看，基本上覆盖了中国大多数自然区，包括华南地区、华北地区、黄土高原、四川丘陵等。如周毅等（2011）研究了黄土高原不同林地类型水土保持效益。刘晓燕等（2014）采用遥感手段分析了黄土高原林草植被变化对河川径流的影响。郑江坤等（2017）研究了川北紫色土小流域植被建设的水土保持效应。牛勇等（2015）研究了北京土石山区4种典型林分的水文效应。以上分析表明，森林生态系统的径流和土壤侵蚀效应得到越来越多学者的关注。

以上为对森林地表径流和土壤侵蚀效应相关研究的总结。

我国西南喀斯特地区是世界三大喀斯特地区之一，具有独特地表地下的二元结构，地形破碎、山多坡陡，生态环境非常脆弱。该区域环境条件与我国其他区域存在显著差异，其森林生态系统的径流和土壤侵蚀效应也可能与其他区域明显不同。因此，对西南喀斯特地区森林水文效应进行多方面研究具有重要意义。由于喀斯特地区地表植被状况普遍较差，林地覆盖较少。目前，对喀斯特地区地表径流和土壤侵蚀的研究，多集中在非林地领域（涂成龙等，2016；靳丽等，2016；杜波等，2017）。部分研究虽然涉及喀斯特林地，但并非专门针对喀斯特林地径流和土壤侵蚀效应的研究（蒋荣等，2013；李华林等，2017）。从上述分析可看出，针对不同喀斯特林地径流和土壤侵蚀效应的研究明显不足。

以上为对喀斯特地区森林地表径流和土壤侵蚀效应研究的总结。

本文通过野外林地人工模拟降雨试验，观测在不同林型和不同雨强条件下，地表径流和土壤侵蚀的响应特征，从而分析不同林型对地表产流和土壤侵蚀的影响规律。研究结果可为喀斯特地区植被恢复、涵养水源和石漠化治理提供参考，为石漠化地区植被恢复措施的制定提供一定科学依据。

以上为本研究的研究内容、研究方法和研究意义。

（3）以下为论文"贵州喀斯特针叶林植被截留再分配"的引言，这篇引言的字数偏多，结构不够清晰，而且其中有些内容可以简写或不写。

1.1　研究背景与意义

森林不仅可提供木材和林副产品，还蕴藏着大量动、植物资源，并且具有涵养水源，保持水土，提高水质，调节气候，净化大气，以及防治水、旱、风、沙等自然灾害的巨大作用[1]。

这段文字为教科书中的知识且与研究内容相关性较差，不适宜在引言中出现。

森林是陆地生态系统的主体，是自然功能最完善、最强大的资源库、基因库和储水库，具有调节气候、涵养水源、保持水土、防风固沙、改良土壤、美化环境、保护生物多样性等多种功能，对改善生态环境、维护生态平衡起着决定性的作用。降雨到达森林冠层后，森林的截留作用将降雨分为穿透雨、树干流和林冠截留,是森林与水文循环之间的首次相互作用和影响,影响水资源的管理分配甚至气候的变化。降雨特征、林分特征和气象因素对森林截留降雨过程产生重要影响,在不同气候区的不同类型林分的截留作用不同[2]。因此,森林截留降雨的研究对于科学认识水文循环和生产实践都具有重要意义[3]。

本段为森林截留再分配的研究意义,森林各种生态效应的描述应再简化。

贵州是我国喀斯特地貌发育最为典型地区之一,喀斯特面积达 13 万 km^2,占全省国土面积的 73%,95% 的县市有喀斯特分布。贵州喀斯特生态环境非常脆弱,人类活动对其生态环境也有较大影响,过去,人们对森林植被的运用价值,主要通过大量取材或其他林产品来获取直接的经济效益,忽视了森林的生态功能,人类对植被资源的不合理运用及人们对森林的保护意识不够,导致森林生态结构破坏,生态环境加剧恶化,严重威胁人们的健康生活,甚至威胁人们生存。严重的水土流失、石漠化,影响了人们的生活质量,严重阻碍了贵州经济的可持续发展。解决水土流失,石漠化问题的措施之一是封山育林,植树造林。因此,改善生态环境已成为喀斯特地区亟待解决的问题。

此段为喀斯特森林生态效应研究的意义,如能增加喀斯特地区森林截留再分配的研究意义,内容会更完善。

1.2　国内外研究进展

森林水文调节功能是森林所实现的重要服务功能之一,但森林资源被无节制的开采利用,导致人们不断遭受森林破坏所带来的洪旱灾害。因此,关于森林生态水文功能研究已成为生态学和水文学的研究重点之一。我国对森林的降雨再分配研究开始于 20 世纪 80 年代后期,研究主要集中在以阔叶树种为主的温带地区。直至 20 世纪 90 年代起,林冠截留的研究遍布全国,研究对象也几乎遍布所有林型和树种。近年来,国内外学者对森林水文调节过程及其生态学机制进行了广泛深入的研究;如:湖南省张家界马尾松林冠生态水文效应及其影响因素分析,贡嘎山暗针叶林枯落物截留特征研究,森林植被截留降雨实验与模拟,林冠截留降雨研究综述,从森林的水文过程角度出发,对乔木、灌木层截留、树干流等都有系统的研究;结果表明林地各层均能够有效截留降雨,降低雨滴动能,从而减少地表径流的产生和对地表的冲击,而树干流则改变了降雨的水平空间格局,影响水分入渗以及土壤水源涵养。森林复杂的结构,明显改变了降雨的分配过程,而森林水文过程及调节功能又受到森林生态结构的制约,因此,定量定性探讨森林生态系统的结构、过程及其与水文调节功能之间的关系,是森林生态水文领域研究的重点。

此段为森林截留再分配的研究进展,森林破坏及其后果的内容应放在研究背景中。

针叶林是以针叶树为建群种所组成的各类森林的总称。包括常绿和落叶,耐寒、耐旱和喜温、喜湿等类型的针叶纯林和混交林。主要由云杉、冷杉、落叶松和松树等属的一些耐寒树种组成。我国的森林中针叶林面积占 52.8%,积蓄量占 57.6%,主要分布在大兴安岭的北部和新疆境内的阿尔泰山山地,西南部的云南、贵州、四川的人工林和次生林中也有很大一部分是针叶林;针叶林的优势林分有落叶松林、马尾松林、云杉林、冷杉林、杉木林、云南松林。国内学者对不同地区的针叶林植被截留进行了研究,主要集中在东北的大兴安岭和西南诸省,如:曹云、黄志刚等湖南省张家界马尾松林冠生态水文效应及其影响因素分析的研究[8];田野宏、满秀玲等对大兴安岭北部白桦次生林降雨再分配特征研究,赵海蓉等对华西雨屏区几种典型人工林降雨截留分配特征进行了研究,通过对大气降水、林冠截留、林内穿透雨降水、树干流、地表径流的测定分析得出混交林对降雨的截留能力明显优于阔叶香樟林和针叶柳杉林,针叶柳杉林又优于阔叶香樟林;张宁、陆贵巧、郭宾良等对木兰围场华北落叶松林对降雨再分配进行研究,表明:林冠在降雨再分配过程中起到了很重要的作用。

此段为针叶林截留再分配的研究进展,对针叶林的描述过多且有重复部分。

针对喀斯特地区的针叶林植被截留方面研究。夏体渊、吴家勇等对滇中3种(云南松林、常绿阔叶林,桉树林)林冠层对降雨的再分配进行研究,得出结论:3种群落的降雨林冠截留规律受到林冠自身特点和环境要素的共同影响,云南松群落的截留率较高,这和云南松自身特性有关,针叶叶形具有较大的表面积而具有较高的吸附水能力。巩合德、王开运等对川西亚高山原始云杉林内降雨分配进行研究[17],表明在亚热带喀斯特地区(降雨多以大雨和暴雨居多)针叶林在涵养水源,保持水土等方面要比阔叶林具有更显著的作用。李默然、丁贵杰、彭云等对贵州黔东南地区不同森林类型涵养水源功能进行研究,利用实验观测的方法研究发现,马尾松纯林和阔混交林的截留效果最好,常绿阔叶林的截留效果最小,除了研究马尾松纯林、杉木纯林、针阔混交林、落叶阔叶林、常绿阔叶林这五种森林的截留效果。还分别研究了其林地土壤层的水文特征与林下植被和枯枝落叶层水文特征。但针对小尺度的针叶林对降雨截留再分配的研究还较缺乏,且贵州是典型的喀斯特地貌,地表水比较缺乏,因而,耐旱的针叶林占该地区森林的比重是较大的。

此段为喀斯特地区针叶林截留再分配研究进展。

综上分析,研究贵州喀斯特针叶林植被截留再分配是非常有必要的,其对于贵州喀斯特地区植被恢复、生态建设都具有重要意义。

1.3　本文主要研究内容

本实验以贵州省贵阳市花溪区贵州师范大学地理与环境生态试验站内的针叶林为研究对象。主要通过野外实验观测和数据分析相结合的方法研究贵州喀斯特针叶林对降水截留再分配的特征。分别研究了喀斯特针叶林的林冠截留特征,穿透雨特征,灌木截留特征,树干流特征;并对林冠截留特征、穿透雨特征、灌木截留特征、树干流特征分别进行讨论分析。从而得出贵州喀斯特地区针叶林的植被截留特征及其对喀斯特地区水土保持的重要意义。

本文的研究对象应是贵州喀斯特地区针叶林的植被截留,实验站的针叶林只能是样本或例子。

(4)论文“喀斯特山地植被变化的地形分异特征”的引言如下,该引言结构完整,层次清晰。可再适当增加关于植被对喀斯特地区生态环境的作用。

贵州地处亚热带喀斯特高原山区。水土流失严重,且有不断发展之势、喀斯特地区特有的土地退化—石质荒漠化日趋发展等一系列贵州喀斯特地区生态环境问题一直在影响和制约着贵州社会经济的发展。植被是生态环境的重要组成部分,归一化植被指数(NDVI)在众多植被指数中因既简单获取又表征明确的优点而经常被很多学者运用。农作物长势监测与产量估算是农业遥感的重要研究领域。江东等表明在农作物生育期内,作物生长状况和生长条件的改变,会造成NDVI时间曲线产生相应的动态变化,可以利用这一响应关系，根据 NDVI 曲线的变化特征，推测作物的生长发育状况，监测作物长势。归一化植被指数在监测生态环境质量变化与评价区域生态环境质量优劣中的应用，李惠敏等通过对 1998～2007 年的归一化植被指数(NDVI)时间序列数据、NDVI 与气象因子的关系、10 年来 NDVI 变化率的空间分布以及 NDVI 与海拔高度的关系等进行分析，研究重庆市植被变化及空间分布情况。童晓伟等基于 1999～2010 年的 SPOT NDVI 数据，分析了河池市植被变化趋势及空间差异，其中不仅展现了植被变化在不同地形因子分级上的变化情况，也分析了产生此现象的原因，这一研究成果为后续喀斯特地区植被恢复与重建工作提供了一个极有力的指导。

因此，本文以贵州安龙县为例，下载多种遥感数据提取出 NDVI，基于数字高程模型(DEM)生成海拔、坡度和坡向，运用 ArcGIS 的叠加分析模块统计出各种地形因子不同分级上的变化量，分析植被变化的地形分异特征，力图为改善当地的生态环境提供基础数据，同时为贵州喀斯特地区植被生态环境监测等提供技术参考。

第三节　结果分析的案例分析

结果分析是论文写作中的一个重要过程，是结合实验数据，相应的图表洞察规律的过程。结果与分析中应注意文字与图表的协调，注意表达效果，根据表达的内容选择合适的图表形式。

(1)论文“玛纳斯河流域盐渍化灌区生态环境遥感监测研究”的结果与分析如下，分为生态环境指数的构建、生态环境指数结果验证、土壤盐渍化区域生态环境评价分析、土壤盐渍化区域生态环境动态变化分析四个部分，每个部分包括结果的描述、图和表，然后对其进行分析。

2.1　玛纳斯河流域土壤盐渍化生态环境指数

采用上述方法对各期影像数据处理。表 10-1 是研究区 4 个参量主成分矩阵，是 1989 年、2000 年、2015 年 3 期影像计算结果。主成分分析能否反映所要表达的生态现象，关键在于是否能够找到合理解释现象的指标。从表 10-1 中比较分析得出：①主成分第 1 分量(PC1)在所有分量中所占的贡献率都大于 85%；②各参量在 PC1 表现的最为稳定；③在 PC1 中植被指数 NDVI、湿度指数 WI 都为正值，而盐度指数 SI 都为负值，这与现实生态环境是一致的，在表中 Albedo 的表现最不稳定，主要原因在于其与不同程度盐渍化的相关系数及相关性存在差异，在生态环境差异较大的区域表现的不稳定；④其他主成分分量表现的并无一般意义上的规律，相比较 PC1 更能反映区域盐渍化影响下的生态环境(见图 10-1)。

2.2　土壤盐渍化区域生态指数结果验证

在地表蒸散强烈作用下导致土壤盐渍化，引起玛纳斯河流域灌区土地弃耕，土地退化等生态环境问题。玛纳斯河流域灌区土壤盐渍化是影响生态环境变化的主要因素，不同程度盐渍化对生态环境作用的强度不同。从 2015 年 9 月野外 GPS 定位采集的 0～20 cm 深度土壤样品中分层选取 34 个土壤样品用于研究区生态环境指数的验证。结果如图 10-2所示，土壤盐分含量与生态指数 SSEI 负相关性明显($R^2=0.903\ 5, P<0.01$)，这表

明 SSEI 指数可以用于该区域由土壤盐渍化主导引起的生态环境评价。

表 10-1 指标主成分分析

年份	参量	第 1 主成分	第 2 主成分	第 3 主成分	第 4 主成分
1989 年	Albedo	-0.497	0.372	0.137	0.772
	NDVI	0.349	0.895	-0.223	-0.167
	SI	-0.572	-0.015	-0.789	-0.221
	WI	0.551	-0.247	-0.555	0.572
	特征值	0.078	0.010	0.003	0.000
	特征值贡献率(%)	85.71	10.99	3.30	0.00
2000 年	Albedo	-0.165	0.753	-0.116	0.626
	NDVI	0.661	0.556	0.219	0.454
	SI	-0.577	0.333	-0.403	0.627
	WI	0.450	-0.113	-0.881	-0.092
	特征值	0.160	0.020	0.006	0.000
	特征值贡献率(%)	86.02	10.75	3.22	0.00
2015 年	Albedo	-0.066	0.763	-0.168	-0.623
	NDVI	0.749	0.461	0.180	0.440
	SI	-0.500	0.381	-0.449	0.635
	WI	0.430	-0.244	-0.861	-0.124
	特征值	0.147	0.018	0.006	0.000
	特征值贡献率(%)	85.96	10.53	3.51	0.00

注:Albedo:地表反照率;NDVI:归一化植被指数,Normalized Difference Vegetation Index;SI:盐分指数,Salinity Indes;WI:湿度指数,Wetness Index;特征值:Eigenvalue;特征值贡献率:Contribaition rate of eigenvalue。

2.3 玛纳斯河流域土壤盐渍化区域生态环境评价分析

为了对区域土壤盐渍化影响下的生态环境变化进行合理的分析,将标准化的遥感指数 SSEI 以 0.2 为间距划分成 5 个等级,分别代表生态环境差、较差、中等、良、优 5 个等级(见表 10-2)。统计结果表明,1989~2000 年 SSEI 差等级所占的比例从 491.6 km^2 增加到 1 031.4 km^2,所占比例增加了 5.7%,在 2000~2015 又出现减少的趋势,减少到 636.9 km^2;生态环境较差的面积出现先增加后减少的趋势;中等生态环境的面积先减少后增加,从 1989 年的 6 354.3 km^2,到 2015 年的 2 111.4 km^2;生态环境良的面积从 1989~2000 年减少了 1 041.2 km^2,2000~2015 年增加了 1 235.8 km^2。优的面积在 1989~2000 增加明显,2000~2015 保持稳定。等级优和良所占的比重变化从 25.3%~30.3%~37.2%,等级差到中等的变化呈减少的趋势,总体表明生态环境呈良性发展的趋势。

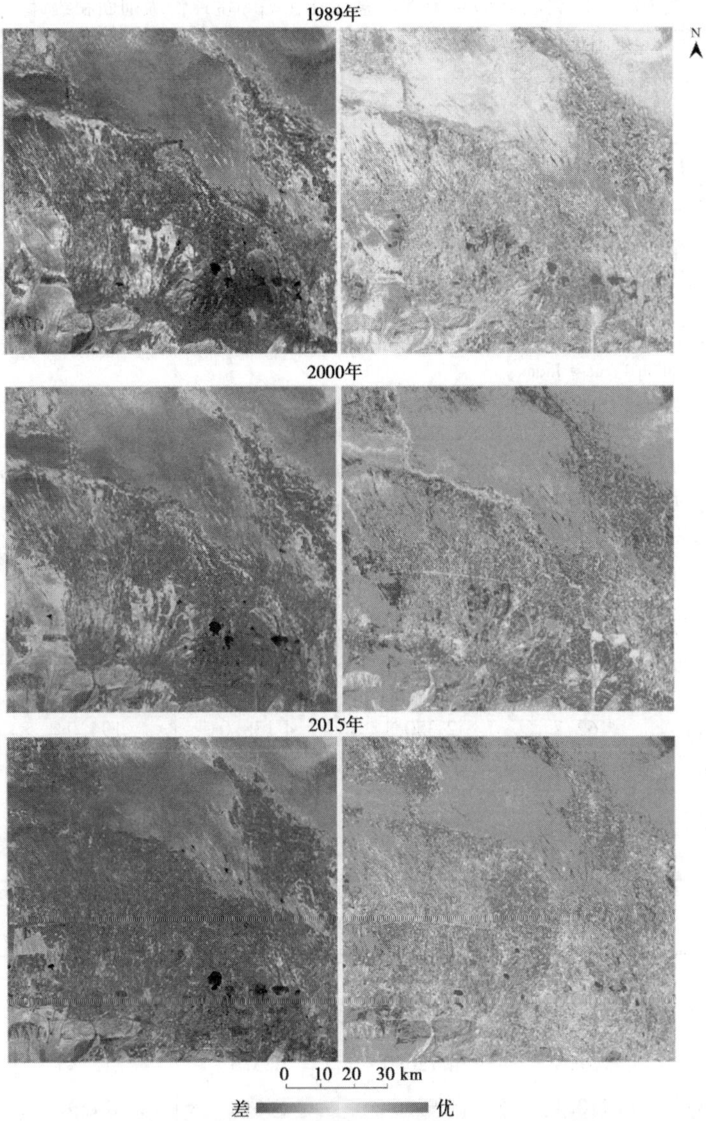

图 10-1　研究区 TM 影像 R(4)、G(3)、B(2)合成(左)；
土壤盐渍化生态指数影像(SSEI)(右)

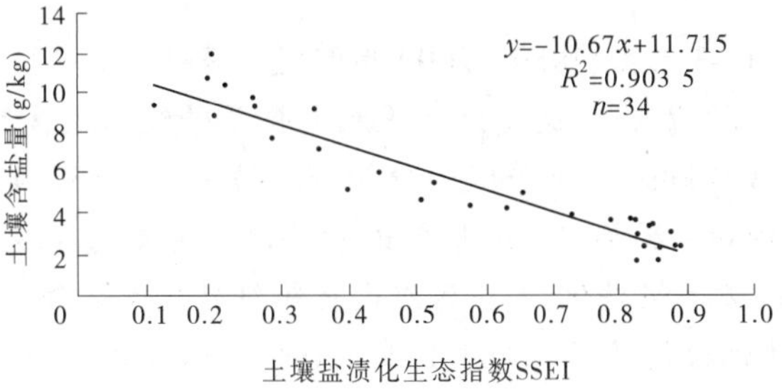

图 10-2　土壤含盐量样点值与土壤盐渍化生态指数关系分布

表 10-2　研究区 1989 ~ 2015 年盐渍化生态环境评价级别面积统计

SSEI 等级	1989 年		2000 年		2015 年	
	面积(km^2)	%	面积(km^2)	%	面积(km^2)	%
差(0 ~ 0.2)	491.6	3.5	1 031.4	7.3	636.9	4.5
较差(0.2 ~ 0.4)	3 683.4	26.1	6 888.7	48.8	6 120.3	43.4
中等(0.4 ~ 0.6)	6 354.3	45.1	1 913.3	13.6	2 111.4	15.0
良(0.6 ~ 0.8)	2 520.9	17.9	1 479.7	10.5	2 715.5	19.3
优(0.8 ~ 1.0)	1 045.8	7.4	2 797.1	19.8	2 526.2	17.9

注：SSEI：Soil Salinization Ecology Index。

2.4　玛纳斯河流域土壤盐渍化区域生态环境动态变化分析

为了深入分析近 20 年来不同生态敏感性等级的变化特征，利用遥感软件将 1989 年、2000 年和 2015 年土壤盐渍化遥感生态敏感性指数进行统计分析，获得 1989 ~ 2000 年、2000 ~ 2015 年的转移矩阵数据表 10-3、表 10-4，以及变化趋势空间分布图 10-3。

表 10-3　研究区 1989 ~ 2000 年 SSEI 转移矩阵

SSEI 等级	差(0 ~ 0.2)	较差(0.2 ~ 0.4)	中等(0.4 ~ 0.6)	良(0.6 ~ 0.8)	优(0.8 ~ 1.0)
差(0 ~ 0.2)	242.8	675.4	101.6	9.4	1.8
较差(0.2 ~ 0.4)	162.7	2 350.1	4 138.0	194.0	35.3
中等(0.4 ~ 0.6)	357.7	300.6	903.7	554.9	116.3
良(0.6 ~ 0.8)	24.8	164.4	484.0	609.7	196.1
优(0.8 ~ 1.0)	25.4	193.0	727.0	1 153.9	696.4

表 10-4　研究区 2000 ~ 2015 年 SSEI 转移矩阵

SSEI 等级	差(0 ~ 0.2)	较差(0.2 ~ 0.4)	中等(0.4 ~ 0.6)	良(0.6 ~ 0.8)	优(0.8 ~ 1.0)
差(0 ~ 0.2)	251.0	295.3	62.7	17.2	10.6
较差(0.2 ~ 0.4)	231.8	4 726.0	625.6	212.8	324.1
中等(0.4 ~ 0.6)	110.4	599.6	560.6	374.3	446.5
良(0.6 ~ 0.8)	194.8	591.1	387.4	521.2	1 021.1
优(0.8 ~ 1.0)	243.4	676.7	277.2	354.1	974.8

分析转移矩阵表 10-3 可知，1989 ~ 2000 年间较差等级向差等级转换了 675.4 km^2，差等级向较差等级转换 162.7 km^2，这要比差等级向较差等级转化多 512.7 km^2；中等等级向较差等级转化 4 138.0 km^2，较差等级向中等等级转化多 3 837.4 km^2。从生态环境变化空间分布图 10-3(1989 ~ 2000 年)分析得出：生态环境变差的区域主要分布在非绿洲的荒漠区，由中等级向较差等级转化，而中等级向良等级转化和优等级转化面积为 1 211.0 km^2，生态环境向良转化为优的面积为 1 153.0 km^2，结合土壤盐渍化生态环境空间分布图 10-3与土壤盐渍化生态环境空间变化图 10-3 分析表明，生态环境向良性方向变化的主要分布在玛纳斯河流域的绿洲区域。

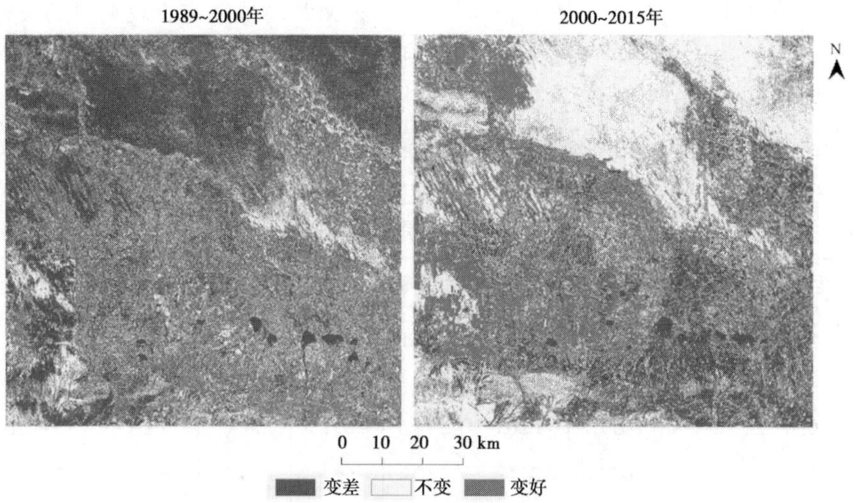

图 10-3 玛纳斯河流域土壤盐渍化区域生态环境变化监测图

从转移矩阵表 10-4 分析可知:2000 ~ 2015 年,较差等级向中等、良、优等级转化 1 867.4 km^2,向差等级转化 295.3 km^2;中等等级向良、优等级转化了 664.2 km^2,良向优转化了 354.1 km^2。结合生态环境变化空间分布图 10-3(右)和表 5(该表为文献中的表,此处未引用)得出,生态环境总体逐渐向好的趋势转变。

土壤盐渍化在绿洲区域随着人类活动的不断增强,耕地面积的不断扩大,水资源调控得更加合理使得盐渍化面积在不断减少;结合 SSEI 空间分布来看,在非人类影响的荒漠区并没有得到较好的改善,也没有恶化,只是在原有的水平上保持不变,处于较差水平。在人类活动的区域土壤盐渍化生态环境在不断的改善变化过程中,总体的变化趋势与该区域土壤盐渍化信息保持一致;但是,盐渍化对非人类影响的荒漠区生态环境并没有得到改善。

(2)以论文"基于 MOD17A3 的贵州省植被 NPP 时空变化特征"结果分析中"NPP 的区域差异"部分为例。其中,表 10-5 为 2000 ~ 2014 年贵州省年均植被 NPP(单位: $gC \cdot m^{-2} \cdot a^{-1}$),对应描述贵州省以及各地级市植被 NPP 变化的文字,图 10-4 为贵州省 2000 ~ 2014 年 15 年平均 NPP 变化分布示意图,对应描述贵州省植被 NPP 空间变化的文字。但文中写到其中一个县级市赤水市的植被 NPP 明显高于周边县市,应列出赤水市与周边县市的植被 NPP 数据(或在图中画出赤水市的位置和范围),否则缺乏说服力。这部分内容对植被 NPP 时空变化的分析较为详细,但从表中的数据来看,贵州省年均植被 NPP 的时间变化未显示出反复波动的趋势,文中"先升高后降低反复的趋势"的表述较复杂且不清晰。

3.1 NPP 的区域差异特征

把贵州省的年均 NPP 按行政区域划分,由表 10-5 可以看出,2000 ~ 2014 年贵州省植被年 NPP 变化范围为 533 ~ 665 $gC \cdot m^{-2} \cdot a^{-1}$, 15 年平均 NPP 值为 604 $gC \cdot m^{-2} \cdot a^{-1}$。其中 2015 年 NPP 最小为 533 $gC \cdot m^{-2} \cdot a^{-11}$,2002 年 NPP 最大为 665 $gC \cdot m^{-2} \cdot a^{-1}$。2000 ~ 2014 年年均 NPP 呈现先升高后降低反复的趋势,有两个植被 NPP 巅峰值,分别出

现在2002年和2013年,总体来说这15年里贵州省NPP均值没有出现剧烈的波动,都维持在一个正常的水平。贵阳市、遵义市、铜仁市、六盘水市、毕节市和安顺市年NPP平均值都小于贵州省的年均NPP604 $gC \cdot m^{-2} \cdot a^{-1}$,其中贵阳市和毕节市NPP年均值最低为570 $gC \cdot m^{-2} \cdot a^{-1}$,而黔南州、黔东南州、黔西南州的年均NPP值都大于贵州省的年平均NPP。

表10-5　2000~2014年贵州省年均植被NPP　(单位:$gC \cdot m^{-2} \cdot a^{-1}$)

地区	贵阳市	遵义市	铜仁市	六盘水市	毕节市	安顺市	黔南州	黔东南州	黔西南州	贵州省
2000年	518	571	538	524	496	544	605	610	638	561
2001年	546	587	560	544	528	566	641	639	645	584
2002年	638	691	659	626	594	631	717	705	723	665
2003年	595	632	608	571	530	604	700	675	673	621
2004年	602	635	645	604	587	612	698	701	677	640
2005年	559	582	555	584	571	576	611	581	632	584
2006年	602	625	598	620	591	616	649	605	691	622
2007年	609	632	600	636	602	652	704	649	740	647
2008年	608	641	606	626	621	623	672	623	676	633
2009年	592	610	566	645	598	626	671	614	716	626
2010年	510	552	545	538	525	519	585	597	597	552
2011年	493	476	495	575	538	547	562	510	620	535
2012年	493	509	497	550	527	527	559	544	593	533
2013年	626	673	646	645	647	630	709	676	718	663
2014年	563	612	570	596	601	578	622	598	665	601
平均	570	602	579	592	570	590	647	622	667	604

从图10-4可以看出,全省年均NPP呈现由西北到东南增加的趋势,赤水市是一个特例,赤水市虽然地处贵州西北地区,15年平均NPP却比贵州周边县市高出不少。贵州省2000~2014年植被年NPP平均值从空间上总体呈现出由西北到东南增加的趋势,赤水市15年平均NPP比周边县市高,是由于赤水市河流众多,属于贵州西北地区少有的非喀斯特地貌,适合植物进行生长繁殖,全市多年生禾本科植物竹林占地面积广,植物进行光合作用强,因此该地区的多年NPP均值较高。此外,黔东南州、黔南州、黔西南州的年均NPP值都高于贵州省的年平均NPP。上述三个州都是少数民族自治州,占地面积大,三个自治州共占全省面积的41.49%,达7.31万km^2,而人口较少。从而人类活动不频繁,对自然地理环境产生的影响弱,生态系统保护良好,所以植被NPP的生产能力强于贵州省其他地区。贵阳市、遵义市、铜仁市、六盘水市、毕节市和安顺市NPP年平均值都小于贵州省的年均NPP,贵阳市是贵州省的省会城市,政治、经济、文化、金融等领域在贵州省起

引领作用,8 km² 人口就有400多万人,10多年的快速发展带来了对环境的破坏,园地、林地、草地减少,而建设用地、未利用地、裸土地持续逐年增加,植被的减少意味着植被的生产能力下降,为全省最低只有570 gC·m^{-2}·a^{-1}。影响毕节市植被NPP的主要因素是森林资源遭到人为破坏及陡坡垦植严重、矿产过度开发、土地利用不合理,使得毕节地区的水土流失严重、石漠化面积增加和生态环境遭到严重破坏。遵义市、铜仁市、六盘水市和安顺市15年的NPP年均值小于全省平均值,主要由于社会经济的发展,人类活动对自然环境产生了一定的负面影响,从而破坏了植被的生产能力。

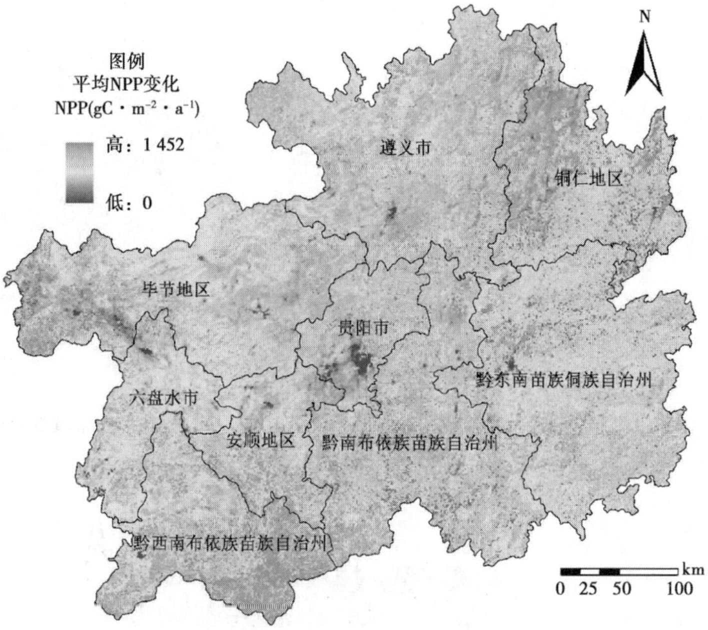

图10-4 贵州省2000~2014年15年平均NPP变化分布示意图

(3)论文"基于RS与GIS的喀斯特山地生态环境质量动态评价——以安龙县为例"结果分析中的"多因子评价结果分析"部分如下。该论文以遥感数据为基础反演植被盖度与土壤指数,以DEM数据为基础进行坡度分级。图10-5、图10-6是为评价2000年和2009年生态环境综合质量,将植被盖度、土壤指数、坡度等级三个参数叠加(对三个参数赋予不同权重)之后再进行分级(根据已有研究成果中的方法分为四个等级)得出的结果,即"多因子评价结果",并结合研究区各部分的地理环境,分析了区内生态环境质量的空间差异及时间变化。图10-7为2000年与2009年生态环境质量的变化程度,并对研究区不同地区变化程度进行描述。最后结合农业区划图对不同区域范围内的生态环境质量等级变化进行了描述和分析。文字内容较为完整,分析详细,图的运用也较为恰当。对生态环境质量变化原因分析的文字应出现在现象描述之后。这部分的生态环境质量变化应从图10-5与图10-6的对比或图10-7得出,而不是"由图10-6得出,2009年安龙县自然生态环境质量较2000年有明显改善"。图10-7由图10-5与图10-6的对比形成,因此应置于图10-5与图10-6之后,不应以正文内容隔开置于图10-8之前。

3.2　多因子评价结果分析

综合植被盖度、土壤指数以及坡度三个因子的安龙县生态环境评价结果如图 10-5 和图 10-6 所示。2000 年,安龙县南部少许地区自然生态环境质量优。东部、西南部和南部生态环境质量良好,这些地区河流分布较密集,主要有南盘江、白水河、马别河、新桥河等,为植被的生长提供了充足水源。中等自然生态环境质量分布相对比较少,在整个安龙县属于平均分布状态。值得注意的是,自然生态环境差广泛分布于西北部、中部和北部地区。

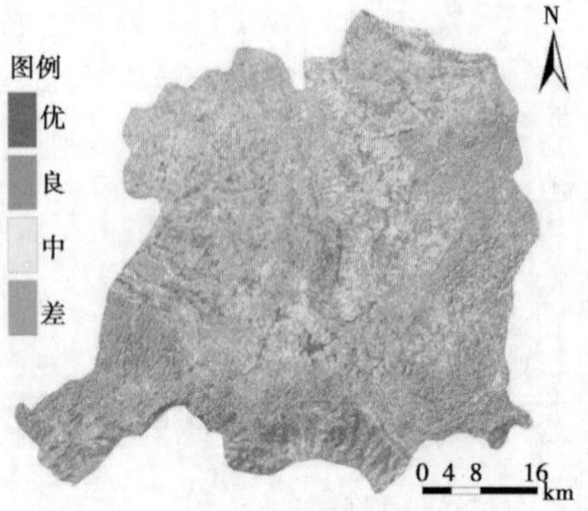

图 10-5　2000 年生态环境综合评价结果图

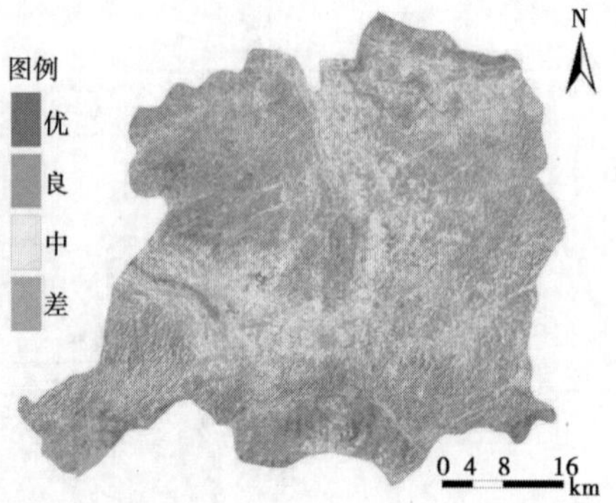

图 10-6　2009 年生态环境综合评价结果图

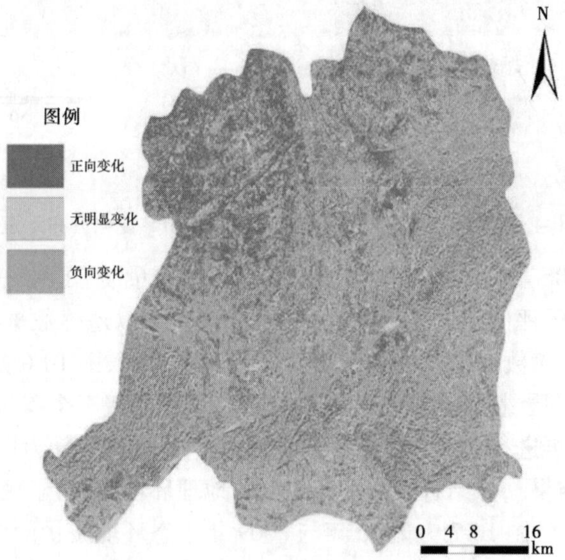

图 10-7　2000 年与 2009 年生态环境变化结果图

由图 10-6 得出,2009 年安龙县自然生态环境质量较 2000 年有明显改善,西北部、东南部和东部改善最明显。自然生态环境质量优和良地区增加最明显,自然生态环境质量中和差呈一个“J”形分布于研究区中部和西部,中部和西部地区生态环境状况仍不容乐观。研究区生态环境质量的大幅改善主要得益于人们大量植树造林、退耕还林还草和建设农田水利等。石漠化广泛分布，生存条件极端恶劣的喀斯特山地容易造成生态环境严重失衡，建设农田水利，发展立体农林复合型生态农业，有利于生态环境可持续发展，推动安龙县的绿色生态文明稳步发展。

从图 10-7 中可以看出，9 年间研究区生态环境以正向变化和无明显变化为主。正向变化集中分布于西北部和北部地区，负向变化分布于中部和西南部地区，中部和西南部地区出现生态环境倒退现象。

借鉴前人的研究方法，对安龙县生态环境评价进行农业区划分区分析。从自然、经济和社会方面选择生态因子作为分区指标，将生态因子影响类型相似的作为一个分区。遵循自然条件相对一致性原则以及土地利用方式与生态环境状况相结合原则，结合地形地貌特征以及主要生态因子对环境的影响分布状况，对生态环境进行分区分析。

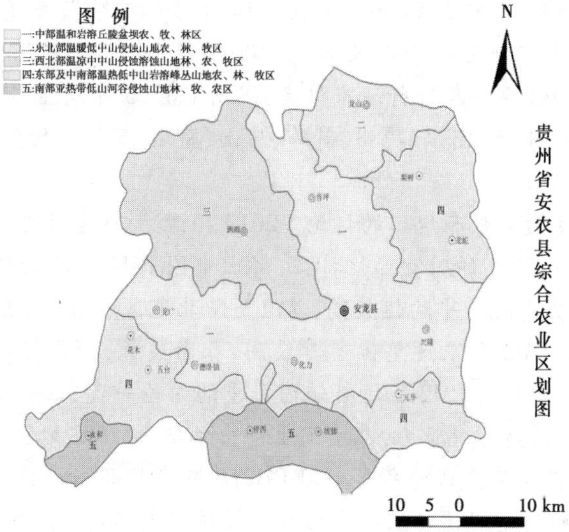

图 10-8 安龙县农业区划图

将图 10-7 与图 10-8 叠加，第一区域中部温和岩溶丘陵盆坝农、牧、林区，生态环境呈负向变化，这是由于在经济促进工业产业发展的时代，工业污染没有得到合理的控制，对环境造成一定的破坏，使生态环境质量下降。第二区域东北部温暖低中山侵蚀山地农、林、牧区，生态环境呈无明显变化向正向变化过渡，生态环境属于一个正在改善的过程。第三区域西北部温凉中中山侵蚀溶蚀山地林、农、牧区，生态环境呈正向变化，绿色植被生长良好，对生态环境质量有很大的改善。建设小型农田水利工程、植树造林、退耕还林还草等对环境的改善有很大的作用，使生态环境朝着友好生态文明方向发展。第四区域东部及中南部温热低中山岩溶峰丛山地农、林、牧区，生态环境呈无明显变化，该区域的温热低中山岩溶峰丛对生态环境没有明显影响。第五区域南部亚热带低山河谷侵蚀山地林、牧、农区，生态环境呈负向变化，少部分呈无明显变化，说明该热带区域不利于生态环境的发展，还有农民的生活方式，在某些程度上对生态环境有一定破坏，造成生态环境负向发展。

第四节 讨论的案例分析

论文的讨论部分是针对项目研究过程中不确定且有待完善的内容进行讨论，并对研究内容未来的发展方向进行探讨。

(1)论文“2014年中国城市PM2.5浓度的时空变化规律”的讨论如下，对比分析了中国城市PM2.5浓度时空变化的研究结果和国家环保部公布的排名及其他研究结果，最后提出未来的研究方向是基于长时间监测数据讨论PM2.5各组分的时空规律、影响因素，及其与快速城市化过程的交互耦合关系。

关于污染城市排名的讨论。2014年初，国家环保部针对PM2.5、PM10、NO_2、CO、O_3等多种污染物综合排名，发布2014年重点区域和74个城市空气质量状况显示，空气质量相对较差的前10位城市分别是保定、邢台、石家庄、唐山、邯郸、衡水、济南、廊坊、郑州和天津。本文只针对PM2.5浓度进行城市排名，得出PM2.5年均值最高的10座城市分别为邢台、保定、石家庄、邯郸、衡水、德州、菏泽、唐山、聊城、廊坊。因研究对象不同，排名结果有所差异。

关于中国PM2.5时空分布规律的讨论。2013年，徐虹等基于已发表文献中的PM2.5离子数据，探讨中国PM2.5的时空变化特征，得出中国PM2.5污染较为严重的结论。从空间上看，西北地区历史统计平均值最高，其次是华北地区、西南地区和华东地区，华南地区最低；从季节上看，PM2.5浓度整体冬季最高，春季最低，但各组分的季节变化特征各异。该研究与本文关于中国PM2.5污染较为严重的结论一致，但本文采用的监测数据在准确性方面较文献数据更具说服力，在空间上得出了华北、华东地区PM2.5浓度最高，华南地区较低的结论，在季节上认为冬季全国PM2.5浓度最高，春秋次之，夏季最低。但前文对PM2.5各组分的时空规律特征研究为本文提供了思路借鉴。2014年，Gang Lin等运用MODIS反演数据探讨了2001～2010年全国PM2.5浓度时空演变规律，认为以京津冀为主的华北地区，以山东、安徽和江苏为主的华东地区，以及河南与四川是中国PM2.5的主要集聚区。这一结论与本文得出的空间规律基本相似，但该数据无法揭示中国和城市逐月和逐日的时间规律。2014年，Hu Jian - lin基于夏季的监测数据研究了华北平原地区和长江三角洲地区的PM2.5时空规律，认为华北平原的污染程度高于长江三角洲，并且PM2.5浓度在250 km范围内具有显著的时间关联性，这一结论与本文PM2.5浓度的空间格局特征与空间自相关集聚特征规律相吻合。从整体来看，目前尚无基于监测数据的全国PM2.5时空规律研究，本文得出的时空变化规律可以在更广的空间范围与连续季节——月份序列方面弥补和佐证之前的研究结论。

关于东南沿海地区为稳定的空气质量优良区的讨论。京津冀、长江三角洲和珠江三角洲三大经济发达区域是中国PM2.5的重点监测与关注地区，诸多研究认为珠江三角洲是中国PM2.5的重点污染地区。随着国家对空气污染治理投入的不断加大，全国各地的空气质量均得以改善，但在2015年2月2日环境保护部公布的74个重点城市2014年空气质量状况中，仍有九成城市空气质量不达标。2014年，珠江三角洲区域空气质量平均达标天数(298 d)高于全国监测城市平均值(241 d)23.65%，重污染天数比例也远低于全国平均水平。并且超标天数的污染物中以 O_3 为首要污染物天数最多，而非 PM2.5。另外，根据《中国空气质量在线监测分析平台》显示，2014 年珠江三角洲城市 PM2.5 年均值均位于 30 ~ 53 μg/m³，低于全国平均水平 61 μg/m³。而京津冀和长江三角洲 2014 年 PM2.5 浓度分别 93 μg/m³ 和 57 μg/m³。在 2014 年 PM2.5 达到全国二级标准的 12 个城市中，6 个城市位于珠江三角洲地区[30]。所以，在全国 PM2.5 污染整体较为严重的背景下，本文关于珠江三角洲城市群属于环境质量较为稳定的空气质量优良区这一结论具有可信性。

另外，本文揭示的 PM2.5 逐月时空规律中，12 月超标天数明显少于 11 月，且重度污染范围从京津冀地区显著南移，与 11 月 APEC 会议期间京津冀晋蒙鲁等 6 省（自治区）市同时采取的车辆限行、石油化工等污染企业关停等环境保护措施具有直接关系。这一结论印证了刘彦随等在《Nature》发文所得出的“区域联合防控与管制在控制污染物排放、改善大气环境质量中具有重大意义和作用”的结论。综合考虑中国 PM2.5 的国内外研究成果，目前尚停留在对 PM2.5 的组分、来源和时空现象的分析阶段，基于长时间监测数据讨论 PM2.5 各组分的时空规律、影响因素，及其与快速城市化过程的交互耦合关系是未来研究的重要内容。

（2）论文“1962—2011 年长江流域极端气温事件分析”的讨论部分如下，对本文研究结果与已有相关研究进行对比和分析，并讨论了研究内容的未来发展方向。

随着极端气候事件的频发，对极端气候事件原因的探究成了众多学者关注的热点问题。本文在研究极端气温指数区域差异时，得出长江上游区域极端冷指数的平均值大于下游区域，而极端暖指数正好相反，由此看来，这些指数与海拔高度呈现一定的相关性，其中冷指数的变化与 Li 等在西南地区极端气温的研究具有一定的相似性，但暖指数与海拔高度并未呈现明显正相关关系。原因可能有以下几类：首先，长江流域是中国第一长河，流经地形区主要有青藏高原、横断山区、云贵高原、四川盆地以及长江中下游平原，地形复杂多变。有研究表明，地形对极端气温各指数存在显著的影响，比如 Pepin 和 Seidel 曾研究全球尺度下不同地形类型对气温变化的影响评估，证明山峰站与其他类型站相比，有更小的变暖幅度。Li 等的研究也表明，由于空气自由度较高，平原站极端气温指数的变暖幅度最大，依次为山间盆地站、山谷站和山峰站。这些研究证明了影响极端气温指数变化的不仅仅是海拔，还与地形变化有密切的关系。其次，由于热岛效应的存在，城市站与乡村站极端气温指数变化幅度也存在着差异，Griffiths 等对亚洲—太平洋地区的研究中发现城市站极端气温的变化幅度大都高于乡村站，而且主要体现在最低气温上。本文在对长江流域上游区域与中下游区域极端各气温指数的计算中，并未考虑城市站与乡村站之间的差异，因此暖指数的统计结果存在微小差异。影响极端气温变化的原因极其复杂，除了以上提及的几个方面（海拔高度、地形状况、热岛效应），大尺度的大气环流对极端气温的变化也产生至关重要的作用。国内外众多研究表明，近些年来，夏、秋季节，由于反气旋环流的加强，亚洲季风系统减弱，研究区受干热气团控制，而且加强的偏北风阻滞海洋暖湿气流北进，导致气温大幅升高；而冬、春季，由于气旋系统的加强，使得西风强度加大，这种风场结构减少了冬季风和冷空气南袭，导致极端冷事件减少和气温升高。另外，地表覆盖的变化、人类温室气体的排放以及云量的变化都与极端气温有着密切的关系，其复杂的影响因素还有待于更进一步深入的研究。

(3)讨论部分可以适当展开，但是不能天马行空，应有一定的主题。下面这个例子恰当地将讨论分成了几个和标题紧密联系的主题。

3.1　枯落物质量及雨强对径流量影响的非线性关系

结果表明，在雨强较小时(40 mm/h)，裸地无地表径流产生，地表径流量随枯落物增加而增加；而雨强较大时(90 mm/h、140 mm/h)，裸地的地表径流最大，在有枯落物覆盖的情况下，径流量随枯落物增加而增加。小雨强下地表径流量随枯落物增加而增加的原因是：当雨强较小时，无枯落物覆盖的裸地绝大部分降水立即下渗，无地表径流产生；在有枯落物覆盖的情况下，由于枯落物蓄滞降水、削弱径流的作用主要产生在枯落物下层(半分解层)，表层未分解的枯落物仍保留着原有长条的形状(含有部分松针)，实际上对水流起到导流作用，水流顺着枯落物往低处流动。因此，在本研究中小雨强情况下，枯落物越厚，地表径流量越大。而雨强较大时(90 mm/h、140 mm/h)，裸地的地表径流最大的原因是：当雨强增大后，雨强超过裸地下渗能力，大量的降雨转化为径流，因此大雨强下裸地的地表径流最大；相比之下，有枯落物覆盖时，部分降水要被枯落物下层蓄滞，因此有枯落物覆盖的情况要比裸地的径流小。综上所述，枯落物质量及雨强对径流量的影响并非简单的线性关系。

3.2　枯落物层减沙效应与减流效应

通过模拟试验发现，土壤侵蚀量仅在无枯落物覆盖的情况下较大，而当雨强较大时，无论有无枯落物覆盖，地表径流均增加，在枯落物覆盖较厚时，径流增加极为显著。说明在其他条件较为一致的情况下，枯落物层防止土壤流失的效果显著优于减少地表径流的效果。枯落物层改变了地表径流的状态，使其速度更加稳定，削弱了对土壤的冲刷力量，从而减少坡面土壤流失量。其中，在 90 mm/h、140 mm/h 雨强条件下，随着枯落物质量的增加径流量增大，对阻滞和减少地表径流的作用没有明显的效果。但在观察具体试验过程中发现，试验土槽的长度、坡度等对其有一定的影响，影响程度还需要对变量进行进一步细化试验。

3.3　控制实验中的不确定性

人工降雨试验是人们进行水土流失的主要研究方法之一，室外模拟人工降雨更能符合大自然天气的变化，使试验过程更接近真实情况。本文探讨影响地表径流的因素主要为枯落物覆盖质量和降雨强度。但在产流过程中，下渗能力、径流流速、坡度和试验土槽长度等因素对地表产流、携带泥沙过程也有较大的影响。本文通过试验观测和数据分析，虽然在一定程度上揭示了枯落物对地表径流和土壤侵蚀的影响，但因条件限制，研究还不够透彻细化。希望在以后的试验中改进试验条件的同时也完善试验探究因素，深入探究其影响程度，使试验结果更具有说服力与实用性，更全面地研究喀斯特地区枯落物层对地表径流和土壤流失的影响。

(4)部分初学论文写作的学生，经常将结论与讨论的内容混淆，把属于讨论的内容放到了结论部分。论文“贵州喀斯特山地次生林坡面径流与土壤流失”的结论部分如下，但从内容来看，主要是包括了可以作为讨论部分的内容(研究的应用及研究存在的不足)。“创新”部分的“我们本科生”及“不足”部分的“我们也把这些可能”主观色彩较重，不适宜出现在学术论文中,应删除“我们”。“建议及意义部分”中的“阻止改善地表土壤流失的方法”表述错误(此句“阻止”与“改善”不应同时出现),应改为“改善地表土壤流失现象的方法”。“减少次生林水土流失现象的加剧”这样的表述不够清晰简练,改为“减轻次生林水土流失现象”较好,这些都是建议或意义中容易出现的文字表述问题。

5　结论

5.1　创新与不足

5.1.1　创新

本课题通过室内模拟人工降雨设备设定不同的雨强对人工制作模拟野外次生林的变坡土槽进行降水并收集有效试验数据,进而总结分析贵州喀斯特山地次生林坡面径流与土壤流失的规律和特点,试验具有很强的操作性。它受时间和空间的限制少,而且对于本科生而言,没有大量的人力、物力也能完成。

5.1.2　不足

本课题通过室内人工降水试验来研究影响喀斯特山地次生林坡面径流、土壤流失与坡度与降水强度之间的关系,存在以下几个方面的不足:

(1)模拟林冠层的方法与自然状态下有一定区别。

(2)由于资金、人力、物力有限,设计制作的土槽太小。

(3)由于时间限制,不同坡度与不同降雨的分级太少,坡度只选择了贵州大多数山区的坡度(10°、20°、30°三种),雨强只选择了现实降雨中出现频率比较多的60 mm/h、90 mm/h、120 mm/h三种雨强,所以得出的拿来分析的数据不多。

(4)由于试验操作及控制环节过多,因而在试验过程中会出现一定的误差,不能得出较为精细的数据。所以,在最后的结果分析时,也把这些可能造成误差影响因素考虑在结论内。

5.2　建议及意义

综上试验结果分析得出,同一坡度、降水强度下:地下径流量>地表径流量;地表土壤流失量>地下土壤流失量,所以我们需要多思考阻止改善地表土壤流失的方法。坡面径流、土壤流失量与坡度与降水强度成正相关关系。因而在进行保护喀斯特山地次生林水土流失工作时,可针对这一规律来开展水土流失小流域治理的措施,以“植、物、耕、沟、管、洞、缝”方式为有效结合的治理方法,不仅可以改善喀斯特山地坡面水土流失,还可以遏制喀斯特山地水蚀沟现象的发生。其具体措施为:

(一)将山地坡面排水设置为地下暗排,进而降低坡面径流。

(二)改善喀斯特山地土壤物理水肥气热,选用合适的植被种植以有效固土,减少土壤流失量。

(三)降低土壤的容重,增加土壤孔隙度、透水及透气性,加快表层水及土壤中水的下渗,进而减少坡面水土流失。

(四)将喀斯特山地的“坡”改为“梯”,以坡面或小流域为一个小单元,通过坡改梯措施来减少次生林水土流失现象的加剧。

总而言之,喀斯特山地次生林综合整治水土流失需完善综合防治与生态系统重建的技术体系,针对喀斯特次生林中不同等级的水土流失的特征,以蓄水、治土、造林、种草为措施，把生物、工程、管理等措施组合成配套的综合治理技术模式以进行小流域结合治理与生态系统重建。

(5)下面同样是一个将讨论与结论混淆的例子。以下为论文“基于 Landsat8 TIRS 数据的贵阳市热岛效应研究”的结论与讨论部分，包括数据处理方法以及获得的结果，以及在统计分析基础上得出的结论，并没有包括讨论部分，层次标题应为“结论”而非“结论与讨论”。

热红外遥感影像已成为对城市热岛现象研究的重要数据源，本文结合 2013 年 Landsat8 TIRS 数据、贵阳市矢量数据、热环境遥感的相关理论，通过大气校正法反演得到贵阳市地表温度。文章中主要运用 ENVI 的 Band Math 工具计算各相关参数的图像，经验证，其结果与实际情况大体相符。结果表明，81% 区域的温度集中在 15°～26°区间。由于贵阳市特殊的喀斯特地貌，除了常见的城镇热岛外还有与喀斯特的分布和石漠化的形成有着密切联系的异常热岛区，且因后者分布更广泛得出异常热岛对贵阳市的整个热环境的影响大于常规热岛。

第五节　结论的案例分析

结论是研究的总检验、总判断、总评价，是论文正文的必然逻辑发展，是全文得出的最终的、总体的结论(常思敏，2008)。结论的主要内容通常包括：对研究结果的概括；方法特点即先进行概括；意义和发展方向及应用情况、适用范围。

(1)以下为论文“2014 年中国城市 PM2.5 浓度的时空变化规律”的结论，结论的三个段落分别为时间变化规律、空间分异规律、空间集聚规律。

(1)中国城市 PM2.5 浓度具有显著的“U”形月均变化规律和周期性脉冲型逐日变化规律。2014 年中国 190 个监测城市 PM2.5 年均浓度为 61 μg/m³，全国城市平均达标天数为 274 d，年均值达标城市 17 个，达标天数夏季最多，秋春次之，冬季最少；其中 6～8 月空气达标率均在 80% 以上，4 月、5 月和 10 月在 60%～70%，2 月、3 月、11 月、12 月在 50%～60%，1 月最低为 42%；污染天气春冬多，夏秋少，1 月、2 月、3 月、11 月和 12 月的污染天气比例均超过 30%，严重污染天气集中在 1 月和 2 月。

(2)中国城市 PM2.5 浓度具有显著的空间分异规律，胡焕庸线和长江是中国 PM2.5 浓度高值区和低值区的东西和南北分界线。胡焕庸线以东和长江以北的环渤海城市群、中原城市群、长江三角洲城市群、长江中游城市群和哈长城市群等地区是 2014 年 PM2.5 的高污染城市聚集地，此范围内的城市 PM2.5 年均值在 72 μg/m³ 以上；长江以南以及胡焕庸线以西(新疆中部除外)地区城市处于较低水平。PM2.5 污染具有季节性空间差异，污染范围冬季最广，夏季最小，春秋居中；PM2.5 污染具有月度空间变化规律，1 月污染范围最大，9 月最小，其间污染范围从整个华北地区、中部地区和西南地区向京津冀地区集中，10 月再次扩大。

(3)中国城市 PM2.5 浓度具有显著的空间集聚规律，北方城市群是 PM2.5 核心集聚区。华北平原和长江三角洲地区是全年主要的 PM2.5 集聚地区，东南沿海地区则是持续稳定的空气质量优良区。中国城市 PM2.5 浓度按月份呈现周期性变化。1～3 月 PM2.5

集聚区覆盖中国中东部地区，污染范围开始从长江以南向长江以北退缩；4～5月PM2.5污染范围向西部地区趋于消失。6～7月范围再次向华北平原地区扩大，8～9月随之向内陆地区扩散，且于10月在华北平原地区趋于稳定，11～12月污染范围向北方地区继续扩大，形成一个完整周期。4～5月和9～10月的高值集聚范围缩小，与季风同期。

（2）以下为论文“喀斯特山地植被变化的地形分异特征——以贵州安龙县为例”中在结果分析之后出现的结语。该论文的结果分析包括全县的NDVI变化特征、不同海拔的NDVI变化特征、不同坡度的NDVI变化特征、不同坡向的NDVI变化特征四个部分，分析了植被变化数据处理统计的结果，应在此基础上总结出论文的结论部分。但该文没有结论部分，结语出现了前人研究已经得出的结论和该研究内容的意义，最后提出的建议也不是从论文的研究内容得出的。总之是一篇缺少结论的论文。

植被强烈依赖着周围的环境，植被的变化与地形因子的变化息息相关。海拔是影响山地水热条件分布的主要因素；坡度在垂直方向上影响着水分和土壤养分流向，坡度的缓急又对土层厚度产生显著影响；坡向影响着环境的水热分布，从而对植物的形体、生长、分布及多样性格局产生重要影响。地形因子对植被所需的各种资源形成了再分配的格局，进而影响着植被的变化，也就形成了与地形分异特征相一致的植被变化规律。了解了这个规律，对于如何更精准地发展农业、进行生态环境建设等具有极其重要的作用，目的是在取得经济高速发展的同时，不以牺牲环境为代价。这也对科研工作者们提出了巨大的挑战，他们肩负着“得探索出一系列更适宜当地开发的举措，使生态环境朝着一个越来越良好、健康的方向发展”的重任。科研工作者们一定要探讨出修复生态环境的方法，当地领导者可以借鉴其成果和其他地区成功治理恶劣环境的经验，并且还要在当地加强宣传教育，提高每一个人爱护爱惜生态环境的自觉性。只有这样，才能走上经济效益、社会效益以及生态效益三者相统一的可持续发展道路。

（3）论文“花溪大学城周边农村劳动力就业与农户收支结构调查与分析——以思雅村为例”的结论是相对于数据统计结果的罗列，真正意义上的结论偏少。部分语言不够简洁，如最后一段用了两个相似的句子写大学城建设的影响。第四条结论中由“觉得”得出“实惠”并不恰当。另外，该结论的各段应以（1）、（2）……作为序号，4.1、4.2……为层次标题序号，不能作为每条结论的序号。最后一段的“必将”“迎来自己的黄金时代”等表述过于绝对且主观色彩较重，不适宜用于科研论文。

4.1　劳动力人口中，就业人数79人，占劳动力总数的88.76%，在本地（花溪区集镇所在地和大学城）就业的有61人，占就业劳动力的77.21%，大部分从事第三产业；外出务工（浙江、福建、广东等地）的有18人，占就业劳动力的22.78%，外出务工人员中，从事加工制造业人数占了最大比重，外出务工人员主要从事第二产业工作。

4.2　农户收入方面，其中有34户农户总收入大于总支出，占总农户的87.18%；5户农户全年总收入小于总支出，占总农户的12.82%，思雅村农户收入结构表现为工资性收入大于家庭经营性收入。由此可看出思雅村农户收入以工资性收入为主。

4.3　支出方面，有27户家庭非家庭经营性消费支出大于家庭经营性消费支出，占总农户69.23%，农户家庭经营性消费共计574 800元，平均每户14 738.47元，而非家庭经营性消费共计810 015元，平均每户20 769.62元。由此可看出思雅村农户消费支出以非家庭经营性消费支出为主。

4.4　花溪大学城建设对思雅村农户收入的影响程度调查中,39 户农户里,有 30 户农户觉得自己家的年收入是有上升了,占农户总数的 76.93%;有 8 户农户觉得大学城的建设,土地流转后自己的收入没有变化,占农户总数的 20.51%,可见大学城的建设给当地村民带来了实惠。

花溪大学城的建设与不断完善对于思雅村是有积极的影响的,同样也对周边地区也有相对的影响。花溪大学城的建设是带动其周边新农村城镇化的有利因素,它不仅对周边的经济有影响,对教育文化、就业、劳动力等也有影响,它是一种教育推动型经济行为影响。花溪大学城的建设和不断完善必将推动其周边地区经济又好又快地发展,加快新农村城镇化的步伐,花溪大学城及其周边地区必将迎来属于自己的黄金时代。

(4)论文“基于 MOD17A3 的贵州省植被 NPP 时空变化特征”的结论,包括本文研究方法及所得结论的的总体概括,各结论的方法、数据的概括与分析结论,选择了论文中比较重要的数据和结论。结论(1)中“贵州省植被年 NPP 主要集中在”表述不清,根据结果与分析中的图表,应改为“贵州省各市年均植被 NPP”。在总结形成结论的过程中应注意表述清楚且与结果分析中的内容一致。

本文利用 MOD17A3 数据的年 NPP 数据,通过 GIS 和 RS 技术、简单差值法、线性回归趋势法和 R/S 分析方法,定量分析了贵州省 2000 ~ 2014 年 15 年间植被 NPP 的时空变化特征及未来趋势,结果表明:

(1)2000 ~ 2014 年贵州年均 NPP 的变化范围为:533 ~ 665 $gC \cdot m^{-2} \cdot a^{-1}$,平均值为 604 $gC \cdot m^{-2} \cdot a^{-1}$。贵州省植被年 NPP 主要集中在 500 ~ 700 $gC \cdot m^{-2} \cdot a^{-1}$,其中 2015 年 NPP 最小为 533 $gC \cdot m^{-2} \cdot a^{-1}$,2002 年 NPP 最大为 665 $gC \cdot m^{-2} \cdot a^{-1}$。

(2)2000 到 2014 年贵州省植被年平均 NPP 值从空间上总体呈现出由西北到东南增加的趋势,贵阳市和毕节市的 15 年年均植被为各地级市最低为 570 $gC \cdot m^{-2} \cdot a^{-1}$。15 年年均植被 NPP 低于贵州全省的地级市有贵阳市、遵义市、铜仁市、六盘水市、毕节市和安顺市;高于贵州全省的地级市黔南州、黔东南州和黔西南州三个少数民族自治州。

(3)从研究时间的始末点 2000 年与 2014 年相比较,大部分地区的植被 NPP 都是增加的,只有少部分地区是减少的;毕节地区、尤其是威宁县增加强度大,>150 $gC \cdot m^{-2} \cdot a^{-1}$ 都在该地区;黔东南州南部年 NPP 降低 0 ~ 50 $gC \cdot m^{-2} \cdot a^{-1}$ 间比较明显。贵州省 NPP 增加的面积占总土地面积的 72.47%,年 NPP 减少的面积占全省总面积的 27.53%。

(4)利用线性回归分析法研究 2000 ~ 2014 年贵州省的植被年 NPP 得出,毕节市的植被 NPP 改善明显,黔东南州、遵义市和铜仁市南部出现植被 NPP 的轻微退化和严重退化。虽然从全省来看,贵州省 NPP 变化以基本保持不变为主,但退化的趋势比较明显,轻微退化和严重退化分布面积较广 。

(5)贵州省 2000 ~ 2014 年植被 NPP 的 Hurst 平均值为 0.46,具有很弱的反持续性,可以估计在将来的一段时间里植被 NPP 总体上可能会有增加的趋势。除了毕节西部地区、遵义南部地区和黔东南州的植被 NPP 在接下来的一段时间里会保持继续减少的趋势,其余地方的植被 NPP 都会有增加的趋势。

第六节　参考文献的案例分析

从事科学研究，做科学技术研究的记录——撰写科技论文总是要在前人研究的基础上，在前人总结的理论观点基础上进行创新，研究—继承—发展，如此循环不已。科学的发展才永无止境。正由于这样一个科学发展的规律，在科技论文写作过程中就必须查阅资料、翻阅文献以验证我们的理论、观点，论证并发展前人的理论和观点（郑霞忠、黄正伟，2012）。论文中列出的参考文献要实事求是，录入时必须遵守文献录入规范。

（1）论文“近 8ka 东亚冬季风变化的东海内陆架泥质沉积记录”的参考文献如下，包括相关理论、气候变化及其记录的相关研究成果与资料。参考文献来源多样，且选择的期刊具有代表性。文献来源于《科学通报》《中国科学》等自然科学核心期刊，以及《第四纪研究》《沉积学报》《海洋地质与第四纪地质》《海洋与湖沼》等专业期刊、学位论文，以及科学出版社、海洋出版社出版的科技类图书。

References[1]

An, Z. S., Liu, T. S., Lu, Y., et al., 1990. The long-term paleomonso on variation recorded by the loess aleosol sequence in central China. Quaternary I nternational, 7-8: 91-95.

An, Z. S., Kukla, G., Porter, S. C., et al., 1991. Magnetic susceptibility evidence of monsoon variation on the Loess Plateau of central China during the last 130000 years. Quaternary Research, 36: 29-36.

An, Z. S., Porter, S. C., Wu, X. H., et al., 1993. The Holocene optimum in the middle and east China and the variation of East Asian summer monsoon. Chinese Science Bulletin, 38 (14): 1302-1305 (in Chinese).

Baroni, C., Orom, B. G., 1996. The Alpine "Iceman" and Holocene climate change. Quaternary Research, 46(1): 78-83.

Bond, G., Showers, W., Cheseby, M., et al., 1997. A pervasive millennial-sca le cycle in north Atlantic Holocene and glacial climates. Science, 278: 1257-1266.

Cai, Y. J., Peng, Z. C., An, Z. S., et al., 2001. The oxygen isotope record of the Holocene talagmite in the Qixing cave of Guizhou Province and its significance of monsoon climatic variation. Chinese Science Bulletin, 46(16): 1398-1401 (in Chinese).

Ding, Y. H., 1996. Study on the test of the South China Sea monsoon and the East China monsoon. The leading edge and prospect of modern atmospheric science, China Meteorological Press, Beijing, 43-46.

Ding, Z. L., Liu, T. S., Rutter, N. W., et al., 1995. Ice-volume forcing of East Asian winter monsoon variation in the past 800000 years. Quaternary Research, 44: 149-158.

Dorale, J. A., Gonzalez, L. A., Reagan, M. K., et al., 1992. A high-resolution record of

[1] 此参考文献是原样引自己发表的论文，不同期刊格式要求不一样，为与原期刊论文保持一致，因此此处不修改参考文献格式。

Holocene climate change in speleothem calcite from Cold Water Cave, Northeast Iow a. Science, 258:1626-1630.

Gasse, F., Arnold, M., Fontes, J. C., et al., 1991. A 13000- year climate record from western Tibet. Nature, 353:742-745.

Guo, Z. G., Yang, Z. S., Lei, K., et al., 1999. Seasonal variation of the sedimentary dynamic processes for the mud area in the northern East China Sea. Journal of Ocean University of Qingdao, 29(3):507-513(in Chinese with English abstract).

Hong, Y. T., Jiang, H. B., Liu, T. S., et al., 2000. Response of climate to solar forcing recorded in a 6000-year δ18O time series of Chinese peat cellulose. The Holocene, 10(1):1-7.

Hong, Y. T., Jiang, H. B., Tao, F. X., et al., 1997. The oxygen isotope record of turf in Jinchuan during the last 5ka. Science in China (Series D), 27(6):525-530 (in Chinese with English abstract).

Hori, K., Saito, Y., Zhao, Q., et al., 2002. Evolution of the coastal depositional systems of the Chang jiang (Yangtze) River in response to late Pleistocene-Holocene sea-level changes. Journal of Sedimentary Research, 72(6):884-897.

Hou, Y. J., Zhu, Y. Z., 2000. Important climatic events showed by history records from middle and lower reach plain of the Yellow River during 5-2. 7ka and their environmental significance. Marine Geology and Quaternary Geology, 20(4):23-29 (in Chinese with English abstract).

Hu, D. X., Yang, Z. S., 2001. The key process of ocean flux in the East China Sea. Ocean Press, Beijing, 3-13 (in Chinese).

Jian, Z., Wang, P., Saito, Y., et al., 2000. Holocene variability of the Kuroshio current trough, northwestern Pacific ocean. Earth and Planetary Science Letters, 184(1):305-319.

Jin, G. Y., Liu, D. S., 2001. Mid-Holocene cooling climatic events and the variation of ancient civilization in the north of North China. Chinese Science Bulletin, 46(20):1725-1730 (in Chinese).

Li, C., Chen, Q., Zhang, J., et al., 2000. Stratigraphy and paleo environmental changes in the Yangtze Delta during the Late Quaternary. Journal of Asian Earth Sciences, 18(4):453-469.

Liu, J. P., Milliman, J. D., Gao, S., et al., 2004. Holocene development of the Yellow River's subaqueous delta, North Yellow Sea. Marine Geology, 209:45-67.

Liu, J. P., Xu, K. H., Li, A. C., et al., 2005. Flux and fate of Yangtze River sediment delivered to the East China Sea. Geomorphology (in press).

Qin, Y. S., Zhao, Y. Y., Chen, L. R., et al., 1987. Geology in the East China Sea. Science Press, Beijing, 7 (in Chinese).

Shen, J., Liu, X. Q., Matsumoto, R., et al., 2004. High-resolution climate change indicated by multi-proxies in sediment of Qinghai Lake since the late glaciation. Science in China (Series D), 34(6):582-589 (in Chinese with English abstract).

Shi, Y. F. , Kong, Z. C. , Wang, S. M. , et al. , 1992. The climate pulse and significant events during the Holocene optimum. Science in China (Series B), 22 (12): 1300-1308 (in Chinese).

Sirocko , F. , Sar nthein, P. , Erlenkeuser, H. , 1993. Centuryscale events in monsoonal climate over the past 24000 years. Nature, 364: 322-324.

Stuiver, M. , Burr, G. S. , Hughen, K. A. , et al. , 1998. IN TCAL98 radiocarbon age calibration, 24000-0 cal aB. P. . Radiocarbon, 40(3): 1041-1083.

Stuiver, M. , Grootes, P. M. , Braziunas, T. F. , 1995. The GISP2 δ18O climate record of the past 16500 years and the role of the sun, ocean and volcanoes. Quaternary Research, 44: 341-354.

Su, J. L. , 2001. A review of circulation dynamics of the coastal oceans near China. Acta Oceanonlogica Sinica, 23(4): 1-16.

Sun, B. M. , Li, C. Y. , 1997. The harass of the East Asian air groove and its relation to the tropic convection activity. Chinese Science Bulletin, 42(5): 500-504 (in Chinese).

Sun, X. G. , Fang, M. , Huang, W. , 2000. Spatial and temporal variations in suspended particulate matter transport on the Yellow and East China Sea shelf. Oceanologia et Limnologia Sinica, 31(6): 581-587(in Chinese with English abstract).

Tan, J. M. , Yuan, D. X. , Cheng, H. , et al. , 2004. The rapid change climatic events during the Younger Dryas and the early and middle Holocene: Oxygen isotope record of talagmite in Maolan of Guizhou Province. Science in China (Series D), 34 (1): 39-74 (in Chinese with English abstract).

Van, G. B. , Buurman, J. , Waterbolk, H. T. , 1996. Archaeological and palaeoecological indications of an abrupt climate change in the Netherlands, and evidence for clima tological teleconnections around 2650 aB. P. . Journal of Quaternary Science, 11(6): 451-460.

Wang, L. , Sarnthein, M. , 1999. Holocene variations in Asian monsoon moisture: A bidecadal sediment record from the South China Sea. Geophysical Research Letters, 26(18): 2889-2892.

Weiss, H. , Courty, M. A. , Wetterstrom, W. , et al. , 1993. The genies and collapse of third-millennium north Mesopotamian civilization. Science, 261: 955.

Winkler, M. G. , Wang, P. K. , 1993. The Late Quaternary vegetation and climate of China. In: Wright, H. E. , Jr. et al. , eds. , Global climates since the last glacial maximum. University of Minnesota Press, Minnesota, 221-264.

Wu, X. H. , An, Z. S. , Wang, S. M. , et al. , 1994. The temporal and spatial variation of East Asian summer monsoon in Holocene optimum in China. Quaternary Sciences, (1): 24-37 (in Chinese with English abstract).

Xiao, S. B. , Li, A. C. , Jiang, F. Q. , et al. , 2005. Recent 2000-year geological records of mud in the inner shelf of the East China Sea and their climatic implications. Chinese Science Bulletin, 50(1): 1-6.

Xiao, S. B., Li, A. C., 2005. Grain-size populations with environmentally sensitive sediment component in the inter shelf of the East China Sea. Acta Sedimentologica Sinica, 23 (1):122-129(in Chinese with English abstract).

Xu, H., Hong, Y. T., Lin, Q. H., et al., 2002. The temperature change during the last 6ka indicated by oxygen isotope record in turf fibrin of Hong yuan. Chinese Science Bulletin, 47 (15):1181-1186(in Chinese).

Xu, J. H., 1998. Sun, climate, famine and the large-scale national migration. Science in China(Series D), 28(4):367-384(in Chinese with English abstract).

附中文参考文献

安芷生,Porter,S. C.,吴锡浩,等,1993. 中国中东部全新世气候适宜期与东亚夏季风变迁. 科学通报,38(14):1302-1305.

蔡演军,彭子成,安芷生,等,2001. 贵州七星洞全新世石笋的氧同位素记录及其指示的季风气候变化. 科学通报,46(16):1398-1401.

郭志刚,杨作升,雷坤,等,1999. 东海陆架北部泥质区沉积动力过程的季节性变化. 青岛海洋大学学报,29(3):507-513.

洪业汤,姜洪波,陶发祥,等,1997. 近5 ka 温度的金川泥炭 δ18O 记录. 中国科学(D辑),27(6):525-530.

侯甬坚,祝一志,2000. 历史记录提取的近5~2.7 ka 黄河中下游平原重要气候事件及其环境意义. 海洋地质与第四纪地质,20(4):23-29.

胡敦欣,杨作升,2001. 东海海洋通量关键过程. 北京:海洋出版社,3-13.

靳桂云,刘东生,2001. 华北北部中全新世降温气候事件与古文化变迁. 科学通报,46(20):1725-1730.

秦蕴珊,赵一阳,陈丽蓉,等,1987. 东海地质. 北京:科学出版社,7.

沈吉,刘兴起,Matsumoto,R.,等,2004. 晚冰期以来青海湖沉积物多指标高分辨率的古气候演化. 中国科学(D辑),34(6):582-589.

施雅风,孔昭宸,王苏民,等,1992. 中国全新世大暖期的气候波动与重要事件. 中国科学(B辑),22(12):1300-1308.

孙柏民,李崇银,1997. 冬季东亚大槽的扰动与热带对流活动的关系. 科学通报,42(5):500-504.

孙效功,方明,黄伟,2000. 黄东海陆架区悬浮体输运的时空变化规律. 海洋与湖沼,31(6):581-587.

覃嘉铭,袁道先,程海,等,2004. 新仙女木及全新世早中期气候突变事件:贵州茂兰石笋氧同位素记录. 中国科学(D辑),34(1):39-74.

吴锡浩,安芷生,王苏民,等,1994. 中国全新世气候适宜期东亚夏季风时空变迁. 第四纪研究,(1):24-37.

肖尚斌,李安春,2005. 东海内陆架泥区沉积物的环境敏感粒度组分. 沉积学报,23(1):122-129.

徐海,洪业汤,林庆华,等,2002. 红原泥炭纤维素氧同位素指示的距今6 ka 温度变化. 科学通报,47(15):1181-1186.

许靖华,1998. 太阳、气候、饥荒与民族大迁移. 中国科学(D辑),28(4):367-384.

(肖尚斌,李安春,陈木宏,刘敬圃,蒋富清,李铁刚,谢强,向荣,陈忠,2005)

(2)论文"喀斯特地区马尾松林下地表径流特征分析"的参考文献包括了马尾松林及其水土流失、水土保持与水文生态效应的文献,其中大部分为5年以内发表(论文于2017年撰写),时效性较好。文献来源包括《生态学报》《水土保持通报》《中国农业科学》《水土保持研究》等相关学科核心期刊。

参考文献

[1] 莫江明,彭少麟,Sandar B,等. 鼎湖山马尾松林群落生物量生产对人为干扰的响应[J]. 生态学报,2004,(2):193-200.

[2] 胡建民, 宋月君, 杨洁,等. 南方红壤区马尾松林下水土流失与降雨量关系研究[J]. 水资源与水工程学报, 2013, 24(6):82-87.

[3] 黄智军, 刘训呈, 张颖,等. 强度侵蚀区马尾松林不同改造模式的水土保持效应[J]. 南昌工程学院学报, 2016, 35(6):24-28.

[4] 黄石德. 马尾松林下不同套种模式的产流产沙与养分流失[J]. 中国农学通报, 2015, 31(34):1-5.

[5] 李钢, 梁音, 曹龙熹. 次生马尾松林下植被恢复措施的水土保持效益[J]. 中国水土保持科学, 2012, 10(6):25-31.

[6] 王晓荣, 皮忠来, 刘学全,等. 丹江口湖北库区马尾松人工林水文生态效应[J]. 湖北林业科技, 2014, 43(2):1-6.

[7] 黄荣珍, 朱丽琴, 王赫,等. 红壤退化地森林恢复后土壤有机碳对土壤水库库容的影响[J]. 生态学报, 2017, 37(1):238-248.

[8] 李贵玉, 张卫强, 甘先华,等. 不同植被恢复方式对马尾松林土壤及凋落物持水能力的影响[J]. 广东农业科学, 2014, 41(20):159-164.

[9] 汪邦稳, 夏小林, 段剑. 中国南方红壤丘陵马尾松林下侵蚀坡面的土壤特性[J]. 水土保持通报, 2016, 36(3):13-17.

[10] 李双喜, 梁音, 桂惠中,等. 马尾松纯林不同地表覆盖对产流产沙的影响研究[J]. 人民长江, 2016, 47(9):22-24.

[11] 汪邦稳, 段剑, 王凌云,等. 红壤侵蚀区马尾松林下植被特征与土壤侵蚀的关系[J]. 中国水土保持科学, 2014, 12(5):9-16.

[12] 徐义保, 查轩, 黄少燕. 南方红壤丘陵区马尾松林地水土流失研究进展[J]. 亚热带水土保持, 2011, 23(4):40-43.

[13] 刘艳, 刘学全, 崔鸿侠,等. 低丘黄壤区不同植被恢复模式水土保持功能分析[J]. 水土保持研究, 2010, 17(6):48-52.

[14] 席光超, 齐实, 王云琦. 三峡库区典型森林植被类型对坡面产流影响[J]. 林业调查规划, 2008, 33(2):122-127.

[15] 覃勇荣, 王燕, 刘旭辉,等. 马尾松对喀斯特石漠化地区土壤有机质的影响[J]. 中国农学通报, 2009, 25(5):104-109.

[16] 杨大星, 杨茂发, 徐进,等. 马尾松人工林火烧迹地不同恢复阶段中小型土壤节肢动物多样性

[J]. 生态学报, 2013, 33(8):2531-2544.
[17] 张喜, 崔迎春, 朱军, 等. 火烧对黔中喀斯特山地马尾松林分的影响[J]. 生态学报, 2011, 31(21):6442-6450.
[18] 周素萍, 张兴奇, 张科利, 等. 贵州喀斯特地区不同生物措施的水土保持效果[J]. 贵州农业科学, 2011, 39(4):117-120.

(3)论文“2000—2015年间乌江上游土地利用/覆盖变化的土壤侵蚀效应分析”的参考文献类型包括专著、期刊论文、学位论文等类型,期刊论文文献来源包括《土壤通报》《生态学报》《水土保持通报》《资源科学》等相关专业核心期刊,以及《地理学报》《地理科学进展》等地理学核心期刊,但大部分文献发表时间较早,时效性差。录入参考文献应特别注意参考文献的格式正确。

参考文献

[1] 刘宇.景观指数耦合景观格局与土壤侵蚀的有效性[J].生态学报,2017,37(15):1-2.
[2] 叶碎高,王帅,聂国辉.水土保持与绿水资源保护[J].中国水土保持,2008(6):1-6.
[3] 张虹波,刘黎明.土地资源生态安全研究进展与展望[J].地理科学进展,2006(5):77-85.
[4] 朱安国.乌江上游的水土流失和水土保持[J].土壤通报,1979(2):14.
[5] 肖胜生,郑海金,杨洁,等.土壤侵蚀/水土保持与气候变化的耦合关系[J].中国水土保持科学,2011(6):1-2.
[6] 辛建宝.土壤侵蚀与水土保持的关系浅析[J].南方农业,2016,17(15):1-2.
[7] 王秀兰,包玉海.土地利用动态变化研究方法探讨[J].地理科学进展,1999,18(1):81-87.
[8] 张镱,阎建忠,刘林山,等.青藏公路对区域土地利用和景观格局的影响——以格尔木至唐古拉山段为例[J].地理学报,2002,57(3):253-266.
[9] 刘淼,秦大庸,刘家宏,等.基于NDVI的山西省植被覆盖度变化研究[J].人民黄河,2009,31(5):17-18.
[10] 贺奋琴.基于RS和GK的水土流失因子提取与分析[D].成都:成都理工大学,2004:33-43.
[11] 雷廷武,李法虎,等.水土保持学[M].北京:中国农业大学出版社,2012:26-41.
[12] 王尧,蔡运龙,潘懋.贵州省乌江流域土壤侵蚀与地貌特征的关联分析[J].水土保持通报,2013,33(3):1-6.
[13] 曹建华,蒋忠诚,杨德生,等.我国西南岩溶区土壤侵蚀强度分级标准研究[J].中国水土保持科学,2008,6(6):1-7.
[14] 任志远,刘焱序.西北地区植被保持土壤效应评估[J].资源科学,2013,35(3):1-7.
[15] 后立胜,蔡运龙.土地利用/覆被变化研究的实质分析与进展评述[J].地理科学进展,2004,23(6):1-8.

第七节 图表的案例分析

(1)以下为论文“基于Landsat8 TIRS数据的贵阳市热岛效应研究”“数据来源与处理”部分用于说明以Landsat8数据反演地表温度的流程图,形象地展示了数据处理的各个流程,使数据处理流程更加易于理解,但图中的处理结果与不同类型的处理步骤没有用不同的符号框来区分。Landsat8数据反演地表温度的流程的流程见图10-9。

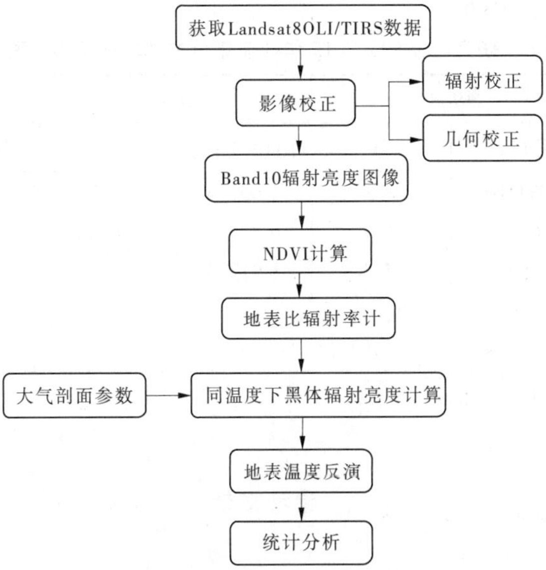

图 10-9　Landsat8 数据反演地表温度的流程的流程图

(2)科研论文中地图变形的问题比较常见,尤其是为排版随意拉伸地图,使地图长宽比发生改变的做法。以下两幅图为论文“基于 RS 与 GIS 的喀斯特山地生态环境质量动态评价——以安龙县为例”中的研究区图,对比可见两幅图中的研究区形状明显不一致。2000 年与 2009 年生态环境变化结果图、安龙县农业区划见图 10-7、图 10-8。

论文“乌江上游近 40 年气温和降水年际变化分析”中的研究区图也明显发生变形,且中国国界线不符合规范,无南海诸岛和九段线。乌江上游地理位置见图 10-10。

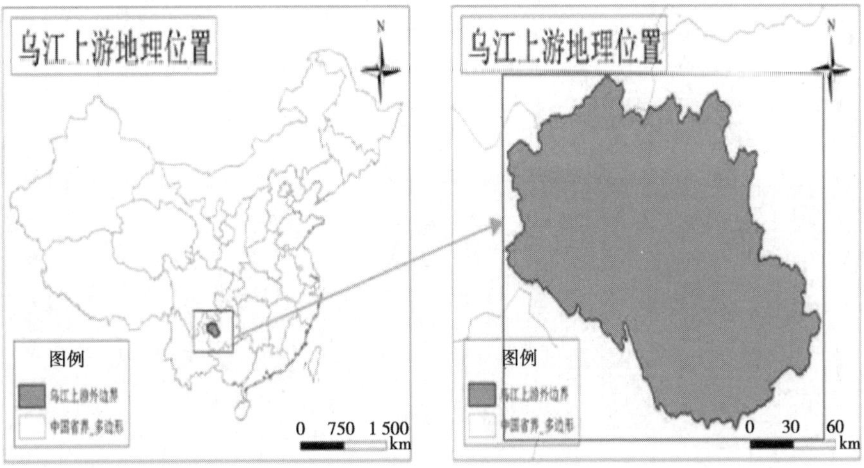

图 10-10　乌江上游地理位置

(3)论文中的表应基本要素完备(题名、表线、表头、数据、标注),计量单位要明确,应在正文中相应位置标注出来,以论文“玛纳斯河流域盐渍化灌区生态环境遥感监测研究”

的一张表格为例(见表 10-6)。

表 10-6 研究区 1989 ~2015 年盐渍化生态环境评价级别面积统计

SSEI 等级	1989		2000		2015	
	面积(km^2)	%	面积(km^2)	%	面积(km^2)	%
差(0 ~0.2)	491.6	3.5	1 031.4	7.3	636.9	4.5
较差(0.2 ~0.4)	3 683.4	26.1	6 888.7	48.8	6 120.3	43.4
中等(0.4 ~0.6)	6 354.3	45.1	1 913.3	13.6	2 111.4	15.0
良(0.6 ~0.8)	2 520.9	17.9	1 479.7	10.5	2 715.5	19.3
优(0.8 ~1.0)	1 045.8	7.4	2 797.1	19.8	2 526.2	17.9

注:SSEI:Soil Salinization Ecology Index。

参考文献

[1] 郑霞忠,黄正伟.科技论文写作与文献检索[M].武汉:武汉大学出版社,2012.
[2] 史长磊.科技论文写作规范与方法[M].北京:中国纺织出版社,2013.
[3] 陈燕,陈冠华.研究生学术论文写作方法与规范[M].北京:社会科学文献出版社,2004.
[4] 常思敏.科技论文写作指南[M].北京:中国农业出版社,2008.